全国高等职业技术院校楼宇智能化专业教材

安全防范系统应用技术

人力资源和社会保障部教材办公室组织编写

中国劳动社会保障出版社

图书在版编目(CIP)数据

安全防范系统应用技术/人力资源和社会保障部教材办公室组织编写．—北京：中国劳动社会保障出版社，2014

全国高等职业技术院校楼宇智能化专业教材

ISBN 978－7－5167－1128－6

Ⅰ.①安…　Ⅱ.①人…　Ⅲ.①智能化建筑-安全防护-高等职业教育-教材　Ⅳ.①TU89

中国版本图书馆 CIP 数据核字(2014)第 107736 号

中国劳动社会保障出版社出版发行

（北京市惠新东街 1 号　邮政编码：100029）

*

北京市科星印刷有限责任公司印刷装订　　新华书店经销

787 毫米 ×1092 毫米　16 开本　17.75 印张　400 千字

2014 年 6 月第 1 版　　2024 年 12 月第 4 次印刷

定价：34.00 元

营销中心电话：400-606-6496

出版社网址：http://www.class.com.cn

http://jg.class.com.cn

简 介

本书为全国高等职业技术院校楼宇智能化专业教材，由人力资源和社会保障部教材办公室组织编写。

本书主要介绍了智能楼宇安全防范系统的基本功能和各主要构成部分，并遵循行动导向理念，以学习任务的形式，引导学生完成安全防范系统的设备选型、方案设计、安装与调试。书中每个项目都有明确的学习目标，每个任务均设有任务描述、基础知识、任务实施、任务评价等栏目。

- “任务描述”是行动导向教学中信息收集阶段的前奏，可为信息收集工作指引方向。
- “基础知识”是信息收集阶段的主要参考，也是制定工作计划阶段和决定阶段的依据，包含完成工作任务的核心信息。
- “任务实施”对应行动导向教学中的实施阶段，是进行实际操作的蓝本。此外，学生可在操作前对照此处列出的实训步骤，分析自己所定工作计划的优缺点，从而加深对工艺的理解。
- “任务评价”在行动导向教学的检查阶段和评估阶段起引导作用。本栏目针对学习任务的完成情况，采用自我、同学（小组）和教师三方结合的检查、评估方式，有助于提升客观性，使学生对自身知识和技能的掌握状况有更全面和准确的了解。

本书在介绍理论和技能的同时，还注重培养学生的职业规范意识和综合职业素质，旨在全面发展学生的职业能力，为其顺利进入工作岗位提供帮助。

本书由潘光华任主编，陈楷沁、陈悦、刘建辉任副主编，邓丽金、詹慧芳、陈智晞、林美云、陈晓峰、郭曙光、吴忠斌参加编写，高翠红审稿。

目　录

项目一　安全防范系统基础知识

安全防范是指在建筑物或建筑群内（包括周边地域），或特定的场所、区域，通过采用人力防范、技术防范和物理防范等方式综合实现对人员、设备、建筑或区域的安全防范。通常所说的安全防范主要是指技术防范，是指通过采用安全技术防范产品和防护设施实现的安全防范。

安全防范系统（Security & Protection System，SPS）在国内标准中定义为，以维护社会公共安全为目的，运用安全防范产品和其他相关产品所构成的入侵报警系统、视频监控系统、对讲门禁系统、公共广播系统、停车场管理系统、电子巡更系统等；或以这些系统为子系统组合或集成的电子系统或网络，简称安防系统。

安全防范系统在国外则更多地称为损失预防与犯罪预防（Loss Prevention & Crime Prevention）。损失预防是安防产业的任务，犯罪预防是警察执法部门的职责。安全防范系统的全称为公共安全防范系统，是以保护人身财产安全、信息与通信安全，达到损失预防与犯罪预防为目的的系统。

学习目标

通过本项目的学习，能在宏观上掌握安防系统的概念及组成，会利用绘图软件设计与绘制施工平面图，为以后项目学习，包括安防各子系统的设计、安装、调试打下基础。

任务一　初步了解安全防范系统

任务描述

了解安防系统的概念、结构原理等知识，并做好相关记录。

基础知识

一、安全防范系统的概念

1. 定义

安全防范系统，简称安防系统，是指为了维护社会公共安全和预防灾害事故，将现代电子、通信、信息处理、计算机控制原理和多媒体应用等高新技术及产品应用于防范和监控，组成电子系统或网络，从而保证被保护目的物的安全。

2. 原理框图

与其他基于传感器技术和计算机技术的系统一样，安全防范系统也是一个计算机检测系统。类似于一般的检测系统，其原理结构框图如图 1—1—1 所示。

检测对象 → 传感器 → 数据传输 → 数据处理 → 数据显示

图 1—1—1　安防系统原理结构图

检测对象通常为非电量，需要通过传感器转换为电量；数据传输环节将这些电量信号传输到数据处理环节，由其中的检测电路对信号进行处理与转换，使其能够被其中的计算机所接受。系统将检测结果送往数据显示环节，由显示器显示出来或记录器记录下来，以供操作人员现场监视和分析。当检测结果异常时，计算机还可启动报警器报警。同时，计算机接收信号并处理后，还可以发出控制信号去控制执行器的动作，即将控制信号转变为各种控制动作，以实现对被控对象的控制。

3. 工作原理

安全防范系统的三个环节，检测（Detection）、控制（Control）和执行（Acting）是与安全防范的探测、延迟与反应三个基本要素一一对应的。在这里，检测是传感器、探测器、摄像机、读卡器的工作；控制是控制器、矩阵主机、报警主机、控制主机的工作；执行是执行器、显示器、报警装置、门锁、门闸的工作。首先，通过传感器等多种技术途径，探测到环境物理参数的变化或传感器自身工作状态的变化，及时发现是否有人强行或非法侵入的行为；其次，通过各种控制器观察和判断传感器传来的信号的真实性，使用不同的控制策略和控制手段，完成图像显示、报警传递、门锁或闸门的开闭等动作；最后，在防范系统发出控制信号后，采取必要的行动来制止风险的发生或制服入侵者，及时处理突发事件，以控制事态的发展。

二、安全防范系统的物理划分

根据安防系统各部分功能的不同，将整个安防系统划分为 7 层——表现层、控制层、处理层、传输层、执行层、支撑层、采集层。当然，由于设备集成化程度越来越高，对于部分系统而言，某些设备可能会同时以多个身份存在于系统中。

1. 表现层

表现层是最易被直观感受到的，它展现了整个安防系统的品质。如监控电视墙、监视器、高音报警喇叭、报警自动驳接电话等都属于这一层。

2. 控制层

控制层是整个安防系统的核心，它是系统科技水平的最明确体现。通常的控制方式有两种——模拟控制和数字控制。模拟控制是早期的控制方式，其控制台通常由控制器或者模拟控制矩阵构成，适用于小型局部安防系统，这种控制方式成本较低、故障率较小。但

对于中大型安防系统而言，这种方式就显得操作复杂且无任何价格优势了，这时更为明智的选择应该是数字控制方式。数字控制将工控计算机作为监控系统的控制核心，将复杂的模拟控制操作变为简单的鼠标点击操作，将巨大的模拟控制器堆叠缩小为一个工控计算机（DVR 或者 NVR），将复杂而数量庞大的控制电缆变为一根串行电话线。它将中远程监控变为现实，为互联网远程监控提供了可能。

3. 处理层

处理层应称为音视频处理层，它将传输层送过来的音视频信号加以分配、放大、分割等处理，有机地将表现层与控制层加以连接。音视频分配器、音视频放大器、视频分割器、音视频切换器等设备都属于这一层。

4. 传输层

传输层相当于安防系统的血脉。在小型安防系统中，最常见的传输层设备是视频线、音频线；对于中远程监控系统而言，常使用的是射频线、微波；对于远程监控而言，通常使用光纤或者光纤组成的互联网这一载体。

5. 执行层

执行层是控制指令的命令对象。在某些时候，它和后面所说的支撑层、采集层不太好截然分开，一般认为受控对象即为执行层设备。比如：云台、镜头、解码器、球机等。

6. 支撑层

顾名思义，支撑层是用于后端设备的支撑、保护和支撑采集层、执行层设备的。它包括支架、防护罩等辅助设备。

7. 采集层

采集层是整个安防系统品质好坏的关键因素，也是系统成本开销最大的地方。它包括镜头、摄像机、报警传感器等。

任务实施

使用互联网以及其他图书资料来了解安全防范系统的概念，并做好详细记录，填写表1—1—1。建议搜索关键词为“安全防范系统”。

表 1—1—1　　安全防范系统基础知识实训记录表

记录项目的名称	记录的内容
安防系统的概念	
安防系统的结构原理	

续表

记录项目的名称	记录的内容
安防系统的三环节	
安防系统的物理划分	
安防系统的子系统	
安防系统各子系统的概念与作用	
联想学校、小区安防系统的状况	

任务评价

对掌握安全防范系统基本知识的情况进行总结评价，填写实训评价表 1—1—2，给出本任务完成情况的实习成绩。

表 1—1—2　　安全防范系统基础知识实训评价表

评价项目		配分	自我评价	小组评价	教师评价
职业能力	能否准确了解安防系统的概念与作用	15			
	能否准确了解安防系统的结构原理	10			
	能否准确了解安防系统的三环节	10			
	能否准确了解安防系统的物理划分	10			
	能否准确了解安防系统的子系统	10			
	能否准确了解安防系统各子系统的概念与作用	15			
	是否能联想自己家中、学校、小区安防系统的状况	10			
通用能力	观察能力	5			
	动手能力	5			
	团队合作能力	5			
	自我提高能力	5			
自我评价		综合评分	本人签名：		
小组评价		综合评分	组长（项目经理）签名：		
教师评价		综合评分	教师签名：		

任务二　实地考察安全防范系统

任务描述

实地考察某单位安全防范系统的组成，结合本校的安防实训室具体情况，进行实训室相关子系统的考察，并做好相关记录。

基础知识

安全防范系统对应的几种子系统类型（见图1—2—1）分别是：

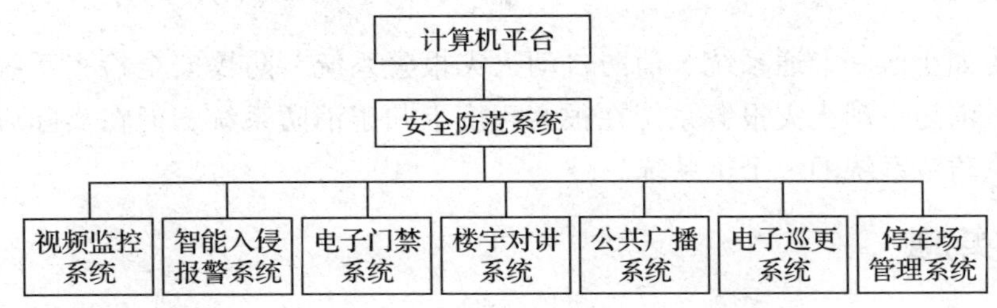

图1—2—1　安防系统的子系统组成框图

1．视频监控系统

视频监控系统由摄像机进行的图像探测、矩阵控制器的图像切换控制、显示器的被控区域图像显示等功能组成。

2．智能入侵报警系统

智能入侵报警系统由入侵探测器的入侵探测、报警控制器的报警运算和控制、报警器的报警信号发送与远传等功能组成。

3．对讲门禁控制系统

对讲和门禁是两个系统，对讲系统是为门禁系统服务的，因此，这两个系统越来越结合成一个系统；门禁控制系统由门禁读卡器的刷卡信号探测、门禁控制器的条件运算控制、对应门锁的启闭命令等功能组成。

对讲系统由在各单元口安装的防盗门、小区总控中心的管理员总机、楼宇出入口的对讲主机、电控锁、闭门器及用户家中的可视对讲分机通过专用网络组成，以实现访客与住户对讲、住户可遥控门禁系统开启防盗门、住户与管理中心相互对讲、管理中心遥控门禁系统开启防盗门等功能。

4. 公共广播系统

公共广播系统由扬声器的扩音和放声、广播区域的控制、广播内容的控制等功能组成。

5. 停车场管理系统

停车场管理系统由停车场的出入口机读卡信号的探测、收费计算机的比对与运算控制、对应出入口栏杆门闸机的启闭命令等功能组成。

6. 电子巡更系统

电子巡更系统对保安巡查人员的巡查路线、方式及过程进行管理和控制。

7. 其他系统

其他系统如小区一卡通系统、消防自动火灾报警系统、防爆安全检查系统、商品电子防盗系统等。消防自动火灾报警系统在很大程度上归于消防系统，但在实际应用中，也可以说属于安全防范系统的一个子系统。

任务实施

在教师的带领下，分成若干项目小组，有秩序地调查了解指定单位或安防实训室安全防范系统的组成，并认真填写表1—2—1。

表1—2—1　　安全防范系统调查表

安全防范系统	设备组成	安装区域	作用	其他
视频监控系统				
入侵报警系统				
对讲门禁系统				
公共广播系统				
电子巡更系统				
停车场系统				

为了更好地进行实地考察，应了解实地考察的流程，并要注意考察过程中的安全。

一、安防系统实地考察流程

1. 考察单位的主控室。主要考察主控室的机房系统以及监控、公共广播、门禁等系统的设备。

2. 考察实训室里安防系统的各个子系统。

二、实地考察中的安全注意事项

1. 在实地考察时，以观察和记录为主，观察设备的组成及安装位置，并做好相关知识的记录。

2. 进入实训室考察现场需遵守相关安全操作规程及用电安全，在考察设备的连接和组成时，需切断总电源。

3. 在实训室考察时也需做好相关知识的记录，当要改变设备的连接和接线时，应在教师指导下严格按照规范要求来操作。

任务评价

对调查和掌握安全防范系统基本知识的情况进行总结评价，填写实训评价表1—2—2，给出本任务完成情况的实习成绩。

表1—2—2　　安全防范系统基础知识实训评价表

<table>
<tr><th colspan="2">评价项目</th><th>配分</th><th>自我评价</th><th>小组评价</th><th>教师评价</th></tr>
<tr><td rowspan="5">职业能力</td><td>是否能调查清楚考察单位用到什么安防子系统</td><td>15</td><td></td><td></td><td></td></tr>
<tr><td>是否能调查清楚考察单位安防子系统安装的区域</td><td>15</td><td></td><td></td><td></td></tr>
<tr><td>是否能调查清楚安防各子系统的表现形式（如保卫人员如何得知安全事件的发生）</td><td>10</td><td></td><td></td><td></td></tr>
<tr><td>是否能调查清楚安防子系统的设备组成</td><td>20</td><td></td><td></td><td></td></tr>
<tr><td>是否了解各系统的线缆连接方式</td><td>20</td><td></td><td></td><td></td></tr>
<tr><td rowspan="4">通用能力</td><td>动手能力</td><td>5</td><td></td><td></td><td></td></tr>
<tr><td>观察能力</td><td>5</td><td></td><td></td><td></td></tr>
<tr><td>团队合作能力</td><td>5</td><td></td><td></td><td></td></tr>
<tr><td>自我提高能力</td><td>5</td><td></td><td></td><td></td></tr>
<tr><td rowspan="2">自我评价</td><td rowspan="2"></td><td>综合评分</td><td colspan="3" rowspan="2">本人签名：</td></tr>
<tr><td></td></tr>
<tr><td rowspan="2">小组评价</td><td rowspan="2"></td><td>综合评分</td><td colspan="3" rowspan="2">组长（项目经理）签名：</td></tr>
<tr><td></td></tr>
<tr><td rowspan="2">教师评价</td><td rowspan="2"></td><td>综合评分</td><td colspan="3" rowspan="2">教师签名：</td></tr>
<tr><td></td></tr>
</table>

任务三　施工平面图的绘制

任务描述

设计、安装安全防范系统，离不开施工平面图的绘制。在工程实施中，往往需要根据工程项目的情况，先简单画出施工的草图，再利用制图软件绘制出施工平面图。Microsoft Visio 2007 是一种简便易学的绘图软件，它可以根据工程项目的需要，灵活绘制系统图和施工布线图等。下面以 Microsoft Visio 2007 为工具，以图 1—3—1 为样本，进行施工平面图的绘制。

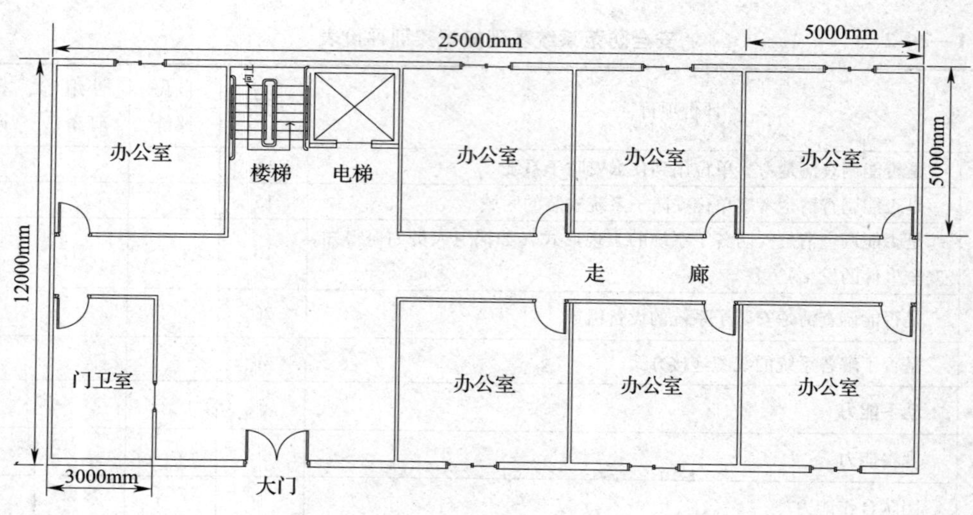

图 1—3—1　Microsoft Visio 2007 绘制的施工平面图

基础知识

建筑电气工程图是阐述建筑电气系统的工作原理，描述建筑电气产品的构成和功能，用来指导各种电气设备、电气线路的安装、运行、维护和管理的图样。它是沟通电气设计人员、安装人员、操作人员的工程语言，是进行技术交流不可缺少的重要手段。要看懂建筑电气工程图，必须掌握有关电气图的基本知识，了解各种电气图形符号，了解电气图的构造、种类、特点以及在建筑工程中的作用，还要了解电气图的基本规定和常用术语，以及看图的基本步骤和方法。

一、关于电气图的概念

电气图是用各种电气符号、带注释的图框、简化的外形来表示系统、设备、装置、元

件等之间相互关系的一种简图。识读电气图时，应了解电气图在不同的使用场合和表达不同的对象时，所采用的表达形式。GB/T 6988 电气技术用文件系列标准规定，电气图的表达形式分为 4 种。

1. 图。图是对图示法的各种表达形式的统称，即用图的形式来表示信息的一种技术文件，包括用图形符号绘制的图（如各种简图）以及用其他图示法绘制的图（如各种表图）等。

2. 简图。简图是用图形符号、带注释的图框或简化外形表示系统或设备中各组成部分之间相互关系及其连接关系的一种图。在不致引起混淆时，简图可简称为图。简图是电气图的主要表达形式。电气图中的大多数图种，如系统图、电路图、逻辑图和接线图等都属于简图。

3. 表图。表图是表示两个或两个以上变量之间关系的一种图。在不致引起混淆时，表图也可简称为图。表图所表示的内容和方法都不同于简图。经常碰到的各种曲线图、时序图等都属于表图，之所以用“表图”，而不用通用的“图表”，是因为这种表达形式主要是图而不是表。国家标准把表图作为电气图的表达形式之一，也是为了与国际标准取得一致。

4. 表格。表格是把数据按纵横排列的一种表达形式，用以说明系统、成套装置或设备中各组成部分的相互关系或连接关系，或用以提供工作参数等。表格可简称为表，如设备元件表、接线表等。表格可以作为图的补充，也可以用来代替某些图。

二、电气图的基本表达方法

电气图的表达方法，可分为以下几种。

1. 线路的表示方法

(1) 单线表示法。单线表示法是指电气设备的两根或两根以上的连接线或导线，在简图上只用一条线表示的方法，见表 1—3—1。

表 1—3—1　　电线图形符号

直流配电线	单根导线
控制及信号线	2 根导线
交流配电线	3 根导线
同轴电缆	4 根导线

续表

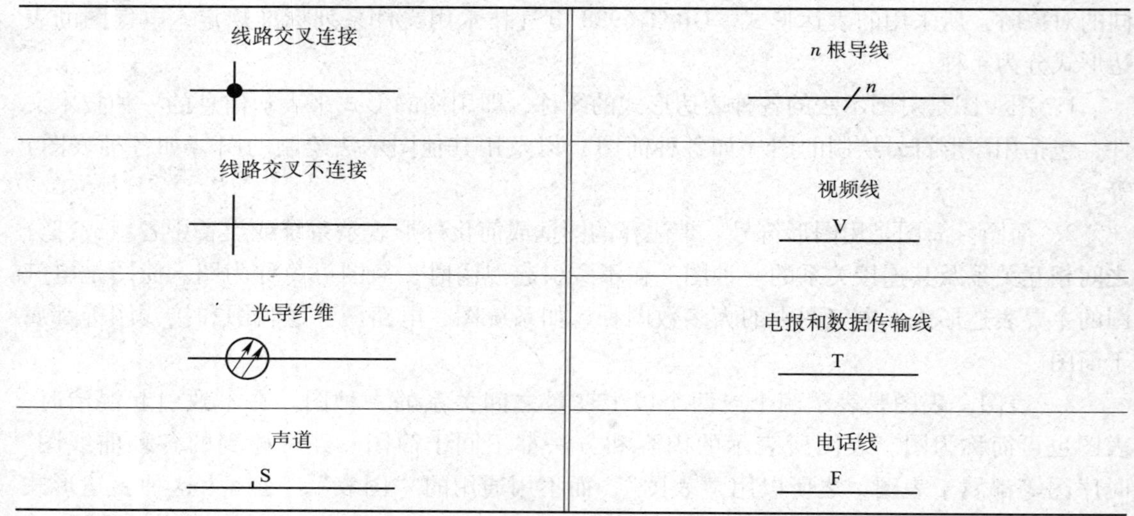

（2）多线表示法。多线表示法是指电气设备的每根连接线或导线在简图上都分别用一条线表示的方法，见表1—3—2。多线表示法能比较清楚地看出电路的工作原理，但图线太多。对于比较复杂的设备，图线越多、交叉越多，有碍读图。多线表示法一般用于表示各相或各线内容的不对称和要详细表示各相或各线的具体连接方法时的情况。

（3）混合表示法。在图中，一部分采用单线表示法，一部分采用多线表示法，这种组合使用的方法称为混合表示法。这种方法既有单线表示法的简洁精练的优点，又有多线表示法对对象描述精确、充分的优点。

2. 电气元件的表示方法。电气元件在电气图中通常采用图形符号来表示，先绘出其电气连接，然后在符号旁标注项目代号（文字符号）和有关技术数据，具体符号见表1—3—2。一个元件在电气图中完整图形符号的表示方法有集中表示法、半集中表示法和分开表示法。

表1—3—2　　配线及线管配线部位的文字符号

明配线	M	暗配线	A
瓷瓶配线	CP	木槽板或铝槽板配线	CB
水煤气管配线	G	塑料线槽配线	XC
电线管（薄管）配线	DG	塑料管配线	VG
铁皮蛇管配线	SPG	用铁索配线	B
用卡钉配线	QD	用瓷夹或瓷卡配线	CJ
沿铁索配线	S	沿梁架下弦配线	L
沿柱配线	Z	沿墙配线	Q
沿天棚配线	P	沿竖井配线	SQ
在能进入的吊顶内配线	PN	沿地板配线	D

3. 常用电气图的相关图形符号。常用电气图的相关图形符号见表1—3—3。

3.1 周界防护装置及防区等级符号

表1—3—3 常用电气图的相关图形符号

编号	图形符号	名称	英文	说明
3.1.1		栅栏	fence	单位地域界标
3.1.2		监视区边界	monitored zone	区内有监控，人员出入受控制
3.1.3		保护区边界（防护区）	protective zone	全部在严密监控防护之下，人员出入受限制
3.1.4		加强保护区边界（禁区）	forbidden zone	位于保护区内，人员出入禁区受严格限制

任务实施

一、在计算机上运行Microsoft Visio 2007，运行后的界面如图1—3—2所示。

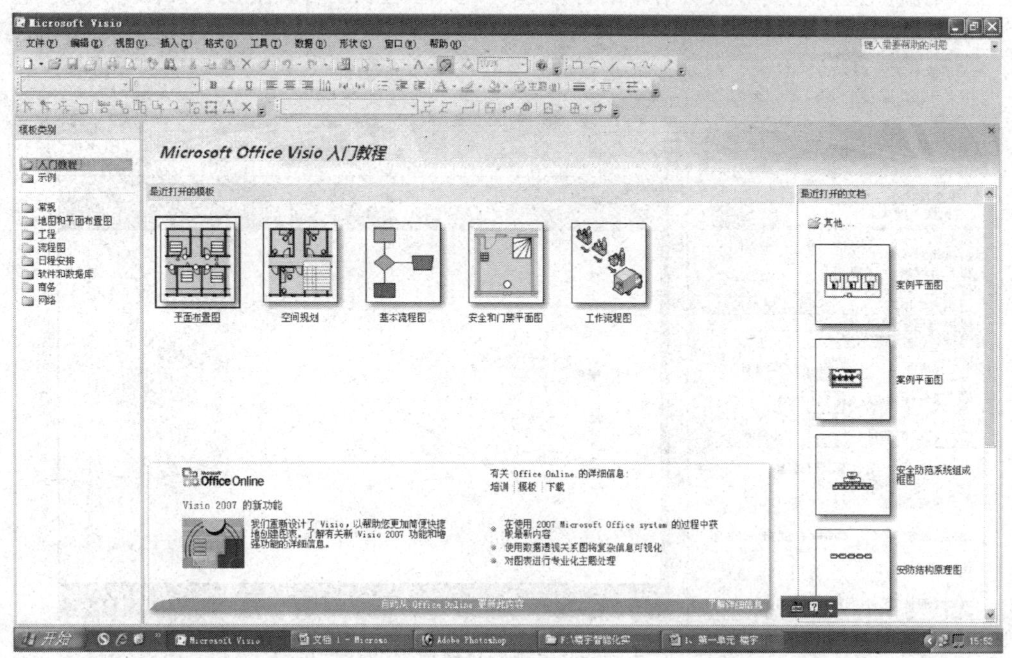

图1—3—2 Microsoft Visio 2007主界面

二、在Microsoft Visio 2007软件中，选择“文件”→“新建”→“地图和平面布置图”→“平面布置图”命令，如图1—3—3所示。

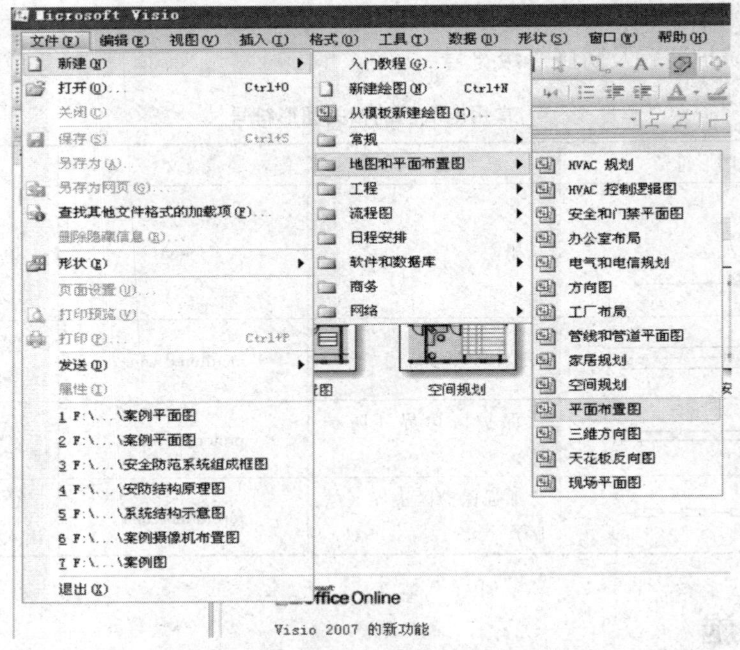

图 1—3—3　选择“平面布置图”命令

三、用鼠标选择左侧形状窗格中的各种选项，熟悉选项的各种功能，如图 1—3—4 所示。

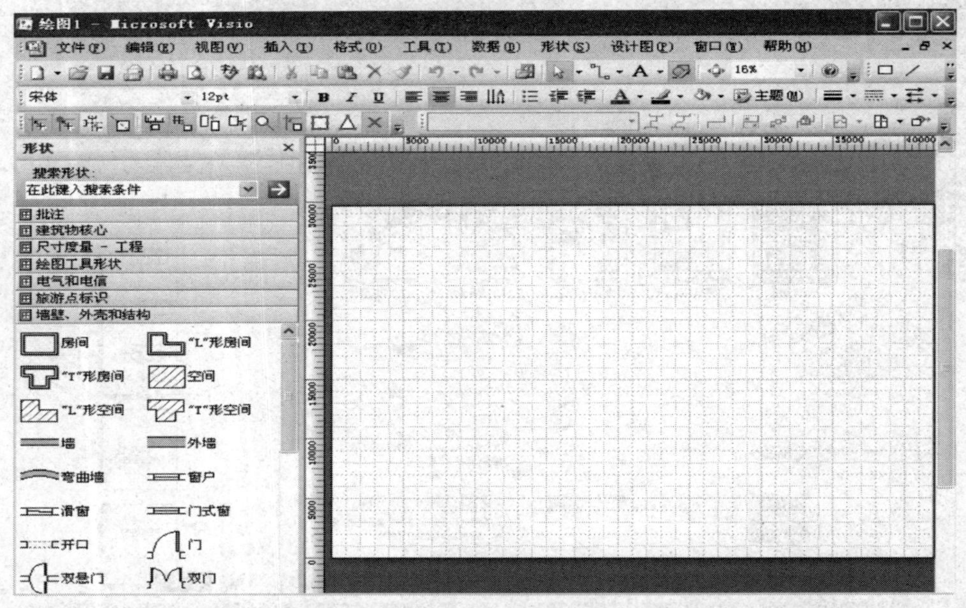

图 1—3—4　熟悉左侧形状窗格中的各种选项

四、利用左侧形状窗格中的“墙壁、外壳和结构”中的“外墙”控件，绘制建筑的外形。用鼠标拉动外墙控件的同时，注意外墙长度的变化，水平墙拉到 25 m，垂直墙 12 m，如图 1—3—5 所示。

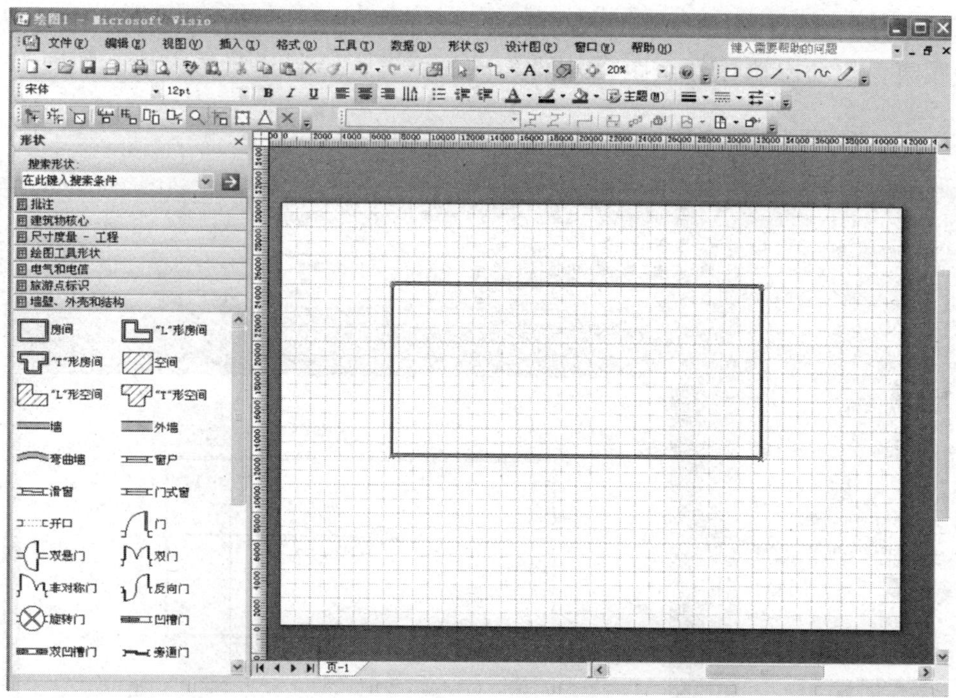

图 1—3—5　绘制外墙体

五、利用左侧形状窗格中的“墙壁、外壳和结构”中的“墙”控件，绘制办公室内墙。如图 1—3—6 所示。

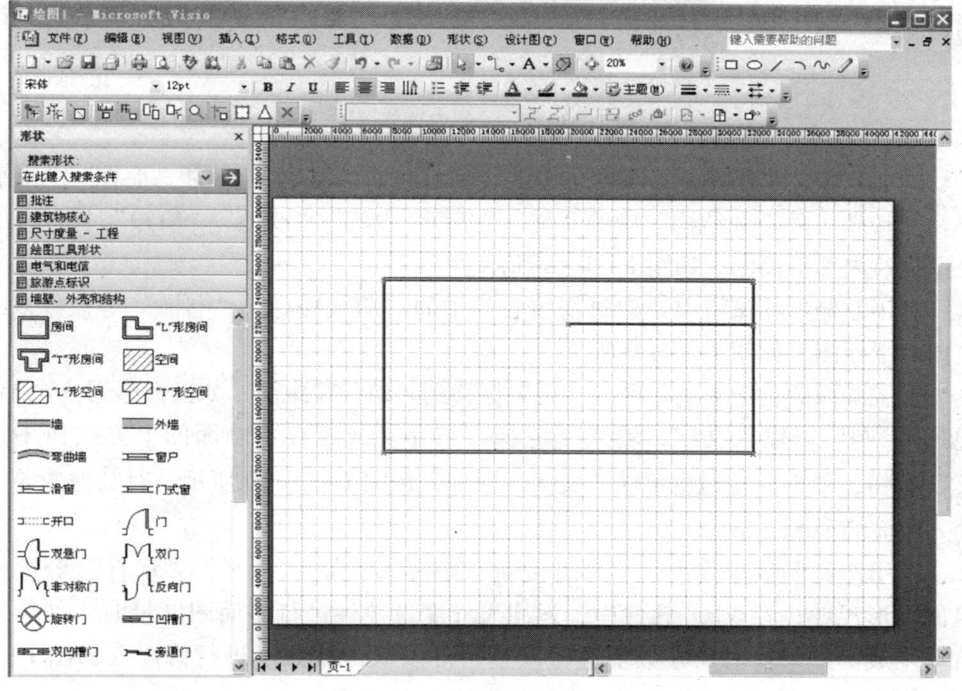

图 1—3—6　绘制内墙体（1）

六、利用左侧形状窗格中的“尺寸度量－工程”中的“垂直”控件，度量内墙与外墙的距离，拉动内墙控件至距离外墙 5 m 的位置，绘制建筑的内墙。如图 1—3—7 所示。

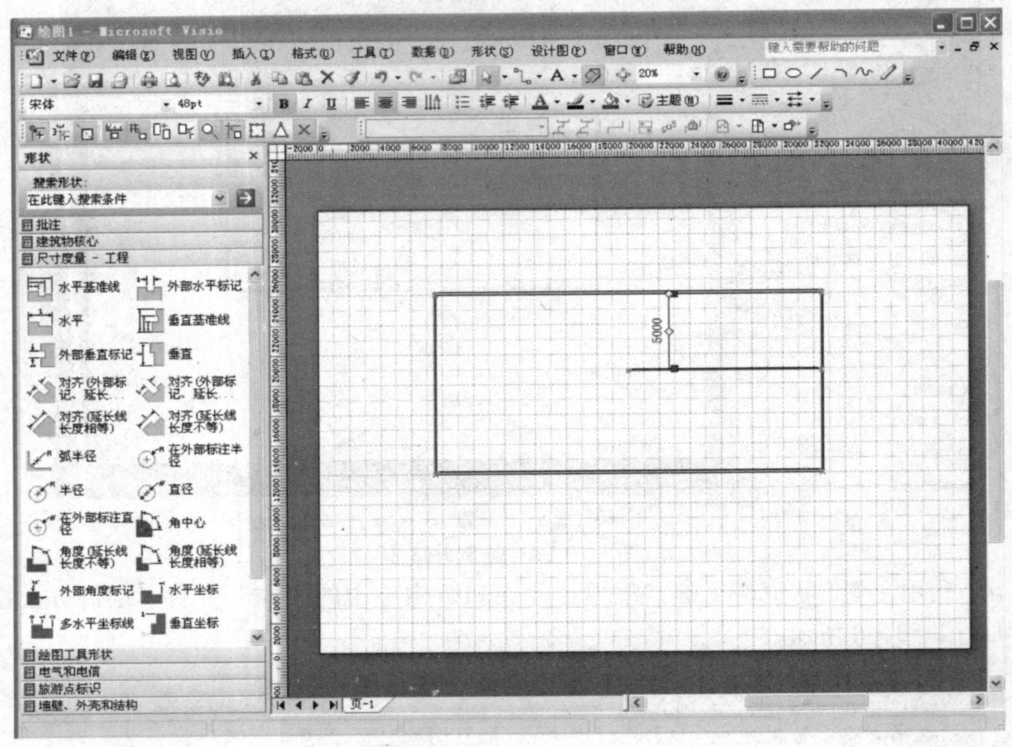

图 1—3—7　绘制内墙体（2）

七、同上步骤，利用左侧形状窗格中的“尺寸度量－工程”中的“垂直”“水平”控件，以及“墙壁、外壳和结构”中的“墙”“房间”“门”“双门”“窗户”控件，继续绘制办公室建筑内部平面图。如图 1—3—8 所示。

八、利用左侧形状窗格中“建筑物核心”中的“剪式楼梯”“电梯”等控件，继续绘制建筑内部平面图。如图 1—3—9 所示。

九、在主画面的正中央工作区内，把鼠标移到某单位建筑图，如鼠标移到“电梯”，双击“电梯”，则可以输入文字，输入“电梯”二字。或者在主画面的上方按钮中，找到“- A -”按钮，单击此按钮也可输入文字。同理，按图 1—3—10 所示，对其他建筑构件平面图输入相应的说明文字。

十、利用左侧形状窗格中的“尺寸度量－工程”中的“水平”“垂直”等控件，绘制建筑的外形尺寸；在 Visio 软件中，运用尺寸度量控件进行平面图度量时，外形尺寸数字会自动生成。如果要对尺寸数字进行调整，可以双击该数字进行修改。如图 1—3—11 所示。

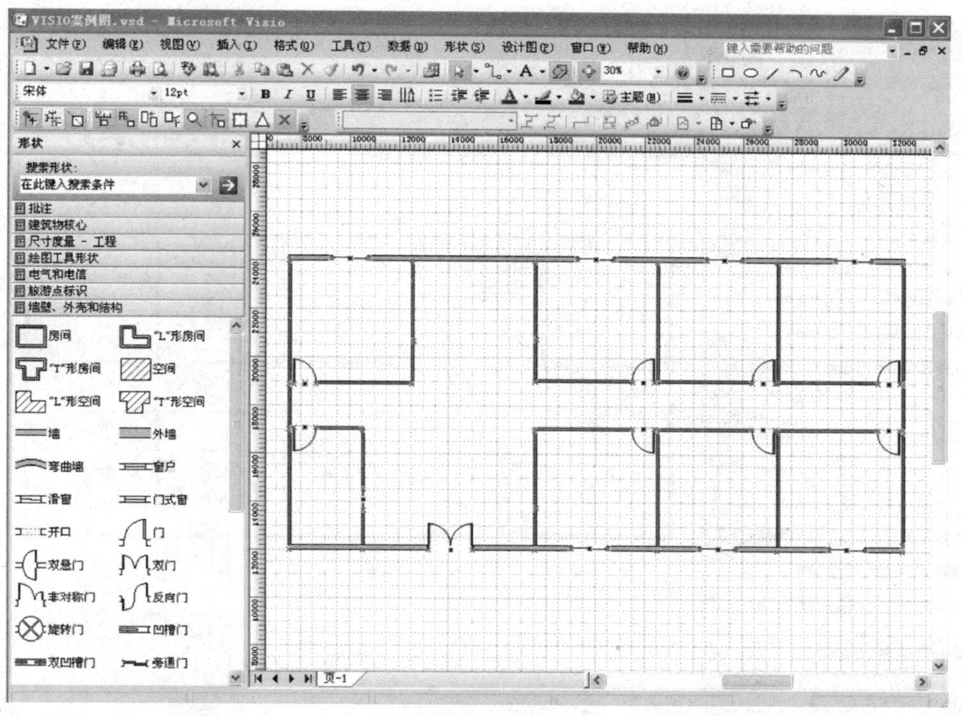

图 1—3—8　绘制建筑内部构件（1）

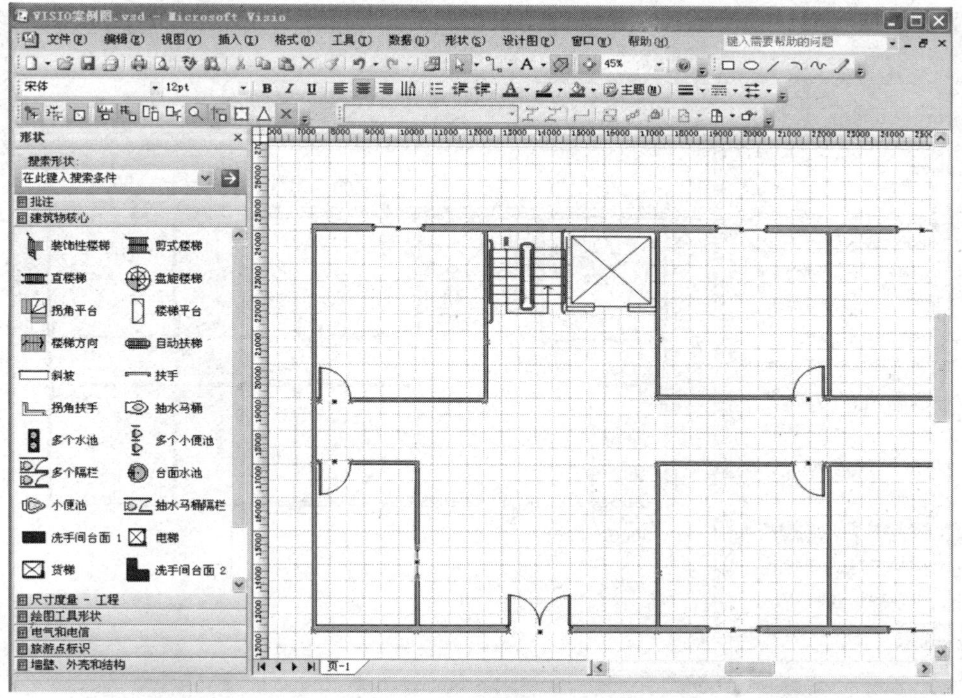

图 1—3—9　绘制建筑内部构件（2）

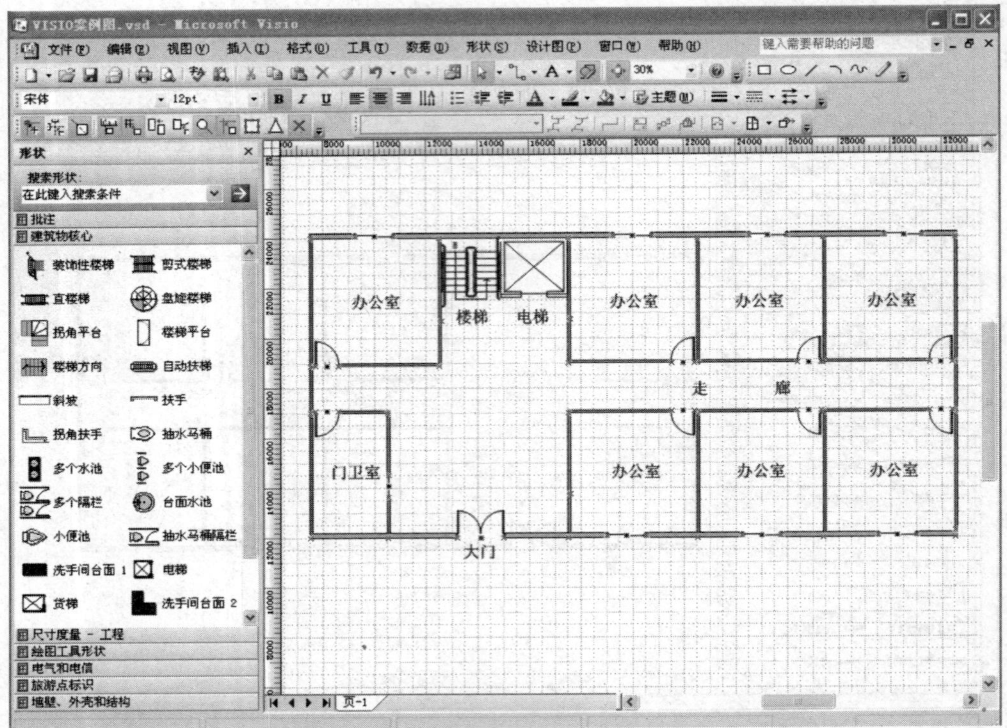

图 1—3—10 对建筑物输入说明文字

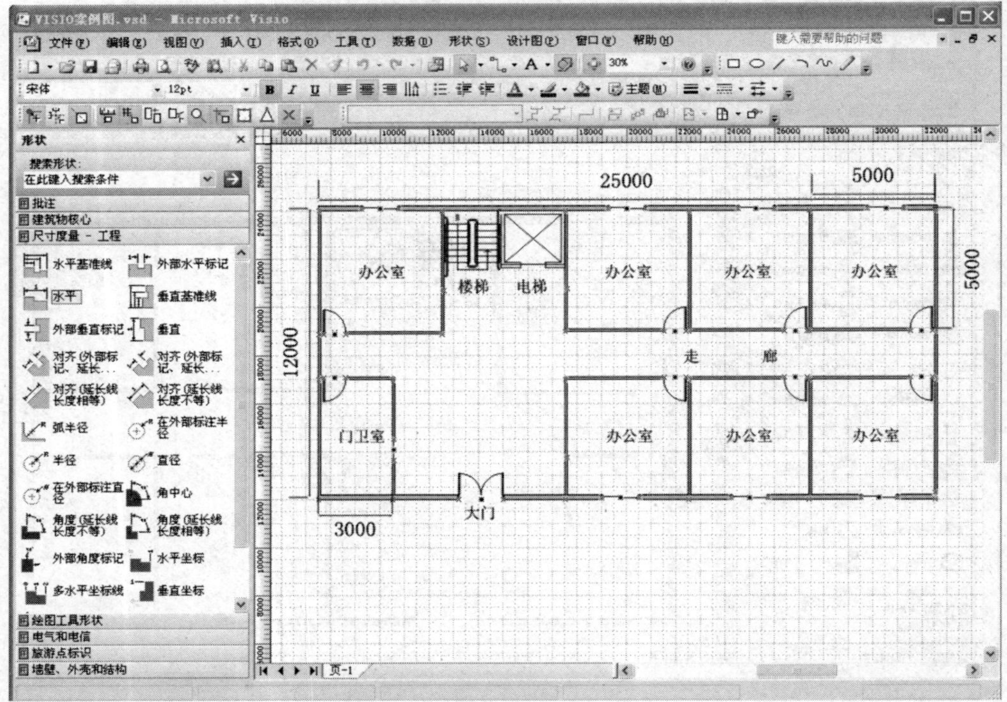

图 1—3—11 修改建筑外形尺寸

任务评价

对掌握绘图软件基本操作的情况进行总结评价，填写实训评价表1—3—4，给出本任务完成情况的实习成绩。

表1—3—4　　绘图软件操作实训评价表

<table>
<tr><th colspan="2">评价项目</th><th>配分</th><th>自我评价</th><th>小组评价</th><th>教师评价</th></tr>
<tr><td rowspan="5">职业能力</td><td>是否了解 Microsoft Visio 软件主要功能</td><td>10</td><td></td><td></td><td></td></tr>
<tr><td>能否正确安装 Microsoft Visio 软件</td><td>10</td><td></td><td></td><td></td></tr>
<tr><td>能否正确使用 Microsoft Visio 软件新建文件</td><td>10</td><td></td><td></td><td></td></tr>
<tr><td>能否正确使用 Microsoft Visio 软件各个控件</td><td>20</td><td></td><td></td><td></td></tr>
<tr><td>能否结合施工草图，使用 Microsoft Visio 软件完整画出施工平面图</td><td>30</td><td></td><td></td><td></td></tr>
<tr><td rowspan="4">通用能力</td><td>观察能力</td><td>5</td><td></td><td></td><td></td></tr>
<tr><td>动手能力</td><td>5</td><td></td><td></td><td></td></tr>
<tr><td>团队合作能力</td><td>5</td><td></td><td></td><td></td></tr>
<tr><td>自我提高能力</td><td>5</td><td></td><td></td><td></td></tr>
<tr><td rowspan="2">自我评价</td><td rowspan="2"></td><td>综合评分</td><td colspan="3" rowspan="2">本人签名：</td></tr>
<tr><td></td></tr>
<tr><td rowspan="2">小组评价</td><td rowspan="2"></td><td>综合评分</td><td colspan="3" rowspan="2">组长（项目经理）签名：</td></tr>
<tr><td></td></tr>
<tr><td rowspan="2">教师评价</td><td rowspan="2"></td><td>综合评分</td><td colspan="3" rowspan="2">教师签名：</td></tr>
<tr><td></td></tr>
</table>

项目二　视频监控系统

视频监控系统是安全防范系统的主要组成部分，也是最常见的安全防范子系统，从实际安防工程市场的业务量以及造价等情形来分析，视频监控系统一般占到整个安防系统的五成以上。视频监控系统主要由前端设备、后端设备以及中间传输端三大部分组成。前端设备是以摄像为中心的一些设备；后端设备分为控制、显示、记录设备。前、后端设备有多种构成方式，它们之间的联系通常可通过电缆、光纤或者无线等多种传输方式来实现。

从技术角度出发，视频监控系统发展划分为第一代模拟视频监控系统、第二代基于“计算机＋多媒体卡”的数字视频监控系统、第三代完全基于 IP 网络的视频监控系统。本项目以模拟视频监控系统为主要介绍内容，同时兼顾数字、网络监控系统的一些发展，介绍视频监控系统中的常用设备、视频监控系统的安装和设计以及常见的故障问题。

案例

小黄是安防系统的设计员，他要给某学校实训中心大楼安装一套视频监控系统。学校实训中心大楼共有 5 层，每层楼的建筑平面图如图 2—0—1 所示。要求如下：监控中心设在智能楼宇综合实训室（501）；智能楼宇综合实训室（501）、综合布线实训室（502）和电子商务实训室（303）需要全方位监控；其他实训室只需要对两个门口区域对角监控；每一层的走廊必须不留死角；电梯内要有监控。

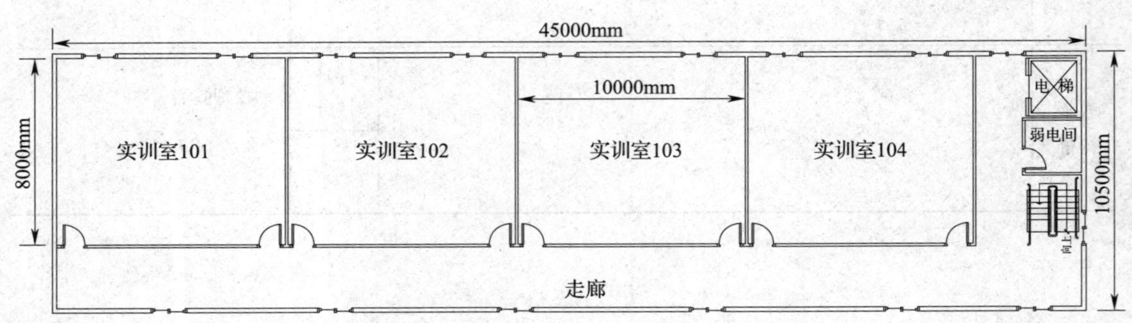

图 2—0—1　某学校实训中心大楼单层建筑平面图

学习目标

能根据本项目所学的知识，完成某栋建筑内视频监控系统的设备选型、设计方案编写、安装与调试，并能排除常见故障。

任务一　了解视频监控系统的基本知识

任务描述

了解视频监控系统的概念及系统设备软硬件的组成，并做好相关记录。

基础知识

一、视频监控系统的概念及基本组成

视频监控系统主要用于辅助安保人员对大厦、住宅小区内主要通道、公共场所等现场实况进行实时监视。通常情况下，由多台摄像机监视楼内的公共场所，如大堂、地下停车场等重要出入口（电梯口、楼层通道等）的人员活动情况。当安保系统发出警报时，会联动摄像机开启并将该报警点所监视区域的画面切换到主监视器或屏幕墙上，同时启动录像机记录现场实况。

视频传像过程是"光信号"与"电信号"的相互转换过程，如图 2—1—1 所示。在实际工作中，大部分工程案例所使用的监控系统均为闭路视频监控系统，本章节也主要以闭路视频监控为范例进行讲解。

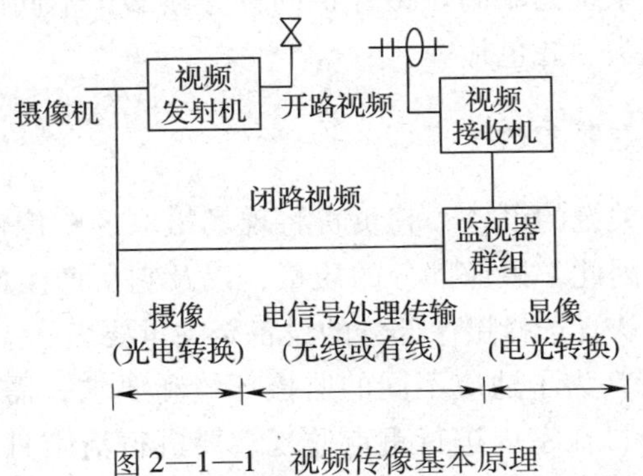

图 2—1—1　视频传像基本原理

视频监控系统由前端设备（视频、音频）、传输系统、终端设备（控制、显示、记录）三大块组成，如图 2—1—2 所示。

前端设备主要是安装在各个监控点的视频和音频采集设备，其主要任务是获取监控区域的各种图像、音频信息；传输系统将视频监控系统的前端设备和终端设备联系起来，它将前端设备所产生的图像信号、音频信号等传送给中心控制室的终端设备，并把控制中心的控制指令传至前端设备；终端设备也叫后端设备，是监控系统的指挥中心，它通过集中控制的方式，将前端设备传送来的各种信息进行处理和显示，并向有关的设备发出各种控制指令。

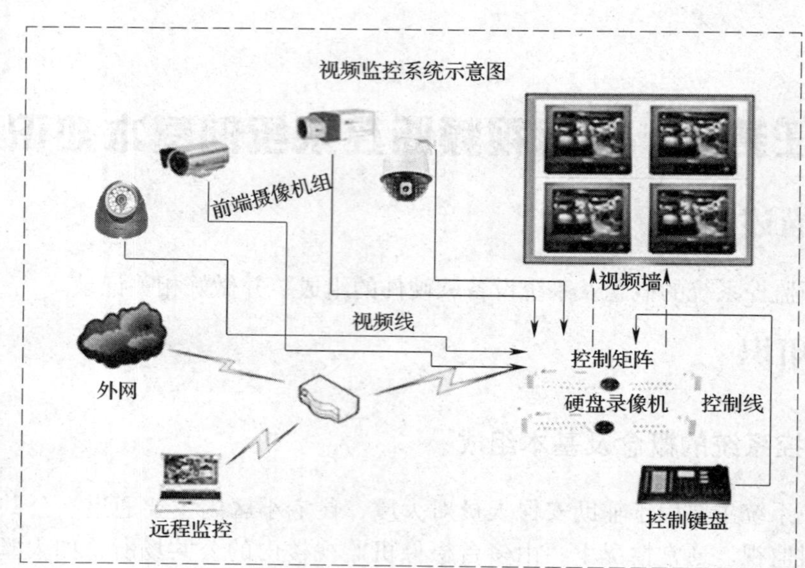

图 2—1—2　简易型视频监控系统示意图

二、视频监控系统的摄像部分

摄像部分主要由摄像机、镜头、防护罩、安装支架和云台等组成，其作用是把系统所监视的目标送入系统的传输部分进行传送。摄像部分的核心是监控摄像机，它是光电信号转换的主体设备，是整个系统的眼睛。摄像机的种类很多，不同的系统可以根据其使用目的选择不同的摄像机及镜头、滤色片等。

1. 摄像机的概念及主要参数

摄像机是摄像部分最关键的设备，它负责将现场摄取的图像信号转换为电信号并传送到控制中心的监控器上。因此，摄像部分的质量，以及它所产生的图像信号的好坏将影响整个系统的质量。所以，认真选择摄像部分的设备至关重要。

镜头是摄像机的眼睛，为了适应不同的监控环境和要求，需要配置不同规格的镜头，如图 2—1—3 所示。比如，在室内进行重点监视，要进行清晰且大视场角度的图像捕捉，需要配置广角镜头；在室外监视停车场，既要看到停车场的全貌，又要看到汽车的细节部分，这时候需要广角和变焦镜头；在边境线、海防线进行监控，需要用超远图像拍摄镜头。

图 2—1—3　各种镜头实物图

镜头的主要参数如下：

（1）焦距（f）。焦距是镜头和感光元件之间的距离，通过改变镜头的焦距，可以改变镜头的放大倍数，从而改变拍摄图像的大小。即

$$镜头的放大倍数 \approx 焦距/物距$$

当物体与镜头距离很远的时候，增大镜头的焦距，放大倍数随之增大，可以将远景拉近，远景的细节就看得更清楚了；如果减小镜头的焦距，放大倍数随之减小，画面的范围就扩大了，能看到更大的场景。

（2）视场角。在实际工程中，常用水平视场角来反映画面的拍摄范围。焦距f越大，视场角越小，在感光元件上形成的画面范围越小；反之，焦距f越小，视场角越大，在感光元件上形成的画面范围越大。

（3）光圈。光圈安装在镜头的后部，光圈开得越大，通过镜头的光量就越大，图像的清晰度也就越高；光圈开得越小，通过镜头的光量就越小，图像的清晰度也就越低。通常用F来表示光通量。F = 焦距（f）/通光孔径。在摄像机的技术指标中，常常可以看到6 mm/F1.4这样的参数，它表示镜头的焦距为6 mm，光通量为1.4，这时可以很容易地计算出通光孔径为4.29 mm。在焦距f相同的情况下，F值越小，通光孔径越大，到达CCD芯片的光通量就越大，镜头效果也就越好。

2. 摄像机的分类

监控摄像机的分类方法有很多种，现选取两种分类方法加以说明。

（1）依成像色彩划分，摄像机可分为彩色摄像机、黑白摄像机和彩转黑摄像机。

1）彩色摄像机。适用于景物细部辨别，如辨别衣着或景物的颜色。因有颜色而使信息量增大，一般认为是黑白摄像机信息量的10倍。

2）黑白摄像机。用于光线不足及夜间无法安装照明设备的地区，在仅监视景物的位置或移动时，可选用分辨率通常高于彩色摄像机的黑白摄像机。

3）彩转黑摄像机。一般在白天照度好的情况下为彩色摄像机，夜间照度低的情况下自动转换为黑白摄像机。目前主流的摄像机都为彩转黑摄像机。

（2）依外形样式划分，可分为枪式摄像机、半球形摄像机、针孔形摄像机、一体型摄像机等。这种分类法也是实际工作中最常见的分类法。

1）枪式摄像机。功能单一，不具备变焦和旋转功能，只能完成一个角度、固定距离的监视，隐蔽性较差，在道路监控中使用最广泛。

2）半球形摄像机。具有一定的隐蔽性，同时外形小巧、美观，可以吊装在天花板上，弥补了枪式摄像机的某些不足。常用于空间范围比较小的地方，如小型办公室、电梯等。

3）针孔形摄像机。更具有隐蔽性，常用于银行的POS机。

4）一体型摄像机。摄像机里面含变焦镜头、云台、解码盒、防护罩等配件，除基本的摄像功能以外，还含有红外夜视、旋转等其他功能，如匀速球形、中速球形、高速球形、红外型摄像机。目前此类摄像机种类繁多：带红外线的摄像机主要用于光线不足，又没有

补充光源的地方；智能球形摄像机主要用于视野开阔、没有遮挡物的地方，如广场、建筑的大门口。

在实际的应用中，对摄像机不能简单地进行分类，因为很多摄像机同时具备好几种分类特征，如红外线智能高速球形一体摄像机、红外线枪式摄像机等。

3. 低照度摄像

监控摄像机要求在夜晚光照条件很差甚至是没有光的环境中也能拍摄到清晰图像。在摄像机的指标中，常常可以看到低照度这一项。

（1）照度的概念。照度是测量摄像机感光度的单位，用勒克司（lx）表示，也就是摄像机能在多暗的光照条件下拍摄到图像。勒克司（lx）的值越低，表明摄像机在光照条件低的情况下拍摄到清晰图像的能力越强。

（2）实现低照度摄像的方案。工程师们常常采用以下方案拍摄到清晰的图像。

1）普通低照度CCD黑白摄像机+红外灯。在监控现场安装红外灯辐射“照明”，产生人眼看不见而普通摄像机能捕捉到的红外光，通过CCD黑白摄像机可以实现夜间拍摄。

2）彩色转黑白摄像机+红外灯。所谓彩色转黑白摄像机就是指白天是彩色摄像机，到了晚上光照条件很差的时候，利用黑白图像对红外线感度较高的特点，自动切换为黑白摄像方式，在红外线的配合下进行拍摄的摄像机。和红外灯配合的时候，低照度摄像机必须满足红外灯支持的最低照度。

3）红外低照度彩色摄像机。红外低照度彩色摄像机的红外感度比一般摄像机高4倍以上，可以在零照度下工作。

4. 摄像机的控制

为了扩大监控范围，要求监控摄像机能实现旋转、变焦、变放大倍数、自动聚焦等功能。这些功能的实现，需要由数字硬盘录像机通过控制器对摄像机进行控制。

（1）旋转控制。工程师们利用云台来安装和固定摄像机。云台分为固定云台和电动云台。固定云台适用于监视范围不大的场合。在固定云台上安装好摄像机后，调整摄像机的水平和俯仰角度，达到最好的工作状态后锁定调整机构就可以了；电动云台安装了步进电动机，电动机接受来自控制器的信号，带动摄像机旋转实现精确定位，适用于大范围监控。

根据其回转的特点，云台可分为只能左右旋转的水平旋转云台和既能左右旋转又能上下旋转的全方位云台。一般来说，水平旋转角度为0°~350°，垂直旋转角度为90°。恒速云台的水平旋转速度一般在（3°~10°）/s，垂直旋转速度为4°/s左右；变速云台的水平旋转速度一般为（0°~32°）/s，垂直旋转速度为（0°~16°）/s。在一些高速摄像系统中，云台的水平旋转速度在480°/s以上，垂直旋转速度在120°/s以上。

（2）实现电动变焦、变倍、自动聚焦。所谓一体型摄像机就是将镜头、CCD芯片、视频处理电路、电源、机壳整合为一个整体，可以实现电动变焦、变倍、自动聚焦功能。能否快速、准确地实现自动聚焦是评价一体型摄像机品质的关键。

（3）采用电动变焦镜头 + 普通摄像机。把电动变焦镜头和普通摄像机结合起来，利用普通摄像机视频驱动的原理，也可实现镜头焦距、光圈、聚焦的自动控制。目前有些厂家开发出了超高倍率的60倍电动变焦镜头“D60 ×12.5”，其750 mm（使用变焦扩展镜时可达1 500 mm）的焦距可以清晰地识别3 km内的人物。

5．防护罩知识

为了保证摄像机和镜头工作的可靠性，延长其使用寿命，必须给摄像机装配具有多种特殊保护功能的外罩，称为防护罩。除此之外，防护罩还可以尽可能地防止对摄像机和镜头的人为破坏。防护罩一般分为通用型和特殊用途型，又可分为室内型和室外型。

（1）通用型防护罩。室内型防护罩必须能够保护摄像机和镜头，使其免受灰尘、杂质和腐蚀性气体的污染，同时要能够配合安装地点达到防破坏的目的。室内型防护罩一般使用涂漆或经阳极氧化处理的铝材、涂漆钢材、黄铜或塑料制成。如果使用塑料，应当使用耐火型或阻燃型。防护罩必须有足够的强度，安装界面必须牢固，视窗应该是清晰透明的安全玻璃或塑料（聚碳酸酯）。电气连接口的设计位置应该便于安装和维护。

摄像机工作温度为 -5 ~45℃，而最合适的温度为0 ~30℃，否则会影响图像质量，甚至损坏摄像机。因此室外型防护罩要适应各种气候条件，如风、雨、雪、霜、低温、暴晒、沙尘等。室外型防护罩会因使用地点的不同配置如遮阳罩、内装/外装风扇、加热器/除霜器、雨刷器、清洗器等辅助设备。

首先，室外型防护罩密封性要高，以避免雨水进入。同时进线口要开在防护罩的下方，避免雨水顺线缆倒流入防护罩。在防护罩前方还应安装雨刷，以便及时清理所积雨水和污垢，使摄像机能通过玻璃摄取清晰的图像。罩前或玻璃上的除霜器，可在视窗积霜、积雪时将其融化。

其次，防护罩内应装有加热器，在温度较低的环境中进行加热，提升防护罩内部温度，确保摄像机和镜头正常工作；内装或外装风扇可以使罩内空气流通，降低防护罩内的温度；在多风沙少雨水的地点还要考虑配置清洗器，以便和雨刷器配合，随时对视窗玻璃进行清洁，保证监视图像效果。

室外型防护罩的辅助设备控制功能有自动控制和手动控制两种，如加热器/除霜器、风扇都是由防护罩内部的温度传感器自动启动或关闭的，而像雨刷器、清洗器等的动作是由控制人员通过对控制设备的操作来实现的。

室外型防护罩一般使用铝材、带涂层的钢材、不锈钢或可以使用在室外环境的塑料制造。制造材料必须耐受紫外线的照射，否则会很快出现裂纹、褪色、强度降低等老化现象。在需要护罩耐用、具有高安全度、可抵抗人为破坏的环境中应该使用不锈钢护罩。经过适当处理的铝护罩也是一种性能优良的护罩，其处理方法有三种：聚氨酯烤漆、阳极氧化、阳极氧化加涂漆。在有腐蚀性气体的环境中不应该选择铝制或钢制护罩；在盐雾环境中应使用不锈钢或特殊塑料制成的护罩。

再次，为增加防护罩的安全性能，防止人为破坏，很多防护罩上还装有防拆开关，一且防护罩被打开将发出报警信号。

监控系统中的防护罩种类繁多，一般可按照其形状分为矩形护罩、墙壁或天花板用护罩、球形护罩、角装护罩、坡形护罩等。

1）矩形护罩。矩形护罩是监控系统中最为常见的防护罩，其成本低、结实耐用、尺寸多样、样式美观。室内型矩形护罩不需要进行特殊的防锈处理，一般使用涂漆或阳极氧化处理的铝材、钢材或高抗冲塑料，如聚氯乙烯（PVC）、工程塑料（ABS）或聚碳酸酯（如Lexan）等材料。

矩形护罩的开启结构有顶盖拆卸式、前后盖拆开式、滑道抽出式、顶盖撑杆式、铰链悬吊式、顶盖滑动式等，各种结构方式都是以安装、检修、维护方便为目的进行设计的。

2）球形护罩。球形护罩有半球形和全球形两种，一般室外应用大多采用全球形球罩，室内应用则会根据现场环境选择半球形或全球形护罩。全球形护罩一般使用支架悬吊式或吸顶式安装，半球形护罩最常见的是吸顶式和天花板嵌入式安装。

能够为罩内镜头提供场景光线的塑料球形护罩有三种：透明、镀膜（镀有半透明的铝或铬）和茶色。在护罩只作为保护摄像机和镜头而不需要隐蔽摄像机的指向时，常采用透明球形护罩。透明球形护罩的光线损失最小（10%～15%）。如果希望隐藏摄像机的指向，以获得附加的安全效果时，就需要选用镀膜或茶色球形护罩。光线通过镀膜球形护罩后会衰减约两个 f－stop（约相当于衰减 75%），茶色球形护罩相对来说效果较好，光线衰减只有约 1 个 f－stop，约 50%。

与矩形护罩视窗使用的平面塑料或玻璃的出色光学质量和透光性能不同，所有球形护罩都会给图像带来一定程度的光学失真，高质量的球形护罩的光学失真度很小。摄像机的轴线必须与球形护罩相交点的外切平面垂直，这样失真至少是均匀的，最主要的影响是镜头的焦距产生微小的变化，这种变化一般是不易察觉或者不令人生厌的，否则图像会出现水平或垂直方向的拉伸，尤其在球形护罩内装有云台、摄像机经常转动时，图像的失真就会很容易被发现。因此，光学失真度是检验球形护罩的重要指标。

室外型球形护罩也和矩形护罩相似，除了密封防护等级要满足室外环境使用外，其内部装有风扇、加热器等装置以补偿室外环境温度的变化。由于球形护罩不能像矩形护罩那样安装雨刷器，因此一般都配有如防雨檐或其他类似的装置，以防止过多的雨水经下球罩滴落，形成水渍，同时还具有一定的遮阳效果。

3）角装护罩。角装护罩是专为室内墙角（两面墙和天花板的结合处）设计的护罩。一般安装在面积较小的房间或厅内、电梯轿厢、楼梯井或监狱的囚室内。

摄像机应倾斜安装在角装护罩内，指向天花板下面的监视区域，使护罩的观察窗口与镜头轴线相垂直。还有一种角装护罩比较特殊，摄像机在防护罩内指向天花板的上方，摄像机上方装有前表反射镜，可以将天花板下的场景反射给摄像机，反射镜的位置可以上下左右调整，以改变摄像机的视场范围。由于反射镜的场景图像是倒像，因此摄像机必须颠倒安装。

4）嵌入式护罩。嵌入式护罩通常安装在天花板和墙上，部分外露、部分内藏。这种防

护罩适合需要安装较为隐蔽的场合。

（2）特殊用途防护罩。有时，摄像机必须安装在高度恶劣的环境下，不仅要像通用室外型防护罩一样具有高度密封、耐高寒、耐酷热、抗风沙、防雨雪等特点，还要防砸、抗冲击、防腐蚀，甚至需要在易爆环境下使用，因此必须使用具有高安全度的特殊护罩。

1）高安全度护罩。这种防护罩一般也称作铠装防护罩，这种防护罩适合安装在监狱或其他容易遭到破坏的场所。它由0.134 in厚的10号焊接钢制成、窗口材料为$\frac{1}{2}$ in厚、经过抗磨损处理的聚碳酸酯。此型护罩可经受铁锤、石块或某些枪弹的冲击而不会洞穿或开裂。机壳以大号机械锁封闭，不易被拆开。

2）电梯用特殊防护罩。这是专为电梯设计，经过硬化处理的护罩。该护罩用不锈焊接钢制成，具有防撬功能，引入线在护罩背面，一般人无法触及；视窗是耐磨损的聚碳酸酯。摄像机最佳指向是与两面互相垂直的厢壁各成45°角，同时与天花板平面成向下45°角，在水平视场角超过90°（广角）时可以观察整个轿厢，不会有任何死角。

3）高防尘护罩。高防尘护罩与通用护罩类似，不同的是这种护罩与外界完全隔绝，可以在多沙和多灰尘的环境中使用，如果使用不锈钢材料还可以用于腐蚀性的环境中。视窗材料是回火玻璃，可提供最大的安全性、耐腐蚀性和耐磨损性。为避免罩内温度过高，常配有遮阳罩和风扇，也可以通过经过过滤的外部压缩空气源来维持罩内温度。

4）防爆护罩。防爆护罩与防爆云台的原理相同，也必须符合防爆和防粉尘爆炸电气设备的安全规定。所用材料与云台相同，通常为厚壁全铝结构或不锈钢结构。防爆护罩的直径一般为6 in、8 in、10 in等，引入线接口都配有防爆密封件。如果防爆护罩内空间在容纳摄像机、镜头组件之外还能内装解码器，将避免解码器重新制作防爆外壳的烦恼。

5）高压护罩。高压护罩可在有害大气中使用。通过在机壳内填充加压惰性气体，可以达到国家防火协会的要求。这种护罩采用经过耐腐蚀处理的厚壁铝材制造，视窗为$\frac{1}{2}$ in厚的回火抛光玻璃。护罩中填充压力为15磅/平方米的低压氮气。氮气是完全惰性的，可以避免护罩内的电火花或电气故障引起的爆炸。护罩本体与外盖之间垫有密封用的O形密封圈。所有的电气连线都要经过O形密封圈引出。

6）高温护罩。高温护罩是指摄像机应用在温度大于40℃，靠自然对流和辐射换热不能达到正常工作温度的环境时，保护摄像机、镜头正常工作的护罩。对于高温环境，防护罩应采取特殊的冷却降温手段。常见的冷却系统有风冷系统、水冷系统、半导体冷却系统，还有涡旋制冷、氟利昂制冷、氨制冷等方式。

风冷系统使用的仍然是空气流动冷却的原理，采用强迫通风的方式将冷却剂（净化空气）送入防护罩或防护罩隔层中，将防护罩内的热量带出，达到冷却的目的。强迫通风冷却系统有直接冷却和间接冷却两种。

在环境温度大于80℃（如加热炉、炼钢炉等环境），靠强迫风冷已无法控制温升时，可采用强迫水冷系统。水的导热系数和比热均比空气要大，因此与风冷相比，大大减少了有关换热环节的热阻，提高了换热效率。护罩含有内嵌的水夹套，可以有效地将摄像机和镜头与外界环境隔离。根据用途的不同，材料可以是铝材或者不锈钢。护罩内部装有风扇，使罩内空气往复循环，以提高热传递效率。强迫水冷系统有两种基本形式，一种是水冷防尘型，其结构较为简单，不带报警装置和空气滤清系统，镜头可使用定焦或变焦镜头，用于80℃以下的环境。另一种是炉内高温型，可用于温度高达1 600℃的环境，其结构较为复杂，整个系统设有报警装置、空气滤清系统、维修快门和高温自动退出系统。高温自动退出系统在探测到摄像机冷却功能发生故障时，电动、气动控制的退出装置会自动地把摄像机从燃烧室中退出，避免摄像机、镜头损坏。

半导体冷却系统又称为温差电制冷系统，是建立在半导体效应基础上的冷却系统。当两种不同的导体组成一个电偶，通以直流电流时，电偶的相应接头处会发生吸热和放热现象，这种效应在金属中很弱，而在半导体中则比较显著。半导体制冷系统无机械转动部分，具有无噪声、无振动、使用寿命长、结构简单、安装容易、可靠性高等特点，且不需要冷却剂，制冷程度可根据电流进行调节，其缺点是消耗功率较大，必须使用直流电，工作电流大。

6. 支架

支架是固定云台及摄像机防护罩的安装部件；普通支架有短的、长的、直的、弯的，应根据不同的要求选择不同的型号。室外支架主要考虑负载能力是否符合要求。此外还需考虑安装位置，因为从实践中发现，很多室外摄像机安装位置特殊，有的安装在电线杆上，有的立于塔吊上，有的则安装在铁架上。

7. 云台

云台是承载摄像机并可进行水平和垂直两个方向转动的装置。云台内装有两个电动机。这两个电动机一个负责水平方向的转动，另一个负责垂直方向的转动。水平转动的角度一般为350°，垂直转动则有±45°、±35°、±75°等。水平及垂直转动的角度大小可通过限位开关进行调整。

（1）云台的分类

1）按使用环境分类。云台按使用环境分为室内型和室外型，如图2—1—4所示，主要区别是室外型云台密封性能好，防水、防尘、负载大，有些高档的室外云台除有防雨装置外，还有防冻加温装置。

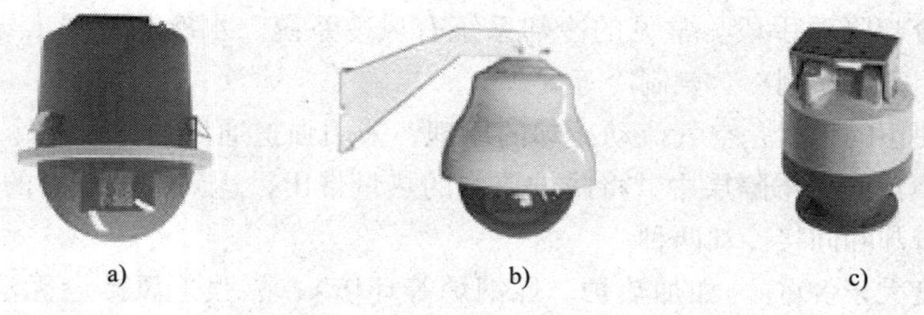

a）　　b）　　c）

图2—1—4　云台的类型

a）室内半球云台　b）室内全球云台　c）室外全方位云台PIH－301

2）按安装方式分类。按安装方式云台分为吊装式和侧装式，即云台是安装在天花板上还是安装在墙壁上。

3）按外形分类。按外形云台分为普通型和球形、球形云台是把云台安置在一个半球形或球形的防护罩中，除了可以防止灰尘干扰图像外，还具有隐蔽、美观、转动快速的优点。

（2）云台的选用。在选用云台时除了要考虑安装环境、安装方式、工作电压、负载大小、性能价格比和外形是否美观外，还应注意以下几个方面。

1）承重。为适应不同摄像机及防护罩的安装，云台的承重能力应是不同的。应根据选用的摄像机及防护罩的总重量来选用合适承重能力的云台。室内用云台的承重量较小，云台的体积和自重也较小。室外用云台因为要在它的上面安装带有防护罩的摄像机，所以承重量都较大，它的体积和自重也较大。

目前出厂的室内用云台承重量为1.5~7 kg，室外用云台承重量为7~50 kg。此外，还有些云台是微型云台，比如与摄像机一起安装在半球形防护罩内或全天候防护罩内的云台。

2）控制方式。一般的云台均属于有线控制的电动云台。控制线的输入端有5个，其中一个为电源的公共端，另外4个分别为上、下、左、右控制端。如果将电源的一端接在公共端，另一端接在“上”端，则云台带动摄像机头向上转动，其余类推。

还有的云台内装有继电器等控制电路，这样的云台往往有6个控制输入端。一个是电源的公共端，另4个是上、下、左、右端，还有一个则是自动转动端。当电源的一端接到公共端，另一端接在“自动”端时，云台将带动摄像机头按一定的转动速度进行上、下、左、右的自动转动。

在电源供电电压方面，目前常见的云台有交流24 V和220 V两种。云台的耗电功率，一般是承重量小的功耗小，承重量大的功耗大。在选用云台时，最好选用在其固定不动的位置上安装有控制输入端及视频输入、输出端接口的云台，并且在固定部位与转动部位之间（即摄像机之间）有用软螺旋线绕制成的摄像机及镜头的控制输入线和视频输出线的连线。这样的云台安装使用后不会因长期使用导致转动部分的连线损坏，特别是室外用的云台更应如此。

三、视频监控系统的传输部分

通常，监视现场和控制中心存在一定的距离，两者之间需要信号传输。一方面摄像机拍到的图像要传到控制中心；另一方面控制中心的控制信号要传送到现场，所以传输系统部分一般包括各种线缆（详见项目二）、调制设备、线路驱动设备等。

目前，常见视频监控系统的传输架构主要有以下几种。

1. 模拟摄像机+数字硬盘录像机+计算机网络系统

这是目前应用最广泛的网络视频监控系统。通过设定端口、网关和路由，该系统将现场的数字硬盘录像机作为服务器，在远程客户的计算机上安装专用监控软件或插件，用户便可以通过互联网看到数千里之外的现场，实现单路、多路视频远程监控和录像。

2. 模拟摄像机＋网络视频服务器＋计算机网络系统

模拟摄像机输出的信号是模拟信号，计算机处理的信号是数字信号，在网络中传输的也是数字信号。网络视频服务器（Video Server）把模拟摄像机的模拟信号转换成数字信号，再经过高效压缩芯片压缩、编码，输出可以在计算机网络中传输的数字信号，实现信号在计算机网络中以数字形式进行传输。因此，也可以把网络视频服务器称为视频编码器（Video Coder）。当视频服务器的一端连接着模拟摄像机的输出信号，另一端插上计算机网线，然后在互联网中的任一台计算机中设置好网关、路由时，打开 IE 浏览器，输入 IP 地址或者域名就可以在计算机中看到监控画面了。如果模拟摄像机配置有云台，还可以通过计算机对摄像机进行变焦、变倍、旋转等控制操作。在网络视频服务器中还可嵌入实时操作系统，可以是 Linux 版本，也可以是 Windows 版本。从稳定性上讲，Linux 版本更胜一筹。采用网络视频服务器可以选择和配备不同的摄像机，具有更多的灵活性。

3. 网络摄像机＋计算机网络系统

网络摄像机就是将模拟摄像机与网络视频服务器整合在一起，在摄像机里面内置模/数转换、视频服务器功能，和网络视频服务器一样，按照网络协议实现网络通信和数据传输，还可以接收报警信号及向外发送报警信号。这种架构更加便于操作，只要把网络摄像机安装好，插上网线就可以浏览了。

4. CDMA 无线网络视频监控系统

上面介绍的系统均采用有线传输，但是在移动的交通工具（比如汽车）、偏远的山区，采用有线传输显然是很困难的，因此，可以利用成熟的无线通信技术构成无线网络视频监控系统。这里的代表产品有中国联通的移视通。移视通 CDMA 无线网络视频监控系统是把 CDMA 数据通信功能和数字视频编码功能整合成一体的便携式产品。它把摄像机图像经过视频压缩编码模块压缩，通过智能无线通信终端发射到 CDMA 网络，实现视频数据的交互、发送/接收、加解密、编解码、链路的控制维护等功能。该系统可以把实时动态图像传到距离用户最近的联通通信网络中，可以通过互联网从系统中控端得到实时图像信息。系统整合了 CDMA 网络和互联网的优势，可以随时随地进行远程监控管理。

四、视频监控系统的控制、记录和显示部分

视频监控系统的控制、记录和显示部分为视频监控系统的后端设备，主要有控制部分设备，如视频矩阵切换主机及相应的解码器、云台控制器、视频分配器、视频放大器、视频切换器、多画面分割器、控制键盘及控制台等，还包括硬盘录像机、监视器等，一般安装在控制中心，是整个系统的指挥中心。控制部分的作用是在中心机房通过有关设备对系

统的现场设备（摄像机、云台、灯光、防护罩等）进行远距离控制。

1. 视频矩阵切换主机

视频矩阵切换主机包括视频输入、输出模块，通信控制模块，报警处理模块及电源装置。视频矩阵切换主机的主要技术指标为主机的容量，即输入与输出的视频信号的数量。视频矩阵切换主机一般有 4 路、8 路或 32 路，甚至更多的视频输入接口。视频矩阵切换主机可以在多种信号源中选择两种或两种以上输出给不同的显示设备。视频矩阵切换主机的这个基本功能就是把任意一个输入切换到任意一个输出，即把任何一个通道的图像显示在任何一个监视器上，且相互不影响，准确概括就是：实现对输入视频图像的切换输出，将从任意一个输入通道输入的视频图像切换到任意一个视频输出通道中。

2. 控制键盘和控制台

控制键盘是监控人员控制视频监控设备的平台，通过它可以切换视频、遥控摄像机的云台转动或镜头变焦等，同时，还可对监控设备进行参数设置和编程。

基本上每个视频监控系统都安装有控制台，用于存放各种设备，如可以在控制台上安装控制键盘、录像机、小型主监视器等设备，以方便对设备进行集中管理。

3. 硬盘录像机

硬盘录像机（Digital Video Recorder，DVR）发展至今，各厂家针对安防行业的切实需要，以及不同场所特殊应用所提出的技术改进及解决方案，从 M－JPEG、MPEG－2 到热门的 MPEG－4、H. 264 压缩技术，从软压缩到硬压缩，从视频路数的不断增加（4、8、16、32 等）到系统的网络功能等，可谓百花齐放。DVR 产品根据各种不同的应用环境，有不同系列的产品，但总的来说，按系统结构可以分为两大类：基于计算机架构的计算机式 DVR 和脱离计算机架构的嵌入式 DVR。

（1）计算机式 DVR。这种架构的 DVR 以传统的计算机为基本硬件，以 Windows 98、Windows 2000、Windows XP（也有少量的使用 Linux）为基本操作系统，配备图像采集压缩卡、编制软件成为一套完整的系统。计算机是一种通用的平台，计算机的硬件更新换代速度快，因而计算机式 DVR 的产品性能提升较容易，同时软件修正、升级也比较方便。

（2）嵌入式 DVR。嵌入式系统一般指非计算机系统，有计算机功能但又不称为计算机的设备或器材。它是以应用为中心，对软硬件进行专业化设计定制，对功能、可靠性、成本、体积、功耗等严格要求的微型专用计算机系统。简单地说，嵌入式系统将系统的应用软件与硬件融于一体，类似于计算机中 BIOS 的工作方式，具有软件代码少、自动化程度高、响应速度快等特点，特别适合于要求实时和多任务的应用场合。目前，嵌入式 DVR 为小型监控系统的主流记录设备，大型的监控系统一般采用专业的服务器存储设备。

4. 监视器

监视器是视频监控系统的组成部分，是监控系统的显示部分和标准输出，有了监视器的显示才能观看前端传送过来的图像。作为视频监控不可或缺的终端设备，监视器充当着监控人员的“眼睛”，同时也对事后调查起到关键性作用。

任务实施

对视频监控系统基础知识的了解可以通过使用互联网以及查阅专业图书资料等途径来实现。学习内容如下：

一、了解视频监控系统的概念及其基本组成，建议搜索关键词为“视频监控系统”。

二、了解摄像机的主要类型与用途，建议搜索关键词为“摄像机的主要类型与用途”。

三、了解摄像机的各参数性能指标，建议搜索关键词为“摄像机参数详细介绍”。

四、了解硬盘录像机的类型及主要参数，建议搜索关键词为“硬盘录像机”。

五、了解视频矩阵和控制键盘的用途，建议搜索关键词为“视频矩阵”和“控制键盘”。

六、理解和掌握以上所学到的视频监控系统的组成以及相关设备的知识，并做好详细记录，填入表2—1—1。

表2—1—1　　视频监控系统实训记录表

记录项目名称	记录的内容
视频监控系统的概念及组成	
摄像机的主要类型与用途	
摄像机的各参数和性能指标	
硬盘录像机的类型及主要参数	
视频矩阵和控制键盘的用途	

任务评价

对了解和掌握视频监控系统的概念、系统设备软硬件组成等基本知识的情况进行总结评价并填写实训评价表2—1—2，给出本任务完成情况的实训成绩。

表 2—1—2　　视频监控系统学习实训评价表

评价项目		配分	自我评价	小组评价	教师评价
职业能力	能否准确理解视频监控系统的概念及组成	10			
	能否准确理解摄像机的主要类型与用途	20			
	能否准确理解摄像机的各参数性能指标	10			
	能否准确理解硬盘录像机的类型及主要参数	20			
	能否准确理解视频矩阵和控制键盘的用途	20			
通用能力	观察能力	5			
	动手能力	5			
	团队合作能力	5			
	自我提高能力	5			
自我评价		综合评分	本人签名：		
小组评价		综合评分	组长（项目经理）签名：		
教师评价		综合评分	教师签名：		

任务二　了解视频监控系统的性能和参数

任务描述

观察视频监控系统设备实物，了解视频监控系统性能和参数，绘制实训装置的电气连接图，对云台和硬盘录像机进行简单的操作，并做好相关记录。

基础知识

一、摄像机安装套件

摄像机安装套件包括防护罩、支架和云台。防护罩是保证摄像机和镜头有良好工作环境的辅助性装置；支架是固定云台及摄像机防护罩的安装部件；云台是安装、固定摄像机的支撑设备。云台与摄像机的配合使用能扩大监视范围，通过控制云台的转动，可以实现摄像机的旋转。一般安装方式为在支架上安装云台，再将带或不带防护罩的摄像机固定在云台上，如图 2—2—1 所示。

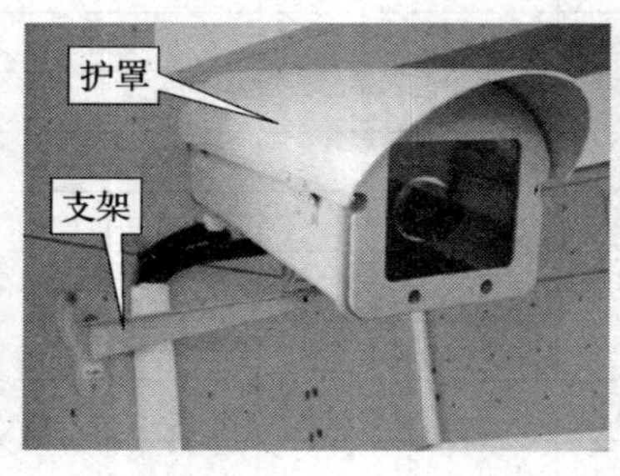

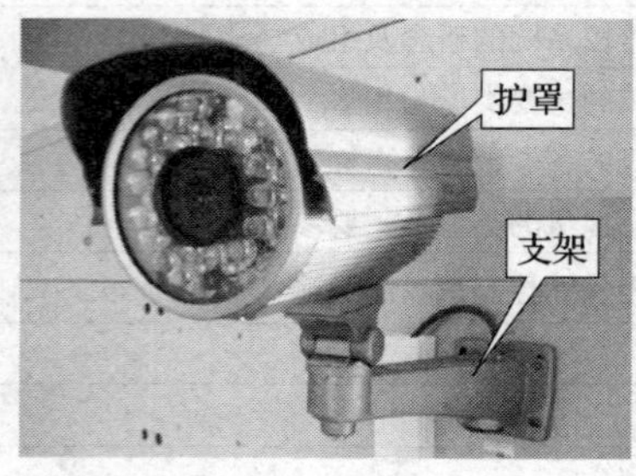

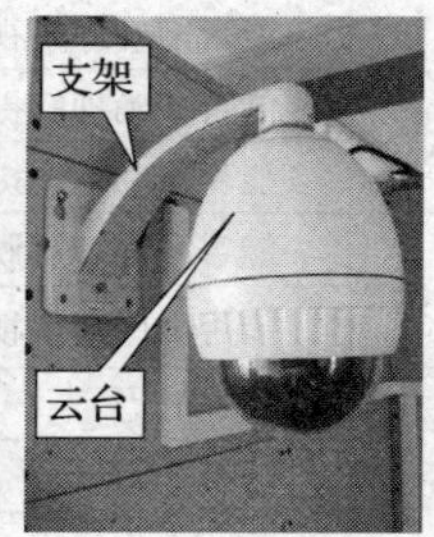

图 2—2—1　摄像机配件图

二、视频监控系统中常见的传输线缆

视频监控系统中常见的传输线缆见表 2—2—1。

表 2—2—1　　视频监控系统常见传输线缆图表

线缆类别	常见型号	实际应用	图例
网络线	超五类网线	应用于数字监控系统，传输距离在 100 m 以内	
光纤	单模、多模光纤	应用于模拟以及数字监控系统，实现远距离传输。多模传输在 2 000 m 以内，单模光纤则应用于更远距离的传输	
视频线	SYV－75－3 SYV－75－5 SYV－75－7 SYV－75－9	应用于模拟监控系统，主要用于模拟摄像机信号的传输，应根据距离的不同选择不同的型号	

续表

线缆类别	常见型号	实际应用	图例
电源线	RVV2×1.0 RVV2×0.5	二芯不带屏蔽；用于给弱电设备供电，强电一般不用此类线；也可用于报警线	
控制线	RVVP2×1.0	二芯带屏蔽；应用于摄像机的云台控制	

视频线的型号，如 SYV－75－3，表示的含义如下：S 是分类，表示射频同轴电缆；Y 是绝缘，表示聚乙烯实芯；V 是护套，表示聚氯乙烯；75 是特性阻抗，表示 75 Ω，3 代表绝缘标称外径，表示外径为 3 mm。根据大小，市场上还有 SYV－75－5、SYV－75－7、SYV－75－9、SYV－75－12 等型号，主要应根据传输距离来选用不同的种类。

电源线和控制线的型号，如 RVV3×1.0、RVVP2×0.5，表示的含义如下：R 表示护套软线，用于传输弱电；V 表示聚氯乙烯；两个 V 表示有两层聚氯乙烯；P 表示带屏蔽层；3 代表有火线、零线、地线三根线，2 代表只有两根线；同上，1.0 和 0.5 代表外径，应根据传输距离，选择不同的外径。

一般而言，室外线路宜选用外导体内径为 9 mm 的同轴电缆，采用聚乙烯外套。室内距离不超过 500 m 时，宜选用外导体内径为 7 mm 的同轴电缆，且采用防火的聚氯乙烯外套；终端机房设备间的连接线，距离较短时，宜选用外导体内径为 3 mm 或 5 mm，且具有密编铜网外导体的同轴电缆。

光缆适用于远距离、大容量、高质量、保密性传输的图像信号。

1. 单模光纤每千米损耗是同轴电缆的 1%，模拟光纤多路电视传输系统可以实现20 km 无中断传输，这个距离基本上能满足超远距离的电视监控系统。

2. 目前一路一芯单模光纤可以传输几十路电视信号，传输容量大大提高。

3. 光纤多路视频传输系统的保密性好，传输信号不易被窃取，适于保密系统使用，特别适于强电磁干扰和电磁辐射环境。

三、常见视频监控系统设备

常见视频监控系统设备见表 2—2—2。

表 2—2—2　　常见视频监控系统设备表

产品名称	产品描述	图例
监控系统设备柜	安装和存放主机及各种控制、显示、记录设备	
视频监控系统嵌入式管理主机（DVR）	16 路 D1 非实时编码；支持 16 路 CIF 同时回放	
智能球形彩色一体化摄像机	$\frac{1}{4}$ in CCD；日/夜彩色黑白自动转换；100 倍变焦；分辨率：500 线；最低照度：彩色 0.7 lx/*F*1.8，黑白 0.02 lx/*F*1.8；最大 128 个预置位；预置位速度：最大 360°/s；旋转：水平 360°连续旋转，垂直 180°旋转	
半球形红外线摄像机	$\frac{1}{3}$ in SONY CCD；水平分辨率：420 线；夜视距离 10 ~ 15 m；零照度；红外灯开启	
枪式摄像机	$\frac{1}{3}$ in SONY CCD；分辨率：450 线；0.3 lx/*F*1.2	

续表

产品名称	产品描述	图例
红外线枪式摄像机	分辨率：540 线；彩色$\frac{1}{3}$ in SONY CCD；零照度；内置 8 mm 自动对焦镜头；红外距离 80 m	
矩阵主机	单机最大 64 台摄像机、16 台监视器；内置 16 路报警输入/2 路报警联动输出；控制恒速或变速云台/控制电动镜头	
控制键盘	三维摇杆；英文 LCD 显示；金属外壳；计算机按键采用防尘设计，坚固耐用	
监视器	15 in LCD 液晶屏	

四、图像格式

目前监控行业中主要使用 Qcif（176×144）、CIF（352×288）、HALF D1（704×288）、D1（704×576）等几种分辨率。CIF 录像分辨率是主流分辨率，绝大部分产品都采用此种分辨率，主要理由有 4 点：①目前的数字监控系统要求视频码流不能太高。②视频传输带宽有限。③使用 HALF D1、D1 分辨率可以提高清晰度，满足高质量的要求，但是需要以高码流为代价。在现阶段，出现了众多的 D1 产品，但市场份额非常小。④采用 CIF 分辨率，信噪比在 32 dB 以上，虽然不是理想的视频图像质量，但一般用户是可以接受的。随着单块硬盘的容量达到 1 000 GB 甚至以上，且国内的大部分 DVR 已经可以做到连接 8 块 1 000 GB的硬盘，D1 会逐渐变成市场的主流。

五、预置位

当用户通过控制设备操作终端的监控云台监视目标时，操作人员可以为当前监视目标设置一个预置位，比如一个动点云台，可以 360°全方位旋转监视；操作人员可以把一个窗口、柜台、办公桌、出入口、存车处等需要监视的地点设置为预置位，设置好的预置位可以通过操作控制设备软件把当前位置保存在终端监控云台的解码器上。当用户需要快速查看某个监视目标的时候，可以通过控制设备的调用命令来调出需要查看的监视位置，这就是预置位功能的含义。

六、监视器和显示器的区别

在安防工程中，比较常用专业的监视器，也经常用计算机显示器来代替。在相对大的工程中，还会使用到专业电视墙。监视器和显示器这二者的区别主要有：①输入信号不同：彩色监视器输入AV、VGA、HDMI、模拟视频信号及高清信号，计算机显示器输入RGB三原色的VGA信号。②分辨率不同：普通彩色显示器一般是420线或480线，而监视器至少是800×600的分辨率。③辐射程度不同：彩色显示器一般没有防辐射处理，而监视器必须有辐射检测认证，液晶监视器几乎没有辐射。④刷新频率不同：普通彩色显示器刷新频率在50 Hz以下，监视器可以轻松达到75 Hz。根据以上说明可看出，监视器清晰度远远高于普通彩色显示器，而且辐射小，刷新频率高、不闪烁，久看眼睛不会痛，但价格远高于普通显示器。

任务实施

一、切断安防实训室中的设备总电源并挂上维修标志牌。

二、认真观察安防实训设备中视频监控系统模块的构造与组成，按表2—2—3的要求，详细列出所有视频监控系统设备的清单；如果实训室里有停车场管理系统实训模块，也需对停车场管理系统中的摄像机进行观察。

表2—2—3　　视频监控系统实训模块设备清单

序号	设备名称	设备品牌及型号	主要性能参数	备注

三、在设备未通电的前提下，观察设备之间的连接情况。可先行记录下线缆的传输方式以及各设备之间连接线缆的种类和型号，测量并绘制出实训装置中的电气连接图。

四、确认设备正常的情况下，接通电源。

五、在控制台上通过控制键盘调用实时画面，控制云台多方位转动，同时仔细观察、比较监视器上图像的变化情况。

六、通过矩阵控制键盘调用 DVR 图像，然后使用 DVR 的鼠标对 DVR 进行如下操作。

（1）系统设置中各参数的理解与设置。

（2）图像的回放与备份。

（3）手动录像、自动录像、遮挡录像等基本录像设置。

（4）云台控制的设置（手动调节云台方向、设置多个画面进行自动巡航录像）。

（5）报警录像（包括移动侦察录像、视频遮挡录像、报警输入录像等）。

（6）通电验收检查后，整理现场，填写设备使用记录，移交设备，实训结束。

任务评价

对了解和掌握视频监控系统的概念、系统设备软硬件组成等基本知识的情况进行总结评价，并填写实训评价表 2—2—4，给出本任务完成情况的实习成绩。

表 2—2—4　　视频监控系统学习评价表

评价项目		配分	自我评价	小组评价	教师评价
职业能力	能否准确记录设备名称和型号	15			
	能否大致写出设备的主要性能参数	15			
	能否正确掌握设备之间的电气连接	15			
	能否正确设置 DVR 控制主机和摄像机的系统参数	15			
	能否正确操作 DVR 主机	10			
安全文明操作	安全操作（未切断总电源并挂上维修标志牌则该项任务不及格；违反一项操作规程则扣 5 分，违反两项则该项任务不及格）	5			
	现场整理与设备移交等（未移交设备以及未清理现场扣 5 分，现场清理不干净扣 2 分）	5			
通用能力	观察能力	5			
	动手能力	5			
	团队合作能力	5			
	自我提高能力	5			
自我评价		综合评分	本人签名：		
小组评价		综合评分	组长（项目经理）签名：		
教师评价		综合评分	教师签名：		

任务三　视频监控系统的设备选型

任务描述

利用所学的知识，对本项目案例进行视频监控系统设备选型。

基础知识

视频监控系统设备选型的要点是：根据建设者对系统功能的要求和投资，确定系统的技术和系统组成，包括系统是传统的模拟视频监控系统还是数字 IP 视频监控系统；根据系统组成，确定设备配置；根据建筑平面特点，确定摄像机和其他设备的安装位置；按照监视目标和周围环境条件，选择摄像机的种类和防护措施；按照摄像机的分布和环境特征，确定传输线的敷设方式；最后还要考虑视频监控系统与建筑智能化系统中其他自动化系统（建筑设备自动化系统、通信自动化系统、办公自动化系统）的兼容性。

一、摄像机及附属设备的选择

1. 摄像机的选择

摄像机是视频监控系统最前端的设备，它的性能直接影响到整个系统的运行。视频监控系统一般应根据安装位置的环境以及用主的需求，选择使用球机、枪机、半球机这三大类摄像机，然后再选择使用三类摄像机的具体型号配置，大多数场合应选择使用彩色、自带光源的 LED 摄像机，其水平分辨率不得低于 480 线，同时应考虑摄像机的供电电压、照度、信噪比等技术指标。常有补充光源的地方，可选择不带 LED 的摄像机；如果选择了不带 LED 摄像机的话，在晚上或者光线很弱的时候，需要补充光源，如道路监控摄像机的选择，均应选择使用不带 LED 灯的摄像机，但在工程设计的时候，需要设计补充光源。

摄像机是整个监控系统的核心设备，应根据现场环境和用户需求慎重选型。

1）根据安装方式选择。如采用固定安装，多选用普通枪式摄像机或半球形摄像机；如采用云台安装方式，现多选用一体化摄像机，其特点是：内置电动变焦镜头，小巧美观、安装方便、性价比优，也可采用普通枪式摄像机另配电动变焦镜头方式，但价格相对较高，安装也不及一体化摄像机简便。

2）根据安装地点选择。由于普通枪式摄像机既可壁装又可吊顶安装，因此不受室内室外限制，比较灵活；而半球形摄像机，只能吸顶安装，所以多用于室内且安装高度有一定限制。但和枪式摄像机相比，不需另配镜头、防护罩、支架，安装方便、外形美观隐蔽，且比较经济。

3）根据环境光线选择。如果光线条件不理想，应尽量选用照度较低的摄像机，如彩色

超低照度摄像机、彩色黑白自动转换两用型摄像机、低照度黑白摄像机等，以达到较好的图像采集效果。需要说明的是，如果光线照度不高，而用户对监视图像清晰度要求较高时，宜选用黑白摄像机。如果没有任何光线，就必须添加红外灯提供照明或选用具有红外夜视功能的摄像机。

4）根据对图像清晰度的要求进行选择。如果对图像画质的分辨率要求较高，则应选用电视线指标较高的摄像机。一般来说，对于彩色摄像机，420 TVL、450 TVL（电视线）都为中解析摄像机，470 TVL 以上都为高解析摄像机。清晰度越高，价格相对越高，目前市场上已很少生产 500 TVL 以上的摄像机。

5）还应注意产品说明书上的一些性能指标，如信噪比、自动光圈镜头的驱动方式等。一般的视频监控系统中信噪比指标要选大于 48 dB 的，这样不仅能满足行业标准规定的不小于 38 dB 的要求，更重要的是当环境照度不足时，信噪比越高的摄像机图像就越清晰。镜头的驱动方式一般选用双驱动，以便随意选用 DC 驱动或视频驱动的自动光圈镜头。

6）另外，选好了摄像机，安装时更应谨慎。应严格按照产品说明书中规定的指标进行正确操作，如工作温度、电源电压等。绝大多数摄像机生产厂家的温度指标是 -10 ~ 50℃，如使用地区的温度、湿度变化较大，应加以特别防护。由于国内摄像机交流电压适应范围一般是 200 ~ 240 V，抗电源电压变化能力较弱，在系统中使用时需添加稳压电源。

2. 摄像机镜头的选择

镜头是安装在摄像机前端的成像装置，它分为定焦距和变焦距两种。一般来说，当监视固定目标时，可选用定焦距镜头；当需要改变监视目标的观察视角或视角范围较大时，宜选用变焦距镜头和遥控云台；当视距小而视角大时，可选用广角镜头，如电梯轿厢内的摄像机镜头就应选用水平视场角大于 70°的广角镜头。在目前的监控市场上，大部分摄像机自带摄像头，但工程商可以根据技术要求对镜头进行更换。

对监视目标逆光摄像时，宜选用具有逆光补偿的摄像机；对于监视目标亮度高低相差较大或需昼夜使用的摄像机，应选用自动光圈或电动光圈镜头；当需要遥控时，可选用具有光对焦、光圈开度、变焦距的遥控镜头：需要隐蔽安装的摄像机，宜采用针孔镜头或棱镜镜头。总之，摄像机镜头的选择除考虑应用场合、环境、价格和机械安装等因素外，更重要的是需考虑镜头成像的规格与摄像机靶面规格的一致。

（1）镜头的选型方法。如果把摄像机比喻为人的眼睛，镜头就好比是眼球，它直接关系到监视物体的远近、范围和效果。镜头的选用应考虑以下几点。

1）镜头尺寸应等于或大于摄像机成像面尺寸。例如，$\frac{1}{3}$ in 摄像机可选$\frac{1}{3}$ ~ 1 in 范围内的镜头，但水平视角的大小都是一样的。只是使用大于$\frac{1}{3}$ in 的镜头能够更多地利用所拍摄物的成形，更精确镜头中心的光路，所以可提高图像质量和分辨率。

2）选用合适的镜头焦距。焦距越大，监看距离越远，水平视角越小，监视范围越窄；焦距越小，监看距离越近，水平视角越大，监视范围越宽。镜头焦距可按照以下公式估算：

$$f = A \times L/H$$

式中：f——镜头焦距；

A——摄像机 CCD 垂向尺寸；

L——被摄物体到镜头距离；

H——被摄物体高度。

镜头尺寸有 1 in、2/3 in、1/2 in、1/3 in、1/4 in 几种规格。

CCD 垂向尺寸有 9. 6 mm、6. 6 mm、4. 8 mm、3. 6 mm、2. 7 mm 几种规格。

3）考虑环境光线的变化。光线对图像的采集效果起着十分重要的作用。一般来说，对于光线变化不明显的环境，常选用手动光圈镜头，将光圈手动调整到一个比较理想的数值后就可固定了；如果光线变化较大，如室外 24 小时监看，应选用自动光圈。自动光圈能够根据光线的明暗变化自动调节光圈值的大小，保证图像质量。但需注意的是，如果光线照度不均匀，特别是监视目标与背景光反差较大时，采用自动光圈镜头效果不理想。

4）考虑最佳监看范围。因为镜头焦距和水平视角成反比，因此既想看得远又想看得宽阔和清晰是无法实现的。每个焦距的镜头都只能在一定范围内达到最佳的监看效果，所以如果监看的距离较远且范围较大，最好是增加摄像机的数量，或采用电动变焦镜头配合云台安装。

5）镜头接口与摄像机接口要一致。现在的摄像机和镜头通常都是 CS 型接口，CS 型摄像机可以和 CS 型、C 型镜头接配，但和 C 型镜头接配时，必须在镜头和摄像机之间加接配环，否则可能碰坏 CCD 成像面的保护玻璃，造成 CCD 摄像机的损坏。C 型摄像机不能和 CS 型镜头接配。

（2）防护罩的选型方法

1）应根据安装位置，正确选用室内型或室外型防护罩。室内型防护罩的主要作用是防尘，而室外型防护罩除防尘之外，更主要的作用是保护摄像机在各种恶劣的自然环境（如雨、雪、低温、高温等）下均能正常工作。因而，室外型全天候防护罩不仅具有更严格的密封结构，还具有雨刷、喷淋、升温和降温等多种功能。由此决定了室外型防护罩的价格远高于室内型防护罩。需要注意的是，由于部分地区四季温度变化不大，均在摄像机的工作温度内，这样可选用不带恒温功能的普通室外型防护罩，以减少成本。

2）应选用相应尺寸的防护罩。防护罩尺寸应大于摄像机和镜头尺寸之和，否则，摄像机和镜头无法装入。

3）如选用带恒温功能的防护罩，应考虑防护罩的供电问题；选用带雨刷功能的防护罩时，如果有解码器，可通过解码器控制，如果没有解码器，应考虑添加继电器来控制。

二、摄像机云台的选择

可以将云台简单地理解成一个可全方位（水平方向 360°，垂直方向 90°）自由旋转的

底座。云台的使用扩大了摄像机的视野。在视频监控系统中，需要巡回监视的场所，如大厅、操场、广场等常选用云台。云台一般分为普通型和球形两种。普通云台为裸露型云台，安装摄像机时需加装摄像机防护罩；球形云台为内置型云台，外部有全球或半球护罩，因此球形云台较普通云台具有外形美观、隐蔽、安装简便的特点。选用云台时要注意以下几点。

1. 分清室内室外安装。室外云台较室内云台具有更好的防水性、耐腐蚀性、恒温性和抗冲击能力，可以适应室外复杂的气候条件，其质量和承载能力也都大于室内云台。

2. 考虑特殊环境的要求。如宾馆、小区、政府机关、写字楼等场所，一般对产品安装后的隐蔽性要求较高，因而多采用球形云台。需要注意的是，由于室内半球云台需吸顶嵌入安装，因此如果墙顶无法镂空则无法安装。

3. 如果需要给摄像机添加红外灯，则必须选用普通云台。球形云台无法挂装红外灯。

4. 由于球形云台没有机械雨刷，所以如果必须使用雨刷功能，只能选用普通云台配以雨刷防护罩。

三、黑白、彩色摄像机的选择

随着安防技术的发展，目前，除了特定的场合，如监控票据的场所等，一般都选择使用彩色摄像机。如果被观察目标本身没有明显的色彩标志和差异时，最好选用黑白摄像机。

四、摄像机的安装

摄像机一般安装在监视目标附近且不易受到损坏的地方，目的是不影响现场设备运行和人的正常活动。在智能建筑中，摄像机一般安装在主要出入口或重要场所，安装高度以2.5 ~5 m为宜；电梯轿厢内应选择半球形摄像机，安装在其顶部，与电梯操作器成对角，且摄像机的光轴与电梯的两壁及天花板应构成45°角，摄像机的镜头要避免逆光和强光直射。

五、信号传输的设计

在视频监控系统中，主要分为图像信号和控制信号。图像信号由摄像机流向监控中心；控制信号则由控制中心流向摄像机，对摄像机的镜头和光圈、云台等进行控制。

1. 图像信号的传输

图像信号分为视频信号和射频信号，其传输线有同轴电缆（视频线缆）和光纤。光纤一般用于长距离传输；对于常见的视频监控系统，一般采用同轴电缆传输视频信号。

目前市面上主要的视频线有SYV－75－3、SYV－75－5、SYV－75－7、SYV－75－9等型号，根据传输距离的不同，应采用不同的型号。使用同轴电缆传输图像时，距离在300 m以下的一般可以不考虑信号的衰减问题；在传输距离增加时应考虑使用低损耗的同轴电缆，如SYV－75－9、SYV－75－18等，或者加装电缆补偿器。当采用SYV－75－5型同轴电缆，且传输距离在 300 m 以上时，应考虑使用电缆补偿器；采用 SYV－75－9 型同轴电缆时，如摄像机和监视器间的距离在 500 m 以内则可不加装电缆补偿器。对于图像信号远传时，通常采用光缆或其他传输线并利用射频形式传输。

采用光纤传输方式时，需要配套使用光纤收发装置，如图 2—3—1 所示。

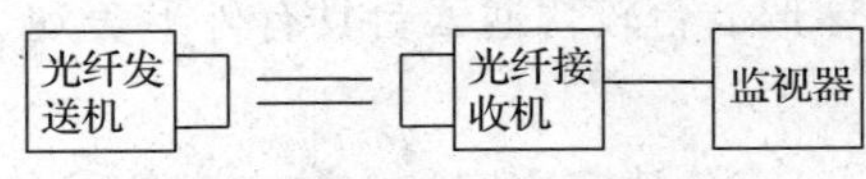

图 2—3—1　光纤传输示意图

2. 控制方式的设计

视频监控系统应具有对电动云台、电动变焦镜头、防护罩和电源的控制功能。控制中心与受控中心间的距离及受控设备的多少决定了视频监控系统的控制方式。

由于计算机技术的极大进步，现已将数字技术广泛应用于传统的模拟视频监控领域，这就是数据编码计算机控制方式。这种方式采用串行码传输控制信号，只需两根系统控制线，不仅可用于大中型系统的控制及长距离传输，还可以用软件将监控与报警系统兼容起来。

3. 传输线路的设计

智能建筑中视频监控系统图像信号和控制信号的传输一般采用基带同轴电缆。因此，传输线路的设计应满足便捷、安全可靠、施工维护方便的要求。布线时应尽量避开恶劣或磁场强的环境或易使管线损伤的地段，布线时与其他管线不要交叉。在线路敷设方式上，对于扩建、改建工程，可采用明敷设，并采用钢管、PVC 管或线槽保护电缆；对于要求管线隐蔽或新建的工程则可用暗管敷设，暗管敷设一般采用钢管或 PVC 管保护；同时还要保证钢管或金属线槽可靠接地。

线缆的选型要求如下：

（1）电源线。视频监控系统中的电源线一般都是单独布设的，在监控室安置总开关，以对整个监控系统直接控制。一般情况下，电源线按交流 220 V 布线，在摄像机端再经适配器转换成直流 12 V，这样做的好处是可以采用总线式布线且不需很粗的线。当然，在防火安全方面要符合规范（穿钢管或阻燃 PVC 管），并与信号线相隔一定距离。

有的小系统也可采用直流 12 V 直接供电的方式，即在监控室内用一个大功率的直流稳压电源对整个系统供电。在这种情况下，电源线就需要选用线径较粗的线，且距离不能太长，否则就不能使系统正常工作。

电源线一般选用 RVV2×0.5、RVV2×0.75、RVV2×1.0 等型号，即为节省项目投资，可选用不带屏蔽的电缆。

（2）视频电缆。视频电缆选用 75 Ω 的同轴电缆，通常使用的电缆型号为 SYV－75－3 和 SYV－75－5。它们对视频信号的无中继传输距离一般为 300～500 m，当传输距离更长时，可相应选用 SYV－75－7、SYV－75－9 或 SYV－75－12 的粗同轴电缆（在实际工程中，粗缆的无中继传输距离在 1 000 m 以上）；当然，也可考虑使用视频放大器。一般来

说，传输距离越长，信号的衰减越大；频率越高，信号的衰减也越大，但线径越粗，信号的衰减越小。

长距离无中继传输时，视频信号的高频成分被过多地衰减而使图像变模糊（表现为图像中物体边缘不清晰，分辨率下降），而当视频信号的同步头被衰减得不足以被监视器等视频设备捕捉到时，图像便不能稳定地显示了。

视频同轴电缆的外导体用铜丝编织而成。不同质量的视频电缆，其编织层的密度（所用细铜丝的根数）也不相同，如 80、96、120、128 编等。

（3）控制电缆。控制电缆通常是指用于控制云台及电动三可变镜头的多芯电缆，其一端连接于控制器或解码器的云台、电动镜头控制接线端，另一端则直接接到云台、电动镜头的相应端子上。由于控制方式基本上采用数据编码计算机控制方式，只需两根系统控制线，因此，控制电缆多采用 RVVP2 ×0.5 或 RVVP2 ×1.0 型号。

4. 图像的处理与显示的设计

视频监控系统的核心设备为主控台，它不仅要完成对图像信号的处理与显示，而且还要对有关设备实施控制。它是多种设备的组合，且根据系统功能要求来决定组合方式，一般主要有视频切换器、控制键盘、录像机、电源等设备。目前，随着计算机技术的应用，多媒体计算机用作控制台的主控设备也很常见。

（1）图像的处理。视频监控系统对所传输的图像信息具有切换、记录、重放、加工和复制等功能。视频切换器能手动和自动编程，它将所有视频信号在指定的监视器上进行固定或时序显示，也可以进行图像混合、画面分割、字幕叠加等处理。在用于安防的视频监控系统中，视频切换器应具有与报警控制器联网的接口，当报警发生时切换出相应部位的摄像机图像，并能进行记录和重放，以便分析和处理所发生的事故。

（2）图像的记录及重放。视频监控系统采用录像机实现记录和重放功能，这种录像机的特点是能长时间录像（目前普遍使用 24 小时录像），因为这种方式可以快速重放所记录的画面，而且具有遥控功能。系统可以对录像机进行远距离操作，或利用系统中的控制信号自动操作录像机。目前，一些智能大楼中多采用多媒体计算机进行数字录像。

（3）图像的显示。监视器是视频监控系统的终端显示设备。监视器的选择应根据整套系统的技术性能指标及使用目的来选择。选择彩色监视器或黑白监视器时应与系统的摄像机一致，屏幕的大小应根据控制中心的面积和监视人数进行选择。监视器的清晰度应相当于或高于摄像机的清晰度，以充分发挥摄像机的性能。监视器的数量根据实际工程需要，应与摄像机数量成适当比例。一般，重点部位监视器与摄像机的比例不小于 1∶3，非重点部位的比例不小于 1∶8。

六、计算机式数字硬盘录像机

目前市场上的硬盘录像机产品种类很多。选择一款最合适的硬盘录像机，应重点从图像压缩方式、图像质量、实时性、网络性能、稳定性及价格几方面进行考虑。

1. 压缩方式、图像质量

压缩硬盘技术是录像机的核心，选择何种压缩方法最为关键。这里既要考虑到图像的画质，又要顾及图像的存储量和传输速度。目前市面上出现的硬盘录像卡压缩方式主要有 M－JPEG、小波算法、H. 263、MPEG－1、MPEG－4、H. 264 等。

（1）M－JPEG。M－JPEG 是指 Motion JPEG，即动态 JPEG，按照 25 帧/s（PAL 制）的速度使用 JPEG 算法压缩视频信号，完成动态视频的压缩。其图像格式是对每一帧进行压缩，通常可达到 6∶1 的压缩率，就像每一帧都是独立的图像一样。M－JPEG 的优点是画质比较清晰，缺点是压缩率低，占用带宽巨大。一般单路占用带宽 2～3 M。很难完成实时压缩，而且丢帧现象严重，如果采用高压缩比则视频质量会严重降低，则工作站无法完成过多的视频数据，会造成网络数据流量巨大，导致网络阻塞。

（2）小波算法。小波算法（Wavelet Transform）技术是使图像信号的时域分辨率和频域分辨率同时达到最高的技术。其内核是采用行进中压缩和解压缩方式，压缩比可达 70∶1 或更高，压缩复杂度约为 JPEG 的 3 倍。它为 MPEG 所采用，因为图像的小波分解非常适宜于视频图像压缩，使图像压缩成为小波理论最成功的应用领域之一。该类产品受 MPEG－4 硬盘录像机冲击，也趋于淘汰。

（3）H. 263。H. 263 是一个较为成熟的标准，H. 263 视频编码标准是专为中高质量运动图像压缩所设计的低码率图像压缩标准。H. 263 采用运动视频编码中常见的编码方法，将编码过程分为帧内编码和帧间编码两个部分。H. 263 标准压缩率较高，可得到较好的数据量，单路占用带宽数百千字节，缺点是画面质量相对差一些，表现为视频中会出现细节模糊的情况。如韩国 POS 公司的 PSC130 网络摄像机和 PSV130 视频服务器等，采用的都是这一压缩技术。

（4）MPEG－1。MPEG－1 是 VCD 标准，是用于传输数据传输速率 1. 5 Mbps 的数字存储媒体运动图像及其伴音的编码。经过 MPEG－1 标准压缩后，视频数据压缩率为 1/100～1/200，影视图像的分辨率为 360×240×30（NTSC 制）或 352×288×25（PAL 制），它的质量要比家用录像系统（VHS－Video Home System）的质量略高。音频压缩率为 1/6. 5，声音接近于 CD－DA 的质量。MPEG－1 允许将超过 70 min 的高质量视频和音频存储在一张 CD－ROM 盘上。VCD 采用的就是 MPEG－1 的标准，该标准是一个面向家庭电视质量级的视频、音频压缩标准。由于其音视频同步精确，其网络传输数据量、压缩比以及回放质量还是不够理想。

（5）MPEG－4。MPEG－4 标准是超低码率运动图像和语言的压缩标准，它不仅是针对一定比特率的视频、音频编码，而且注重多媒体系统的交互性和灵活性。MPEG－4 标准主要应用于视像电话（Video Phone），视像电子邮件（Video Email）和电子新闻（Electronic News）等，其传输速率要求较低。MPEG－4 标准的特点是其更适于交互 AV 服务以及远程监控。MPEG－4 标准是第一个使用户由被动变为主动的动态图像标准；它的另一个特点是试图将自然物体与人造物体相融合。

（6）H.264。H.264 压缩方式是目前世界上最先进的应用于网络视频数据的压缩方式，具有比 MPEG－4 压缩方式更先进的高视频压缩比、高图像质量、良好的网络适应性等特点。H.264 标准可分为三档：基本档次（其简单版本，应用面广）、主要档次（采用了多项提高图像质量和增加压缩比的技术措施，可用于 SDTV、HDTV 和 DVD 等）、扩展档次（可用于各种网络的视频流传输）。目前的技术应用已经达到 H.264 标准的第三档——扩展档次。

2. 录像分辨率

目前市面上的数字硬盘录像机一般都支持 D1（704×576）显示，但是录像时，其分辨率又分为 CIF（352×288）、Half D1（704×288）、D1（704×576）。

3. 实时性

实时性是很多用户非常注重的一个性能指标，特别是在对银行、收银台等进行监控时，对实时性的要求更高，但实时性与硬盘消耗、计算机配置、板卡造价是成正比的，同时全实时录像给网络传输监控带来了很大的压力。所以说，在普通场所监控时应尽量采用非实时监控录像。如 6.5～12.5 帧/s 的图像可满足于安保、大厅、工厂管理、住宅小区、宾馆、商场、电梯等大多数场所监控，而且网络传输效果更佳、消耗硬盘空间小、硬盘存储时间更长。

4. 网络性能

（1）网络带宽。在网络高度发达的今天，网络远程监控也成了硬盘录像机必备的功能。网络环境与视频信息的关系，就好像“路”与“车”的关系一样，要保证“车辆”顺畅、安全地行驶，首先必须做好“道路”建设。目前，由于受带宽限制，压缩比大、网络传输效果佳的 H.264 产品最受用户的欢迎。

（2）动态 IP 地址。由于网络摄像机和视频服务器拥有独立的 IP 地址，可支持多种网络协议，如 TCP/IP、HTTP、ARP、UDP 等，因此视频数据经压缩处理后，可通过 Web 服务器，经局域网或互联网送至终端用户，用户只要知道某一台网络摄像机和视频服务器的 IP 地址，即可查看到这台网络摄像机和视频服务器所监视的图像。

由于采用固定 IP 地址较昂贵，而采用动态 IP 地址（即网络摄像机和视频服务器每次登录上网时，网络都会分配一个新的 IP 地址，就像普通计算机拨号上网一样）也为远端用户对网络摄像机或视频服务器进行搜索造成了一定的困难。针对这一问题，采用了一种新的方法，即每一台网络视频服务器都有一个网络二级域名，这个二级域名对应网络视频服务器的 MAC 地址，只要网络视频服务器在网络上使用，就会自动连接到 DDNS 服务器，无论网络视频服务器在网络上的 IP 地址如何变化，客户只要在 IE 地址栏键入这个域名，就能通过 DDNS 服务器，将网络视频服务器的 IP 地址与远程客户进行连接，达到域名解析的目的。

（3）监控播放方式。目前网络监控系统主要采用客户端软件、Windows Media Player、IE 等方式进行监控画面的播放。

5. 稳定性

稳定性是硬盘录像机与其他软硬件产品非常重要的指标。稳定性与许多因素有关，硬盘录像机的稳定性与以下因素有关。

（1）主板、显卡及硬盘录像卡、硬盘等。为了追求硬盘录像的稳定性，应尽量选择可靠性佳的主板品牌，如华硕、升技、技嘉等。另外，硬盘录像机的图像处理量大，对显卡的要求也比较高，故不要过分贪图便宜，采用劣质或技术落后的老旧显卡。

（2）操作系统。操作系统也是影响视频监控系统稳定性的一个重要因素，安装硬盘录像机应尽量采用 Windows 2000，不建议使用 Windows 98、Windows XP 以及 Windows Vista。

（3）硬盘录像软件。市场上的硬盘录像软件多是采用 VB、Dephi 等开发工具编写而成的。采用以上工具编写硬盘录像软件较快捷，但软件质量较差。硬盘录像软件可执行文件（EXE 文件）越小，软件稳定性越高。

七、监控室及接地设计

监控室不仅是视频监控系统设备集中的场所，更是整个智能楼宇安防系统的监视和控制中心，所以，监控室设计的好坏直接影响整个系统的使用。设计监控室时，应满足以下要求。

1. 监控室应尽量靠近监控目标，并设置在环境噪声小和电磁干扰小的场所。

2. 监控室地面应光滑平整、不起尘，尽量采用架空活动地板，以便布线。

3. 监控室内温度宜为 16 ~ 30℃，相对湿度为 30% ~ 70%，使用面积根据设备容量应确定在 12 ~ 50 m^2。有些大型监控系统需要配置监控电视墙，则需要更大的面积。

4. 室内设备的排列应便于维护和操作，以满足电缆进线和电缆弯曲半径的要求，并应符合安全消防的要求。

5. 室内设备布局应尽量避免阳光直射。

6. 应配专用的电源和接地设施。

八、供电与接地设计

视频监控系统应由可靠的交流回路单独供电，摄像机应由控制中心集中供电，以防止突然断电而影响整个系统，也为今后的工程维修及管理创造条件。

系统接地宜采用一点接地方式；采用专用接地方式时，接地电阻应不大于 4 Ω；当系统采用联合接地时，接地电阻应不大于 1 Ω。

总之，在现代智能建筑中，完善的安全防范设施是为人们提供舒适、便利及安全生活的基础。除视频监控系统外，安全防范系统还包括防盗报警系统、电子巡更系统、对讲门禁系统和停车场管理系统等。随着技术的发展，安全防范系统正在向系统集成的计算机综合管理模式发展。因此，设计视频监控系统时，要综合考虑安全防范各子系统间的关系，从建筑物的使用性质及功能、行业要求及将来的发展情况考虑，进行统一规划和设计。

任务实施

一、学生分成若干项目小组，以小组为单位，选出项目经理，由项目经理依据各成员的特点对人员进行分工，指定现场安全员、现场工程师、现场质量管理师、现场材料员、项目业务人员等。

二、由项目经理领导小组成员与业主（教师）进行沟通，了解业主的需求，并填写表2—3—1。

表2—3—1　　视频监控系统客户需求表

项目名称	内容
业主需求描述	（如监控范围、视频监控点的分布、各分布点与监控中心的距离、设备投入的大致预算等）
任务解决思路描述	（如信号传输方式，监控资料保存时间，预选摄像机的类型，控制、显示和记录等设备）

三、根据本项目案例提供的材料，以及客户的需求情况，模拟进行实地勘察，绘制实地建筑平面图。

四、根据本项目案例的图样，确定系统类型（如模拟、数字、网络），参考图2—3—2所示的系统结构示意图，画出本项目案例的系统结构图。

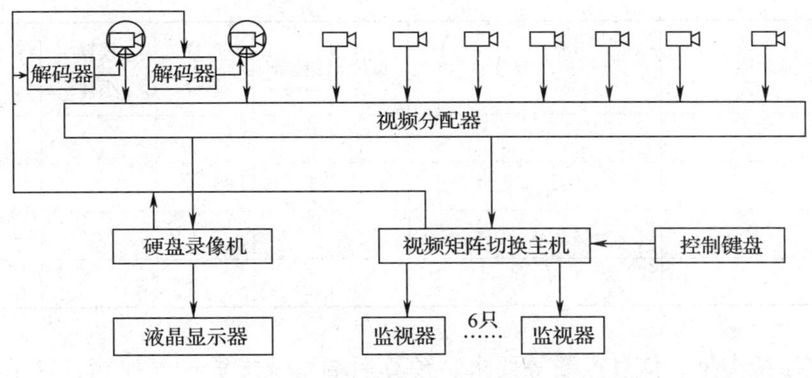

图2—3—2　系统结构示意图

五、根据各视频监控点的实际需求情况，如监控的角度、距离等，确定摄像机的种类与数量，填写视频监控点需求表见表2—3—2。

表2—3—2　视频监控点需求表

编号	位置分布	需求分类说明	产品类型	单位	数量	备注
1	综合布线实训室 楼宇综合实训室 电子商务实训室					
2	电梯间					
3	走廊入口及楼道					
4	其他实训室					

六、根据信息点位置特点和用户要求预算前端系统配置，选配前端设备并将结果填入表2—3—3。

表2—3—3　前端系统配置表

编号	产品名称	产品型号	单位	数量	预算单价	预算小计	备注

七、根据信息点和控制中心的位置与距离预算传输系统配置，选配传输系统设备和线材，将结果填入表2—3—4。

表2—3—4　传输系统配置表

编号	产品名称	产品型号	单位	数量	预算单价	预算小计	备注

八、根据系统类型、信息点数等要求，预算后端系统配置选配控制、显示、记录等设备，将结果填入表2—3—5。

表 2—3—5　　后端系统配置表

编号	产品名称	产品型号	单位	数量	预算单价	预算小计	备注

九、根据实训条件，用表格形式列出所需要的设备辅助材料清单，见表 2—3—6。

表 2—3—6　　设备辅助材料清单

编号	产品名称	产品型号	单位	数量	预算单价	预算小计	备注

十、运用相关工程绘图软件，根据勘测数据，在原来的平面示意图基础上，绘制摄像机的布置图。

十一、根据所掌握的视频监控系统的传输设备、后端设备的知识，结合摄像机的布置图，编制总任务工程材料清单，做出表 2—3—7 所示的系统预算表。

表 2—3—7　　视频监控系统预算表

类型	规格说明	品牌型号	数量	单位	预算单价	预算小计	备注
设备清单							
控制台							
DVR							
DVR 硬盘							
枪式摄像机							
半球形摄像机							
智能球形摄像机							
PVC 管							
摄像机电源							
摄像机支架							
PVC 线槽							
视频线							
专用电梯视频线							
电源线							
控制线							
其他耗件							

续表

类型	规格说明	品牌型号	数量	单位	预算单价	预算小计	备注
工程实施费用							
管道安装费							
布线施工费							
调试安装费							
税金							
工程总造价							

任务评价

对本项目案例的实地勘察、设备选型与系统预算等任务的完成情况进行总结，并填写表2—3—8，给出本任务完成情况的实习成绩。

表2—3—8　　　　设备选型评价表

评价项目		配分	自我评价	小组评价	教师评价
职业能力	是否能与业主清楚沟通	10			
	建筑平面图绘制的效果	10			
	前端设备的选型与预算	10			
	传输系统设备的选型与预算	10			
	后端系统设备的选型与预算	10			
	辅助材料的选型与预算	10			
	正确绘制信息点分布图	10			
	编制总任务工程材料清单	10			
通用能力	观察能力	5			
	动手能力	5			
	团队合作能力	5			
	自我提高能力	5			
自我评价		综合评分	本人签名：		
小组评价		综合评分	组长（项目经理）签名：		
教师评价		综合评分	教师签名：		

任务四　视频监控系统的方案设计

任务描述

根据上一任务的设备选型，完成本项目案例的视频监控方案设计。

基础知识

一、视频监控系统的设计阶段

视频监控系统的设计阶段与其他的工程设计一样，通常分为方案设计、初步设计和施工图设计三个阶段。

1. 方案设计阶段

在方案设计阶段，主要是规划视频监控系统的大致功能和主要目标，并提出详细的可行性报告。这项工作一般是业主和设计单位共同完成的。

规划视频监控系统功能和目标的主要依据，是用户的需求与当前视频监控系统技术和设备实现其需求的可能性。

可行性报告的内容一般包括：

（1）用户的需求分析。

（2）技术上与经济上的可行性分析。

（3）系统硬件基本配置。

（4）系统软件基本功能要求。

（5）系统基本估价与预算。

这些文件的使用者为视频监控系统建设单位（用户或业主）的主管人员、上级审查人员，因此，必须用较为专业的术语阐述用户需求、技术和经济的合理性，以便于项目通过审批。

此外，这些文件可以形成设计任务书，用于初步设计阶段招标文件的编写和施工图的设计。

2. 初步设计阶段

初步设计阶段可分成两个部分：一部分是设计单位根据业主和有关方面对方案设计的要求所做的能够为业主招标使用的招标图样和技术规格书，通常称为招标设计；另一部分是作为视频监控系统的承包商向业主及其委托人做的投标图样和技术方案，通常称为投标设计。

（1）初步设计的招标设计阶段。初步设计的招标设计阶段应向业主或用户提供以下设计成果：

1）技术规格书。该工程项目的技术规格书又称为技术方案说明书，其内容包括：系统的功能、组成、信息点数及其分布要求，系统拓扑结构要求，系统硬件选型要求，系统软件的功能要求，系统供电等要求，以及线路敷设方式及其他要求。

2）基本图样。所提供的基本图样内容应包括：系统的结构及控制流程图，系统的平面分布图，以及系统基本点数分配表。

这些文件的使用者为安防系统投标单位（工程公司或系统集成商）的技术设计人员，因此，必须用专业的术语阐述用户的需求、系统的组成和要求实现的功能、系统软硬件的选型要求，以及供电和线路敷设等技术要求，以便于投标单位能够在同一技术水平要求下进行投标设计。

（2）初步设计的投标设计阶段。在初步设计的投标设计阶段，应向用户或业主提供以下技术资料：

1）技术投标书。投标人提供的该工程项目的技术投标书又叫技术方案，其内容至少应包括：所配系统的功能、组成、信息点数及其分配，所配系统的拓扑结构，所配系统的硬件选型及其配置，所配系统的软件功能及其组态和调试，系统的供电解决方案（包括正常和备用电源），线路的敷设方式及其合理化建议，以及附件中要附上所选系统主要设备的技术说明书。

2）设计图样。投标人提供的基本设计图样内容应包括：带位号的安防系统的系统图，带位号的安防系统的设备布置与平面布线图，带设备型号的系统点位表，以及设备表和材料表。

这些文件的使用者为安防系统建设单位（用户或业主）的技术人员、工程评标专家，因此，必须用专业的术语阐述投标者所提供的系统和设备能够在多大程度上满足用户的需求，所提供的系统是如何组成的、能够实现的硬件和软件功能、所提供系统的软硬件具体技术指标、供电和线路敷设解决方案，及针对业主建议计划书中的不足之处给出的合理化建议。

这些文件的目的是使系统建设单位的技术人员和工程评标专家能够在技术层面认同投标单位的设计，并将此工程交由投标方实施。

3. 施工图设计阶段

通常，施工图设计是在选定系统所用具体设备后进行的，目前极少由设计院做最后的施工图设计，大多数是由有资质的系统工程商或产品供应商做施工图设计。因此，有时称之为详细设计。

（1）文件内容。设计者提供的设计文件主要用于实际施工，因此，内容要比初步设计时的投标设计丰富得多，文件的种类也要多得多。目前，施工图主要包括：图样封面与图样目录，设计说明书，设备一览表与设备表、材料表，系统结构及控制流程图，设备布置

图，单元接线图与端子接线图，电缆表，以及平面布线图及设备安装图。

（2）文件用途。这些文件的使用者为：①系统建设单位（用户或业主）的技术人员，用于审查工程实施的可能性。②工程监理，用于在整个工程实施过程中监督材料的进场、施工是否规范。③相关的其他专业施工技术人员，用于了解与这些专业的交叉和配合情况。④本承包商的施工工人和技术人员，用于指导工人的槽管和线缆施工、设备安装，及指导技术人员的设备调试和系统联调。

因此，工程施工图必须用较为专业的术语、标准的工程语言及图例符号描写整个工程的施工过程，告知使用者所提供系统的组成，各个控制功能之间是如何转换的，各个设备安装在什么位置、如何安装，系统的线槽和线缆是如何敷设的，设备与设备通过何种线缆连接等。

由于在施工中的大多数使用者是承包商的施工工人，因此，这些施工图必须叙述详尽，能够让使用者按图施工。

二、小型视频监控系统方案设计举例

行政办公楼一层视频监控系统
解决方案

第一部分 系 统 概 述

安装视频监控系统的目的，是对进入行政办公楼的人员进行监控、录像。视频监控系统主要由前端摄像部分的设备；后端控制、记录、显示部分的设备以及中间的传输端三大部分组成。因此，要求选用合适的设备、采用高科技手段实现行政办公楼一楼的视频监控管理。

一、设计依据

1. 《民用建筑设计通则》（GB 50352—2005）；

2. 《民用闭路监视电视系统工程技术规范》（GB 50198—2011）；

3. 《安全防范工程技术规范》（GB 50348—2004）；

4. 用户对视频监控系统的总体要求。

二、设计原则

1. 安全性原则

视频监控主要用于防盗及设备监视，设备工作的安全性无疑是最重要的一个环节，监控器材选型、安装的每一个细节都要体现安全的原则。

2. 实用性原则

在充分考虑安全性的同时，更应注重产品的性能，即在设计中注重产品的性能价格比，选出实用、长久的安防产品设备。

3. 扩展性原则

随着监控要求的增加，现在的视频监控系统监控点的数量会越来越多。因此，在设计中，应考虑系统的可扩展性及与后续设备的兼容性。

4．先进性原则

现代监控系统已经由电子式模拟电路摄像系统向数字式发展。系统的控制也发展为硬盘录像机的集中控制，进而延伸至网络化。因此系统的设计要求具有先进性。

三、系统要求

用户要求建设系统的区域如图 2—4—1 所示。

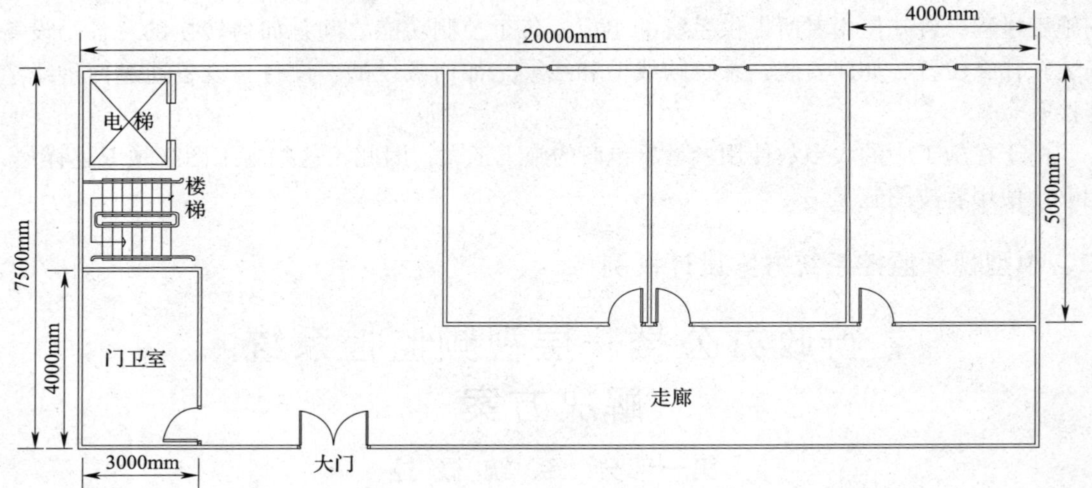

图 2—4—1　建筑平面图

用户要求建设视频监控系统的目标有：

1．对用户要求的监控区域做到不遗漏、主要位置无盲区。

2．要求对大门口的情况、走廊人员进出情况、电梯乘坐人员进行监控。

3．系统应集中管理，采用硬盘录像机进行视频录像及控制。

4．所有监控点的放置均要求美观实用，同周围环境风格统一。

第二部分　方案设计和设备选型

一、方案总体描述

分析实地勘测结果和客户要求后，本着尽量全面监控、前期合理投入的原则，提出以下总体解决方案。

1．共有 4 个视频监控点：两个定点监控点，其中一台半球形红外摄像机安装在电梯里面，另外一台红外枪式摄像机安装在走廊的尽头；两个带云台控制的监控点，其中一台智能一体化球形摄像机安装在大门口，可以对大门外的区域进行监控，另外一台安装在大厅里面。摄像机的具体安装位置详见图 2—4—2。

2．监控中心设在门口门卫室，由一台 8 路数码硬盘录像主机对各监控点现场情况进行实时监控、录像、回放和检索，并对各监控点云台镜头进行控制。

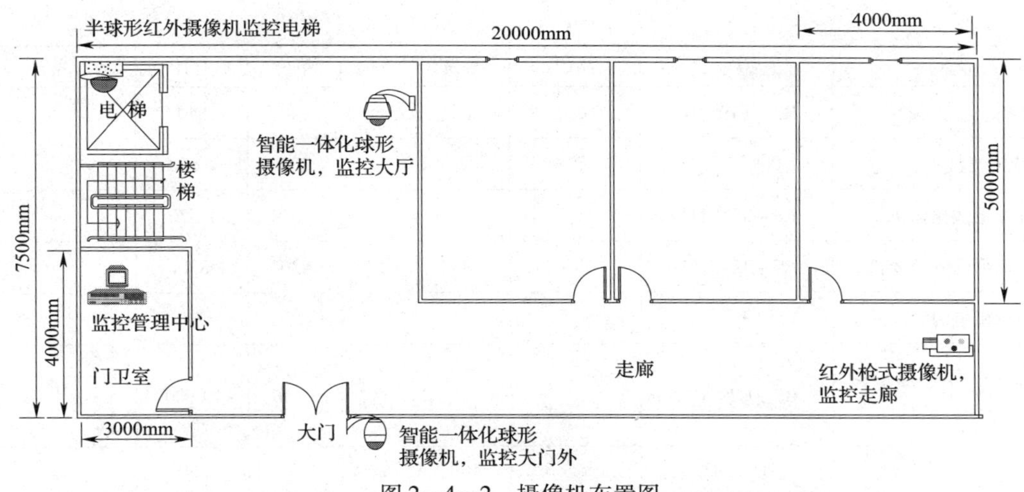

图 2—4—2　摄像机布置图

二、具体方案及设备选型

设备选型以先进、可靠、成熟为依据，确保技术领先、功能全面。在选型时，应考虑厂家在当地的售后服务情况。根据系统的要求，结合设计经验及施工经验，本着先进可靠、经济节约、灵活适用的原则选用××牌硬盘录像机及周边监控设备。该产品的质量和可靠性优于同类产品，拥有很高的性能价格比。

1. 数字视频硬盘录像主机

共有4个监控点，为保证前期投入费用的合理性，仅选用一台8路视频输入的数字录像视频监控主机，以后还可以增加4个监控点数，而不再增加主机设备。该设备的基本功能如下。

（详细参数略）

2. 摄像头、控制部件、配件、电缆

摄像机性能的高低是决定整个视频监控系统图像质量的第一要素，因此建议采用性价比较好的××摄像机。对某些需要进行镜头、云台控制以及放置在室外或潮湿环境下的摄像头，根据实际情况配备相应的可控制镜头、云台以及防护罩。在不影响系统性能的前提下，考虑到费用合理性原则，防护罩、支架、电缆、接头等选用性价比较高的国产器材。××摄像机产品介绍如下。

（详细参数略）

第三部分　项 目 预 算

经过详细的测算，提供项目预算见表2—4—1。

表2—4—1　　**项目预算表**

类型	型号	品牌	数量	单位	单价	合计	备注
A：设备清单							
控制台	一联式	××	1	台	1 500	1 500	

续表

类型	型号	品牌	数量	单位	单价	合计	备注
DVR	RS－E1004G	××	1	台	840	840	
DVR 硬盘	1 000 G	××	2	块	800	1 600	
红外枪式摄像机	RS－354DITX80	××	1	台	1 630	1 630	
半球形红外摄像机	RS－354BIT3	××	1	台	830	830	
摄像机电源	12V1A	国产	2	个	25	50	
智能一体化球形摄像机	RS－G708QL26	××	2	台	5 450	10 900	
PVC 管	直径 25 mm	××	100	m	2	200	
摄像机固定架		××	1	根	20	20	
PVC 线槽	宽 100 mm，高 60 mm	国产	10	m	1.5	15	用于门卫室
视频线	SYV－75－5	××	100	m	3.0	300	
专用电梯视频线	SYV－75－5＋2×1.0＋钢丝	××	80	m	20	1 600	带电源线，长度大于电梯高二倍
电源线	RVV3×1.0	××	100	m	3.5	350	用于球形摄像机
控制线	RVVP2×1.0	××	40	m	4.0	160	
其他耗件			1	批	1 000	1 000	
A：小计						20 995	
B：工程实施费用							
管道安装费			1	批	500	500	
布线施工费			1	批	500	500	
调试安装费	约按 A 的 10% 计算		1	批	2 100	2 100	
B：小计						3 100	
C：税金	约为 A＋B 的 3.45%（＝24 095×0.034 5）					831	
D：工程总造价	＝A＋B＋C					24 926	

第四部分　施工与售后服务计划

一、施工组织与实施方案

本工程的施工内容包括摄像机的安装、电梯井内摄像机的安装、弱电线槽安装、门卫室主机的安装。

1．工程量说明（见表2—4—2）

表2—4—2　　主要工程量表

序号	项目	数量	预计施工量	备注
1	管槽施工	110 m	4 h×2 人	管线施工一般至少要两名工人
2	普通线施工	240 m	2 h×2 人	
3	电梯线施工	80 m	4 h×2 人	电梯线施工难度要远高于普通线安装
4	摄像机安装	4 个	2 h	
5	监控中心设备安装	1 批	4 h	
6	整体调试	1 批	4 h	
备注	整体约需4个工作日			

2．工程组织方案

工程整体由项目经理全权负责，下设现场施工经理、施工设计小组、QC检验小组和安全检查员，以保证工程的施工质量和进度，从而顺利完成工程建设。

二、售后服务计划

考虑到安保工作的特殊性，在工程和维修方面，我们有一套严格的管理程序，按国家标准施工，保证工程质量。做到做一个工程，备份一套完整的工程文件。

1．保修期

系统验收后，公司提供为期一年的保修服务，并终身维护。在保修期内发生故障时，向用户提供免费配件和无偿维修服务。保修期满后，提供售后服务及技术支持，只收取维修材料费。

2．电话咨询

公司维修工程师对用户的电话咨询实时响应并提出指导意见。

3．现场维修

如电话中不能解决问题或用户提出要求，维修工程师在6 h内响应并在此时间内到达现场进行检查，24 h内进行维修和配件更换。出现重要问题当日到达；出现大型、关键性设备问题，维修工程师同原厂商专业工程师一同到达现场进行维修。

4. 巡检制度

公司每半年对系统进行一次巡检，对所安装设备的状态及运行情况进行检查，出具检查报告，发现问题或隐患立即解决。

5. 培训计划

公司在工程验收结束后，安排两天时间对客户人员进行培训，培训的内容主要包括视频监控系统的概念及组成、设备的基本安装、设备的基本操作及设备的简单施工和维护。

任务实施

根据本项目案例业主的要求以及上一任务完成的实地勘察、设备选型、系统预算等工作成果，再补充收集相关资料，参照本任务相关知识中的例子，并参考本书附录进行视频监控系统设计方案的编写。

任务评价

对本项目案例方案设计任务的完成情况进行总结并填写表2—4—3，给出本任务完成情况的实习成绩。

表2—4—3　　视频监控系统方案设计评价表

<table>
<tr><th colspan="2">评价项目</th><th>配分</th><th>自我评价</th><th>小组评价</th><th>教师评价</th></tr>
<tr><td rowspan="5">职业能力</td><td>系统概述的编写</td><td>20</td><td></td><td></td><td></td></tr>
<tr><td>施工计划的编写</td><td>20</td><td></td><td></td><td></td></tr>
<tr><td>方案书的编写</td><td>20</td><td></td><td></td><td></td></tr>
<tr><td>业主对方案的满意度</td><td>10</td><td></td><td></td><td></td></tr>
<tr><td>方案的排版质量</td><td>10</td><td></td><td></td><td></td></tr>
<tr><td rowspan="4">通用能力</td><td>观察能力</td><td>5</td><td></td><td></td><td></td></tr>
<tr><td>动手能力</td><td>5</td><td></td><td></td><td></td></tr>
<tr><td>团队合作能力</td><td>5</td><td></td><td></td><td></td></tr>
<tr><td>自我提高能力</td><td>5</td><td></td><td></td><td></td></tr>
<tr><td rowspan="2">自我评价</td><td rowspan="2"></td><td>综合评分</td><td colspan="3" rowspan="2">本人签名：</td></tr>
<tr><td></td></tr>
</table>

续表

<table>
<tr><td colspan="2">评价项目</td><td>配分</td><td>自我评价</td><td>小组评价</td><td>教师评价</td></tr>
<tr><td rowspan="2">小组评价</td><td rowspan="2"></td><td>综合评分</td><td colspan="3" rowspan="2">组长（项目经理）签名：</td></tr>
<tr><td></td></tr>
<tr><td rowspan="2">教师评价</td><td rowspan="2"></td><td>综合评分</td><td colspan="3" rowspan="2">教师签名：</td></tr>
<tr><td></td></tr>
</table>

任务五 同轴电缆 BNC 头的制作

任务描述

制作焊接于同轴电缆端部的 BNC 头，以便将一个安装好的摄像机连接到硬盘录像机上。

基础知识

监控系统中，视频信号的传输是整个系统中非常重要的一环。目前，在监控系统中最常用的传输介质是同轴电缆、双绞线、光纤等。

一、同轴电缆传输

同轴电缆是一种超宽带传输介质，从直流到微波都可以传输。同轴视频有线传输的方式主要有两种——基带同轴传输和射频同轴传输，还有一种“数字视频”传输，如互联网，它属于综合传输方式。

1. 基带同轴传输

视频基带信号也就是通常讲的视频信号，它的带宽是 0～6 MHz。一般来讲，信号频率越高，衰减越大，一般设计时只需考虑保证高频信号的幅度就能满足系统的要求。视频信号在 5. 8 MHz 时的衰减如下：SYV－75－3 96 编国标视频电缆衰减 30 dB/1 000 m，SYV－75－5 96 编国标视频电缆衰减 19 dB/1 000 m，SYV－75－7 96 编国标视频电缆衰减 13 dB/1 000 m；如对图像质量要求很高，在周围无干扰的情况下，SYV－75－3 电缆只能传输 100 m，SYV－75－5 可传输 160 m，SYV－75－7 可传输 230 m；实际应用中，存在一些不确定的因素，如选择的摄像机不同、周围环境的干扰等，一般来讲，SYV－75－3 电缆可以传输 150 m，SYV－75－5 可以传输 300 m，SYV－75－7 可以传输 500 m；对于更远距离的传输，可以采用视频放大器（视频恢复器）等设备，对信号进行放大和补偿，可以传输 2～3 km；另外，通过一根同轴电缆还可以实现视频信号和控制信号的共同传输，即同轴视控传输技术，下面简单介绍一下该技术。

在监控系统中，需要传输的信号主要有两种，一个是视频信号，另一个是控制信号。其中视频信号的流向是从前端的摄像机流向控制中心；而控制信号则是从控制中心流向前端的摄像机（包括镜头）、云台等受控对象；并且，流向前端的控制信号，一般又是通过设置在前端的解码器解码后再去控制摄像机和云台等受控对象的。同轴视控传输技术是利用一根视频电缆便可同时传输来自摄像机的视频信号以及对云台、镜头的控制信号。这种传输方式节省材料和成本、施工方便、维修简单化，在系统扩展和改造时更具灵活性。

同轴视控实现方法有两种。一是采用频率分割，即把控制信号调制在与视频信号不同的频率范围内，然后同视频信号复合在一起传送，再在现场做解调将两者区分开。若采用频率分割技术，为了完全分割两个不同的频率，需要使用带通滤波器、带通陷波器和低通滤波器、低通陷波器，这样就影响了视频信号的传输效果。由于需将控制信号调制在视频信号频率的上方，而频率越高，衰减越大，这样传输距离受到限制。另一种方法是采用双调制的方式，将视频信号和控制信号调制在不同的频率点（和有线电视的原理一样），再在前、后端解调。

二是利用视频信号场消隐期间来传送控制信号，类似于电视图文传送，即将控制信号直接插入视频信号的消隐期，视频信号中的消隐期部分在监视器上不显示，故对图像显示不会产生干扰，不影响图像的传输质量，通过前端视频信号的预放大和接收端信号的加权放大，可以大大延伸视频信号的传输距离，如采用 SYV－75－5 的视频电缆，可以实现 2 000 m 的视频传输和反向控制；采用 SYV－75－7 电缆可实现 3 500 m 的视频传输和反向控制；采用 SYV－75－9 电缆可实现 5 000 m 的视频传输和反向控制。

2. 射频同轴传输

射频同轴传输是指将视频信号调制到一定的频率上进行传输，也就是采用有线电视的传输方式，通常所讲的“一线通”“共缆传输”“宽频传输”等就是采用的此种技术。

该技术特别适合于监控点较多和监控点相对集中、距离较远的系统，采用该技术的优点是布线简单、抗干扰能力强。但因是一根电缆传输多路信号，调试相对麻烦；而且有时还要经过放大器放大，如果调试不好就会产生相互干扰（交调）。另外，射频传输的可靠性相对于光缆、视频电缆稍差，因为共缆系统是以串联为主，接头多，特别是靠近机房的部分，如果出问题将影响前面所有的信号（视频直传方案是一对一的，一根电缆出问题只会影响一路信号）。所以采用该方案时，一定要将系统详细的设备位置图提供给有关的共缆传输设备的厂家，以寻求系统传输设计方案支持，另外需要配备一台场强仪。

二、双绞线传输

在传统的设计和施工中，往往将网络布线与安防监控布线分开考虑，由于使用的介质差异使人们无法将它们很好地统一到一起。但是在楼宇的安防监控点不断增加的情况下，

较为粗硬的同轴电缆布线数量增多会占用大量的管道资源，而且布线难度很大，况且布线的长度过大还会引起图像质量的下降。

1. 双绞线传输技术分析

双绞线传输视频信号采用了传统的模拟技术，在保证全实时、远距离、高质量地传输监控图像的同时，又降低了传输器材的造价。双绞线传输技术利用了双绞线本身的强抗干扰能力和频带较宽的特性，并配合双绞线传输设备对视频信号进行有效处理，可以高质量地实现监控图像的远距离传输。

在双绞线传输设备中，需要进行75 Ω 和100 Ω 以及非平衡和平衡的转换，同时要使用宽带放大器和专用芯片对视频信号进行放大、整形以及衰减补偿，另外还需要提供足够的驱动能力实现信号的远距离传送。

双绞线传输视频信号的优点很多，主要有：

（1）传输距离较远、传输质量较高。它极好地保持了原始图像的亮度和色彩，保证了传输的实时性，传输距离在2 km左右。

（2）布线方便、线缆利用率高。

（3）抗干扰能力较强。双绞线能较有效地抑制共模干扰，即使在强干扰环境下，采用双绞线传送图像，也能使图像信号质量保持较好。

（4）可靠性高、使用方便。

（5）价格便宜、取材方便。由于使用的是目前广泛使用的普通五类非屏蔽电缆，购买容易，而且价格也较便宜，给工程应用带来了极大的方便。

2. 双绞线使用中应注意的问题

（1）选用双绞线的原则为：一般选用国产超五类网线，每根网线内有8芯，每芯的直流电阻值应小于15 Ω/100 m（国标小于10 Ω/100 m）；

（2）对于不同传输距离有不同的选择，如大楼内，一般不超过150 m，可以选用无源收发器；距离在650 m内可以选用前端无源发射、后端有源接收的设备，省去了前端加电的麻烦并降低了设备损坏的可能；650～1 500 m可以选用有源发射、有源接收的设备；如超过1 500 m，可以考虑增加中继器，在2 200 m内增加一个中继器可以保证效果，如距离再远建议选择同轴电缆或光缆传输。

（3）室外布线尽可能选用室外阻水网线，虽然价格高了些，但可靠性可以得到保证。

（4）对于干扰特别强的地方，如电厂、变电站等地方，建议选用屏蔽网线，或在普通网线外套金属管。如采用屏蔽网线一定要注意传输距离，一般控制在700 m以内，采用在监控室单端接地的原则。

（5）对于电梯的干扰，建议选用电梯专用双绞线电缆，它的柔软性能够满足电梯电缆的要求。

（6）网线的连接应进行可靠的焊接，在室外一定要做好防水处理，处理完后注意防止浸泡在水里。

（7）由于双绞线传输采用“虚地”技术，比同轴电缆更容易感应静电或雷电。选择双绞线传输设备一定要注意选用具有防静电、防雷功能的产品，如果在多雷区，最好在前端做防雷接地。

三、光纤传输

在远距离传输中，光纤传输最远可达到几十甚至一百多公里，它把视频及控制信号转换为光信号在光纤中传输，其优点是：传输距离远、速率高、带宽大、衰减小、抗干扰性能最好，适合远距离和大型视频传输，如道路十字路口监控等。采用光纤传输的设备主要为视频光端机与光纤收发器，视频光端机主要应用在模拟摄像机的信号传输上，它的信号损耗小，噪声与失真小，传输质量高，适合远距离传送。目前监控光端机可以将图像、数据以及语音等信号无中继传输 100 km；另外，它抗干扰能力强，不受雷击、电磁辐射的影响，这是同轴电缆传输和双绞线传输所不具备的。其传输频带宽，理论可达 30 亿 MHz，通信容量大，非常适合视频信号传输。一个视频光端机可以同时接入多组模拟视频信号，它适合多路复用的传输，目前监控光端机可实现在一芯光纤上同时传输 128 路实时非压缩广播级图像，并且视频光端机不仅可以传输视频信号，同时还可以传输音频信号。光纤收发器适合网络摄像机的信号传输，同样它也具有视频光端机的传输距离远、损耗小、抗干扰能力强等优点。

1. 单/多模光纤光端机的选用

目前常用的光纤按模式分有两大类：多模光纤和单模光纤。多模光纤用于视频图像传输时，只能满足最远 3 ~5 km 的传输距离，并且对视频光端机的带宽（针对模拟调制）和传输速率（针对数字式）有较大的限制，一般适用于短距离、小容量、应用简单的场合。单模光纤由于有着优异的特性和低廉的价格，已经成为当前光通信传输的主流，但其设备价格比多模光纤光端机高。

2. 视频监控光端机的选用

视频监控光端机在技术实现上分为模拟调制的光端机和数字非压缩编码光端机两大类。模拟光端机采用的是基带视频信号直接光强度调制（AM）或脉冲频率调制（PFM）技术。数字光端机主要指的是非压缩编码视频光端机。严格意义上说，这是一种采用数字传输方式的视频光端机，输入和输出仍然是标准模拟视频信号。从稳定性和可维护性上说，模拟设备在温度漂移特性、老化特性和长期工作稳定性上显然不如数字设备；但从价格上说，目前在 1 ~2 路视频光端机上模拟的价格仍然有优势，但在 4 路以上视频光端机上模拟和数字的差别已经几乎没有了。如果需要在视频传输的同时，还要传输音频、低速数据、高速以太网数据等多项业务，模拟设备就无法与数字设备比拟了。

四、视频信号的干扰及解决

1. 干扰的产生

（1）前端电源的干扰，如电梯的变频电动机、工厂的大功率电动机、变电站等。

（2）传输过程的干扰，主要是电磁波干扰，如广播电台、电信基站等，还有电缆损坏引起的干扰及地电位差干扰等。

（3）终端设备干扰，主要是设备电源产生的干扰和连接引起的干扰。

2. 干扰的解决方法

（1）先判断干扰的产生位置。应先从前端检查摄像机有无干扰，如有，一般情况下是通过电源引入的（可以先用12 V电瓶供电验证一下是否是电源干扰），可以采用开关电源给摄像机供电，也可以安装交流滤波器进行滤波等。

（2）如果是通过传输过程产生的，首先应检查视频线的连接情况、屏蔽网有无破损等情况。其次可以考虑选择抗干扰器。目前，市场上的抗干扰器基本原理有两种，一种是将视频基带信号调制到38 MHz或更高频率，以避开干扰频率，其效果可以接受，但若遇到频率与38 MHz接近的干扰，其效果较差；另一种是采用将视频信号在前端进行幅度提升放大的办法，再在终端进行压缩，因为干扰信号的幅度是不变的，相对应的干扰信号也就被压缩了。这是一种广谱的抗干扰办法，但干扰有一定的残留，抗干扰的效果取决于视频信号放大的幅度和干扰信号的位置，幅度越大、干扰越靠近前端，抗干扰的效果越好。

（3）如果用了抗干扰器而效果不明显，有可能是终端（机房）引起的干扰，这样需要检查连接、电源、接地和设备本身的问题等方面。

任务实施

一、准备好1 m SYV－75－5型视频线电缆、两个BNC头、剥线钳、剥线小刀、电烙铁、焊锡，如图2—5—1所示。

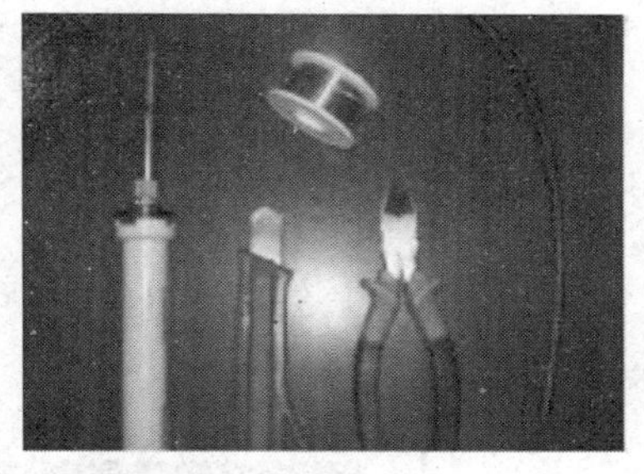

图2—5—1　相关工具

二、用同轴电缆专用剥线钳或者剥线小刀将线缆外皮剥除，露出铜芯线约3 mm，如图2—5—2所示。

三、将线缆正负极与BNC头正负极对位，如图2—5—3所示。

四、用电烙铁把BNC头焊入电缆，正负极均应焊接，如图2—5—4所示。

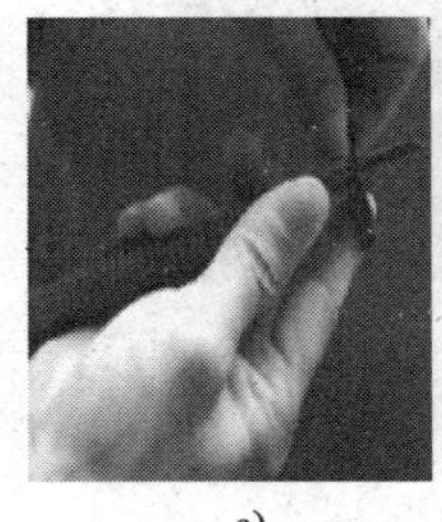

a)

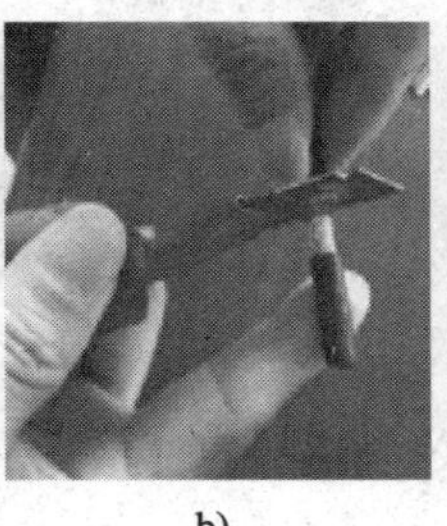

b)

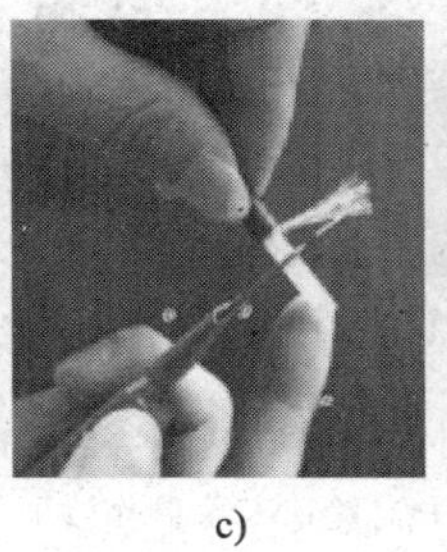

c)

d)

图2—5—2　剥线过程

a）环切外护套　b）褪去外护套　c）环切保护层　d）露出铜芯

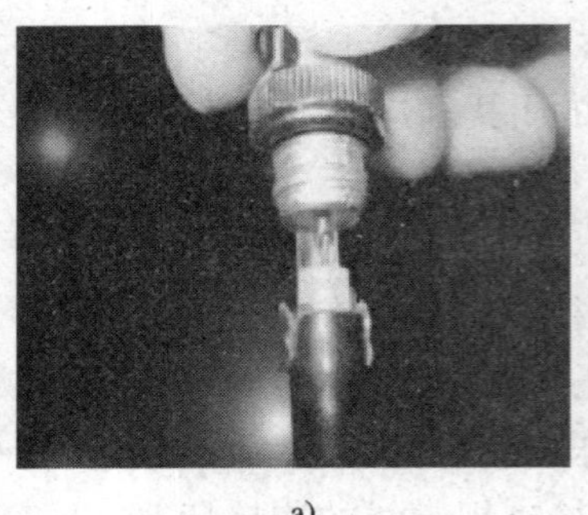

a)

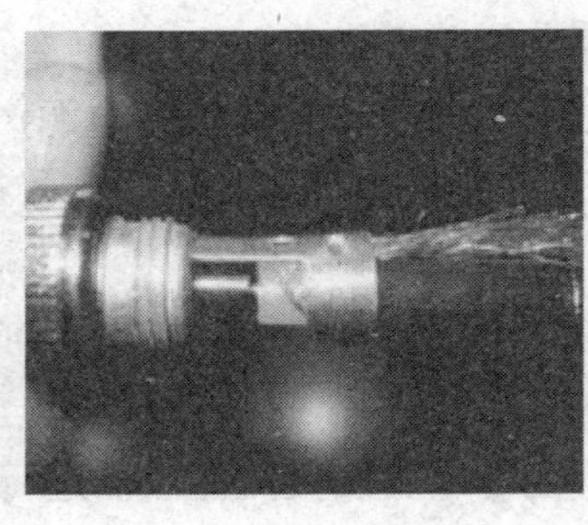

b)

图 2—5—3　正负极对位

a）正面正极对位图　b）反面负极对位图

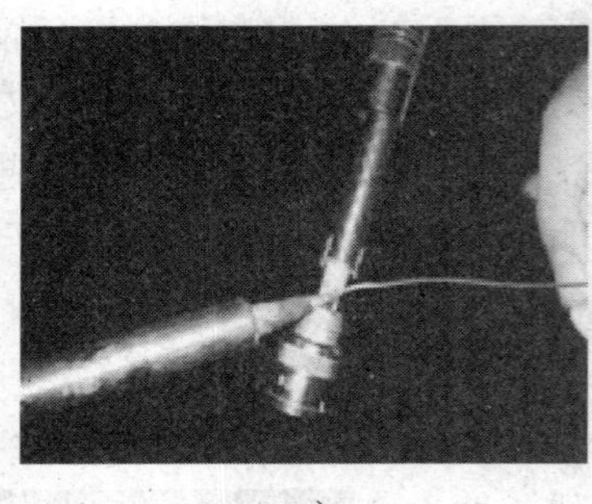

a)

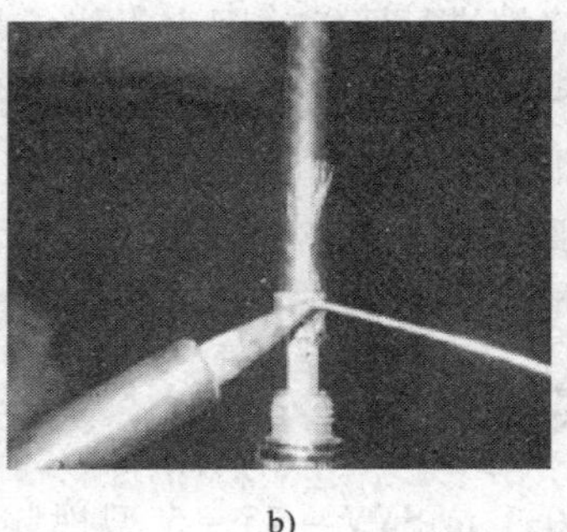

b)

图 2—5—4　正负极焊接

a）正极焊接　b）负极焊接

五、将 BNC 连接器的金属套环套入同轴电缆，旋紧即可。至此，线缆的一端制作完成，如图 2—5—5 所示。

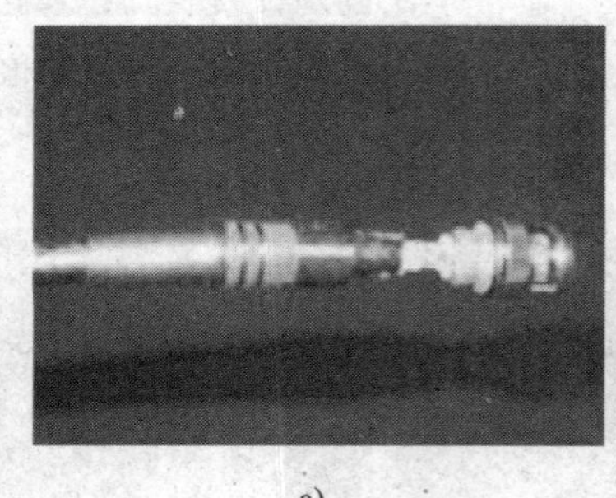

a)

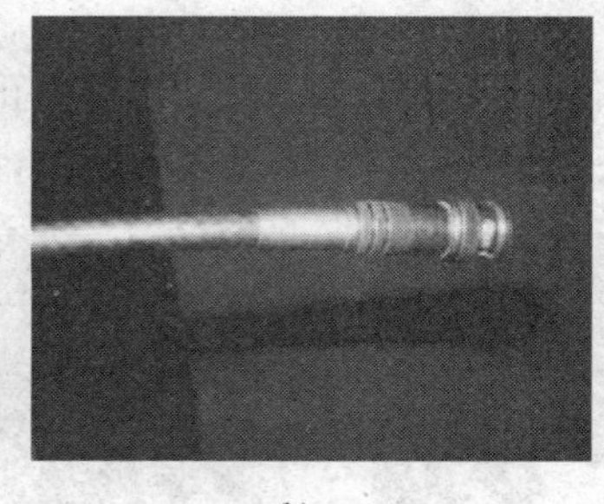

b)

图 2—5—5　BNC 头制作效果

a）未旋紧 BNC 头制作效果　b）旋紧后 BNC 头制作效果

六、按上述步骤制作另一端的 BNC 接头，完成整根视频线的制作。

七、验收检查后，整理现场，复原设备，填写设备使用记录，移交设备，实训结束。

任务评价

对标准视频线 BNC 头的制作情况进行总结评价，填写实训评价表 2—5—1，给出本任务完成情况的实习成绩。

表 2—5—1　　　　BNC 头的制作评价表

<table>
<tr><th colspan="2">评价项目</th><th>配分</th><th>自我评价</th><th>小组评价</th><th>教师评价</th></tr>
<tr><td rowspan="6">职业能力</td><td>能否正确操作剥线</td><td>10</td><td></td><td></td><td></td></tr>
<tr><td>能否正确操作正负极对位</td><td>10</td><td></td><td></td><td></td></tr>
<tr><td>能否正确操作正负极焊接</td><td>10</td><td></td><td></td><td></td></tr>
<tr><td>能否正确操作套接、旋入</td><td>10</td><td></td><td></td><td></td></tr>
<tr><td>视频线的制作外观效果</td><td>10</td><td></td><td></td><td></td></tr>
<tr><td>标准 BNC 头测试是否合格</td><td>20</td><td></td><td></td><td></td></tr>
<tr><td rowspan="2">安全文明操作</td><td>安全操作（未切断总电源并挂上维修标志牌则该项任务不及格；违反一项操作规程即扣 5 分，违反两项则该项任务不及格）</td><td>5</td><td></td><td></td><td></td></tr>
<tr><td>现场整理与设备移交等（未移交设备以及未清理现场扣 5 分，现场清理不干净扣 2 分）</td><td>5</td><td></td><td></td><td></td></tr>
<tr><td rowspan="4">通用能力</td><td>观察能力</td><td>5</td><td></td><td></td><td></td></tr>
<tr><td>动手能力</td><td>5</td><td></td><td></td><td></td></tr>
<tr><td>团队合作能力</td><td>5</td><td></td><td></td><td></td></tr>
<tr><td>自我提高能力</td><td>5</td><td></td><td></td><td></td></tr>
<tr><td rowspan="2">自我评价</td><td rowspan="2"></td><td>综合评分</td><td colspan="3" rowspan="2">本人签名：</td></tr>
<tr><td></td></tr>
<tr><td rowspan="2">小组评价</td><td rowspan="2"></td><td>综合评分</td><td colspan="3" rowspan="2">组长（项目经理）签名：</td></tr>
<tr><td></td></tr>
<tr><td rowspan="2">教师评价</td><td rowspan="2"></td><td>综合评分</td><td colspan="3" rowspan="2">教师签名：</td></tr>
<tr><td></td></tr>
</table>

任务六　视频监控系统的安装

任务描述

根据本项目案例结合本项目任务三、任务四中的方案，在安防实训设备中的实训模拟墙上，进行设备安装、线路敷设及设备连接。

基础知识

一、施工安全知识

施工现场安全防护用具及机械设备使用监督管理规定：

第一条　为加强对施工现场使用的安全防护用具及机械设备的监督管理，防止因不合格产品流入施工现场而造成伤亡事故，确保施工安全，特制定本规定。

第二条　凡从事建筑施工（包括土木建筑、线路管道设备安装、装饰装修）的企业和个人以及为其提供安全防护用具及机械设备的单位和个人，必须遵守本规定。

第三条　本规定所指的安全防护用具及机械设备，是指在施工现场上使用的安全防护用品、安全防护设施、电气产品、架设机具和施工机械设备，包括：

1. 安全防护用品，包括安全帽、安全带、安全网、安全绳及其他个人防护用品等。

2. 安全防护设施，包括各种“临边”“洞口”的防护用具等。

3. 电气产品，包括手持电动工具、木工机具、钢筋机械、振动机具、漏电保护器、电闸箱、电缆、电气开关、插座及电工元器件等。

4. 架设机具，包括用竹、木、钢等材料组成的各类脚手架及其零部件、登高设施、简易起重吊装机具等。

二、设备安装技巧

1. 固定摄像机的安装

（1）应根据现场实际情况选择安装方式。室外宜采用立杆、水平支架安装，室内宜采用墙壁水平支架安装或吸顶吊装，并在支架上安装万能转向夹，万能转向夹和水平支架的连接应用镀锌螺钉固定。

（2）如采用立杆安装，立杆的高度根据视场的需要不低于3.5 m，立杆的固定钢板厚度不小于8 mm，基础预埋件采用 ϕ16 mm 的螺纹圆钢，构成高度为500 mm、宽度为200 mm的网状结构。在安装位置，应挖开泥土，把预埋件放入地下，高度应高出地面70 mm，然后用标号为1∶1 的水泥进行浇注。在浇注时，把高出地面部分的螺纹部分用绝缘胶布进行包扎，4 ~5 天后才能安装监控立杆。

（3）在安装立杆时，应小心立杆表面漆的脱落，用 ϕ16 mm 的螺母进行固定，在螺母和螺杆之间要加垫圈和弹簧，螺杆露出的高度不超过 10 mm，多余部分用切割机切掉。固定完后，在螺钉和螺杆上涂上防锈漆，在防锈漆干后，涂上和立杆颜色一样的面漆。

（4）在立杆上方用镀锌螺钉固定支架，在支架上的万能活动夹上固定防护罩底盖，把视频线和电源线穿入防护罩，线和防护罩之间用密封圈进行封闭，防护罩和立杆之间的裸线用 ϕ16 mm 的塑料软管保护。然后在视频线上焊接 BNC 头。固定测试好的摄像机，插上 BNC 头和电源的莲花头。在插上电源前，应切断 220 V 供电电源。用螺钉固定防护罩的上盖，但螺钉不要全部拧死。

（5）发现摄像机镜头上有污物时，一定要用专用镜头纸擦拭。

（6）安装摄像机的时候一定要注意考虑环境温度。

（7）带红外灯的摄像机以及室内支架的安装可参考第（4）条的安装方法。

2. 快速球形摄像机及云台摄像机的安装

（1）在安装、使用全方位智能化高速球形摄像机之前，应首先仔细阅读产品说明书。

（2）快速球形摄像机及云台立杆的安装，可参照固定摄像机立杆的安装。

（3）用厂家配备的支架和快速球形摄像机进行连接，然后把支架和立杆用镀锌螺钉进行连接。

（4）球形摄像机内部为精密光学及电子器件，在运输保管及安装过程中要防止重压、剧烈震动等，以免对产品造成损坏。

（5）不要自行拆卸球形摄像机内部器件，以免影响使用。

（6）使用中必须遵守各项电气安全标准，配用本机自带的专用电源。RS－485 及视频信号在传输过程中应与高压设备或电缆保持足够的距离。在多雷地带，必须做好防雷击、防浪涌等措施。

（7）不要直接将高速球形摄像机置于室外使用，避免球形摄像机淋雨、受潮等。在潮湿的地方不要使用。如果安装在室外，则必须使用密封防护罩，绝对禁止露天单独使用。

（8）快速球形摄像机安装环境的温度、湿度应符合产品的要求。

（9）不管球形摄像机电源是否接通，不要将摄像机瞄准太阳或极光亮的物体，也不要将摄像机长时间瞄准或监视光亮的静止物体。

（10）不要用强效或磨损性洗涤剂清洗智能化高速球形摄像机主体。清理污垢时，应用干布清理，污垢不易清除时，可用中性清洗剂轻拭干净。

3. 半球形摄像机的安装

（1）半球形摄像机采用吸顶安装，安装在走廊的天花板或者电梯轿厢内，电梯厢内的摄像机应安装在电梯厢顶部、电梯操作器的对角处，并应能监视电梯厢内全景。

（2）摄像机镜头应从光源方向对准监视目标，并应避免逆光安装；当需要逆光安装时，应降低监视区域的对比度。

（3）如果采用金属外壳半球形摄像机，金属外壳一定要与电梯轿厢的外壳进行绝缘。

三、设备接线

视频电缆传输的电平信号很弱，其接续不但要求可靠牢固，同时不能使信号衰减太大。连接处不允许扭接，而要进行焊接。端头接续插头时，线芯和屏蔽层均应焊接在插头上，插头不但要与设备插座相配套，还要与电缆外径相配套。插头插入设备插座后，应用插头外套螺母将插头插座锁紧。安装时应合理计算每根电缆的长度，按照每盘电缆的总长综合考虑，尽量减少中间接头。

控制电缆线芯较多，在设备端一般与插头相接，插头上的每个线芯的连接均采用焊接，线芯绝缘护套长度要适宜，电缆的外护套应包在插头后盖内，线芯剥去绝缘的长度为 2 mm 左右，剥去太长容易发生互相碰线。控制电缆应尽量少或不设中间接头，对于多芯电缆应按线芯颜色统一对所接端子作一规定，并在监控台、柜接线箱的接线端子上编上编号，编号应和施工图中编号统一。控制电缆的线芯经两人查对，确认接线正确后，方可插接在设备上，插接后应用锁紧螺母锁紧。

220 V 交流电源供电线路是从系统总配电箱到控制器；12 V 直流供电线路给摄像机提供电源；音频信号电缆走线从拾音器至控制器；视频电缆走线从摄像机至控制器，再从控制器（含视频切换器）至监视器。信号线路不宜与强电线路同管或并行敷设，走线方式及要求见表 2—6—1。

表 2—6—1　　信号线路敷设规则

分类	举例	说明	安装要求
干扰线路	220 V 交流供电线路	高电平线路，易对其他线路造成干扰	距其他线路 45 cm 以上，双线绞合行走
一般线路	12 V 直流供电线路	中电平线路，既对其他线路干扰又受高电平线路干扰	距敏感线路 10 cm 以上，双线绞合行走
敏感线路	视频传输电缆	低电平线路，容易受到感应和干扰	互相间距 5 cm 以上，屏蔽线可不考虑间距

注：表中规定的线路间距均为明敷时的距离。

监控室采用单相 220 V、50 Hz 电源供电，电源内部不允许混入脉冲干扰脉刺（如可控硅开关电源、电弧焊接脉冲刺等），否则要隔离变压器供电。

引入摄像机、云台的控制线、电源线、视频电缆，在引出保护管时，应用金属蛇皮管、塑料波纹管或聚氯乙烯软管进行保护。每根电缆均应有足够的松弛度，其长度应能满足云台旋转的最大距离，在此基础上还应留 10 cm 左右的余量。电缆应沿支架、吊架引向摄像机或云台并进行必要的绑扎。当云台在旋转时，不应使电缆出现互相绞缠的现象。电缆的引入端应设在云台的旋转死角处。

整个系统采用单点接地，接地母线采用铜质线，采用综合接地系统。为了保证整个系统采用单点接地，在工程实施中应做到视频信号传送过程中每路信号之间严格隔离、

单独供电，信号共地集中在中心机房，接地措施的科学合理，可有力地保证系统的抗干扰性能。

任务实施

一、在安防实训室，切断设备总电源并挂上维修标志牌。

二、按照图 2—6—1 所示的实训模块设备布置图进行设备安装、线缆连接。包括各种摄像设备的安装、线缆在模拟墙的布置、后端管理设备在控制台里面的安装。

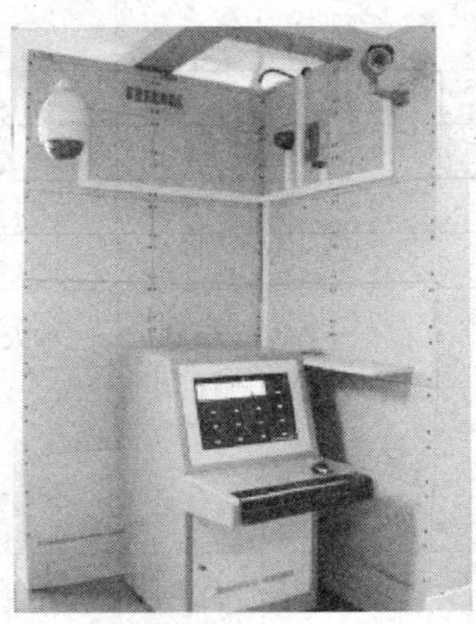

图 2—6—1　实训设备安装示意图

三、在设备未通电的前提下，根据本项目前期任务中绘制出的电气连接图，连接各设备。包括：矩阵、DVR、控制键盘、显示器等后端设备之间的连接，前端摄像设备与后端设备之间的连接。

四、通过观察以及利用仪表仔细检查设备之间连接是否完好，保证设备间无断路和短路现象。确保设备连接完整且无短路后，尝试系统通电。上电后应进行检查，注意设备有无冒烟、发出异味等。如果出现异常，则马上断电检查。

五、整理现场，填写设备使用记录，移交设备，实训结束。

任务评价

对视频监控系统设备的安装以及系统调试情况进行总结，填写评价表 2—6—2，给出本任务完成情况的实习成绩。

表 2—6—2　　视频监控系统安装实训评价表

评价项目		配分	自我评价	小组评价	教师评价
职业能力	前端设备的安装	10			
	传输设备的安装	20			
	后端设备的安装	20			

续表

评价项目		配分	自我评价	小组评价	教师评价
职业能力	安装是否符合国家技术标准与规范	10			
	线路及整体安装效果	10			
安全文明操作	安全操作（未切断总电源并挂上维修标志牌则该项任务不及格；违反一项操作规程则扣 5 分，违反两项则该项任务不及格）	5			
	现场整理与设备移交等（未移交设备以及未清理现场扣 5 分，现场清理不干净扣 2 分）	5			
通用能力	观察能力	5			
	动手能力	5			
	团队合作能力	5			
	自我提高能力	5			
自我评价		综合评分	本人签名：		
小组评价		综合评分	组长（项目经理）签名：		
教师评价		综合评分	教师签名：		

任务七　视频监控系统的调试

任务描述

针对任务六安装完成的视频监控系统进行调试。

基础知识

一、线路检查与测试

按施工图检查视频线、控制接线、电源线是否正确，对接错的线进行修改，并修改其

编号。采用250 V兆欧表对控制电缆绝缘进行测量，其线芯与线芯、线芯与地线绝缘不应小于0.5 MΩ。用500 V兆欧表对电源电缆绝缘进行测量，其线芯间和线芯与地线的绝缘不应小于0.5 MΩ。

二、电源检测

关闭监控台、柜上的总电源开关，检测交流电源电压，检查稳压装置的线路排列、电压表读数等。关闭各电源分路开关，给监控台送电，测量各输出端电压、直流输出的极性。给每一回路送电，检查电源指示灯等。检查各设备端电压。

三、设备调试

1. 单项设备调试

单项设备调试一般应在安装之前进行，有些单项设备自身单独运行不便于进行调试或测试，可以与配套设备共同进行单项调试。能够进行单项调试的设备以及调试的内容包括：

（1）摄像机的电气性能。包括摄像机清晰度、摄像机背景光补偿（BLC）、摄像机最低照度、摄像机信噪比、摄像机自动增益控制（AGC）、摄像机电子快门（ES）、摄像机白平衡（WB）以及摄像机同步方式。

（2）镜头的调整。

（3）解码器自检。可通过测量其输出端电压实现自检。

（4）云台转动角度限位的测试。

（5）其他一些能独立进行调试的设备。

2. 配套设备调试

需要配套进行调试的设备包括：

（1）矩阵切换和控制

矩阵需要和带云台的摄像机联合调试，以便进行切换功能和控制功能以及矩阵自身权限功能的调试。调试方法如下：取视频电缆、控制电缆和电源电缆3～5 m，一头接监控台、柜配线箱的接线端子，另一头接相应的插头。若某些小系统不设专用监控台、柜，可以直接按系统构成原理图进行接线。首先按系统图接线，接通电源，电源指示灯亮，调整控制器的遥控云台旋钮，对电动云台进行遥控（电动云台应固定在稳固的三角支架或木台上）。电动云台的水平旋转、垂直旋转角度不满足设计要求时，可以调整云台的限位开关。

（2）硬盘录像机

硬盘录像机需要和带云台的摄像机联合调试，以便进行监视、录像、回放和远程权限功能的调试。当加热器、刮雨刷和排风扇等的工作情况和各种功能均满足设计要求时，方可进行安装。应对防护罩的保护电路进行检查，并做必要的试验调整。

四、系统调试

1. 检查线路是否通畅：包括视频线路、控制线路和电源线路。

2. 按传输系统功能划分的调试包括：图像信号、控制信号以及设备行为的调试，然后按功能所在区域进行调试。主要为以下几个方面。

（1）系统支持 TCP/IP 或 RS－485 方式进行分级、多级联网控制。

（2）系统通过 RS－232 及其他相关接口，实现与图形工作站及控制键盘的连接。图形工作站及键盘均能对一体化快速球形摄像机、自动变焦镜头等前端设备进行控制。

（3）系统内置日期、时间、字符发生器，在每幅图像中叠加摄像机的编号、位置以及实时变化的时间（包括年、月、日、时、分、秒）。摄像机标题以全中文显示，日期/时间格式可调整。

（4）系统具有视频丢失检测功能。

（5）系统具有多种不同的报警显示方式及报警状态清除方式。

（6）系统支持 RS－232 作为报警输入接口，实现与入侵报警主机的联动控制。

（7）系统支持键盘口令输入及优先级操作。

（8）系统具有实时监控系统状态的功能。

（9）支持快进、快退、慢进、逐帧等播放模式，快进/快退速度可调整。

（10）支持外接键盘及工作站软件等远程集中控制。

（11）支持用户权限管理。

（12）支持 Web 远程监控模式。

（13）支持多工作站联网授权控制。

（14）支持实时图像显示。

（15）支持对硬盘录像机进行网络集中管理。

（16）支持通过软件在多媒体工作站显示实时画面。

3. 对一体化摄像机实现全方位转动、变焦、变倍（主要应确保控制线接口接对和球形摄像机地址与云台软件的地址设置相对应）。

五、监控系统集成主要工作流程

1. 根据用户需要和现场勘察结果，得到受控点表，包括受控点特定要求，比如安装位置、监视现场一天的光照度变化和夜间提供光照度的能力、监视范围、供电情况。

2. 根据受控点表和系统功能要求确定摄像机数量、技术性能、技术指标、所用型号、摄像机镜头要求、云台要求、传输距离控制要求。

3. 绘制前端设备布局图；系统构成框图中应标明各种设备的配置数量、分布情况、传输方式等；系统功能说明包括整个系统的功能，所用设备的功能、监视覆盖面等；设备、器材配置明细表包括设备的型号、主要技术性能指标、数量。

4. 绘制施工实施图。实施图是能指导具体施工的图样，包括设备的安装位置、线路的

走向、线间距离、所使用导线的型号规格、护套管的型号规格、安装要求、调试说明。

任务实施

一、系统调试

1. 确认系统正常的情况下，接通电源。

2. 接通监控主机和摄像机电源，观察监视器是否有图像输出，如果没有，再检查设备是否正常；如有图像，则进入键盘操作设置。

3. 在进行键盘操作设置，要对每个选项操作一次。

4. 在进行图像调用操作时，要分别对每个摄像机的图像进行控制。

5. 使用矩阵主机监视器显示调整时，可通过矩阵切换显示器观察切换效果。

6. 进行预置点设置时，可通过监视器调整摄像机角度到预定范围，并调整摄像机镜头的焦距和清晰度，之后方可进入录像设备和其他控制设备的调整工序。

二、工程验收

1. 工程预验收过程中发现问题则需要填写验收检查问题记录表2—7—1。

表2—7—1　　**验收检查问题记录表**　　编号：

验收问题记录	问题原因及整改措施	完成时间	备注

2. 对工程进行验收，填写施工项目验收报告表2—7—2。

表2—7—2　　**施工项目验收报告表**　　编号：

工程名称			
建设单位		联系人	
地址		电话	
施工单位		联系人	
地址		电话	
项目负责人		施工周期	
工程概况			
现存问题		完成时间	
改进措施			

续表

验收结果	主观评价	客观测试	施工质量	材料移交
验收结论				
施工单位		建设单位		
负责人签字		负责人签字		
日期		日期		

三、结束任务

整理现场，填写设备使用记录，移交设备。

任务评价

对视频监控系统设备调试的结果进行总结，填写评价表 2—7—3，给出本任务完成情况的实训成绩。

表 2—7—3　　视频监控系统调试实训评价表

评价项目		配分	自我评价	小组评价	教师评价
职业能力	每个摄像机是否有图像输出	10			
	能否正确使用键盘操作	10			
	能否正确通过矩阵切换监视器	10			
	能否正确调用每个摄像机的图像并操作	10			
	能否进行预置点设置调用	10			
	调试综合效果	10			
	能否准确记录验收检查问题	5			
	能否完成施工项目验收报告	5			
安全文明操作	安全操作（未切断总电源并挂上维修标志牌则该项任务不及格；违反一项操作规程则扣 5 分，违反两项则该项任务不及格）	5			
	现场整理与设备移交等（未移交设备以及未清理现场扣 5 分，现场清理不干净扣 2 分）	5			
通用能力	观察能力	5			
	动手能力	5			
	团队合作能力	5			
	自我提高能力	5			

续表

<table>
<tr><td colspan="2">评价项目</td><td>配分</td><td>自我评价</td><td>小组评价</td><td>教师评价</td></tr>
<tr><td rowspan="2">自我评价</td><td rowspan="2"></td><td>综合评分</td><td colspan="3" rowspan="2">本人签名：</td></tr>
<tr><td></td></tr>
<tr><td rowspan="2">小组评价</td><td rowspan="2"></td><td>综合评分</td><td colspan="3" rowspan="2">组长（项目经理）签名：</td></tr>
<tr><td></td></tr>
<tr><td rowspan="2">教师评价</td><td rowspan="2"></td><td>综合评分</td><td colspan="3" rowspan="2">教师签名：</td></tr>
<tr><td></td></tr>
</table>

任务八　视频监控系统常见故障分析及排除

任务描述

在一个视频监控系统进入调试阶段、试运行阶段以及交付使用后，有可能出现各种故障现象。本任务要求讨论并分析可能的故障，观察实际故障现象，检查故障设备，分析实际故障原因并排除。

基础知识

视频监控系统常见故障有以下几种：

一、距离过远

距离过远时，操作键盘无法通过解码器对摄像机（包括镜头）和云台进行遥控。这主要是因为距离过远时，控制信号衰减太大，解码器接收到的控制信号太弱。这时应该在一定的距离处加装中继盒以放大整形控制信号。

二、操作键盘失灵

这种现象在检查连线无问题时，基本上可确定为是由操作键盘“死机”造成的。键盘的操作使用说明上，一般都有解决“死机”的方法。例如，可用“整机复位”方式解决。

如无法解决，则可能是键盘本身已损坏。

三、主机对图像的切换不彻底

这种故障现象表现在选切后的画面上，画面叠加有其他画场，或有其他图像的同步信号干扰。这是因为主机或矩阵切换开关质量不良，达不到图像之间隔离度的要求。如果采用的是射频传输系统，也可能是系统的交扰相互调制过大造成的。

四、数字硬盘录像机不能启动

这种故障可能存在以下几个方面的原因。

1. 主机电源开关失灵。
2. 主机电源损坏。
3. 主机主板或 CPU 损坏。
4. 主系统硬盘引导区损坏，或者硬盘本身故障。
5. 操作系统被破坏。

对以上原因要仔细分析、逐一排除。

五、数字硬盘录像机死机

这种故障表现为现场监看的图像定格不动或图像上叠加的时间信息不动。对于计算机式硬盘主机，可能是其中包括的操作系统或监控软件两个方面的故障；对于嵌入式的硬盘录像主机可能是监控软件的问题。引起的主要原因有以下几个方面。

1. 系统软件某个文件被破坏，对于计算机式硬盘主机需重新安装系统或者监控软件；嵌入式主机则需要升级软件。
2. 主机内硬盘存在磁盘坏道，此时需对硬盘进行修复或更换硬盘。
3. 主机内电源功率不够，应更换大功率电源。
4. 主机内硬盘太多，发热量太大，引起死机。
5. 主机视频卡发热过大，引起死机，应更换视频卡或更换主机。

六、红外半球形摄像机图像问题

摄像机晚上出现图像照度差、发白或有亮白色光圈现象。图像照度差现象是机器装配不当导致的，装配时感光器件（光敏电阻）离半球形摄像机距离过远会导致红外灯启动不完全，造成机器夜间照度差；出现图像发白或亮白色光圈现象主要是红外发光管发出的红外光通过球罩折射到镜头所致。解决此问题的关键是避免让红外光折射到镜头表面，通常采用海绵圈进行镜头与红外光的隔离，在装配时一定要将球罩紧贴海绵圈。

七、夜视型红外防水摄像机图像问题

摄像机白天图像正常、夜晚发白。此现象一般是机器使用环境有反射物或在范围很小

的空间的使用时红外光反射导致。解决此问题首先应确定使用环境是否有反射物，尽可能改善使用环境；其次检查机器的有效红外距离与实际使用距离是否相应。一台长距离红外摄像机在很小的空间内使用，会因红外光过强导致机器图像发白。

八、图像质量不好

图像质量不好的原因可能是：

1. 镜头有指纹或太脏。
2. 光圈未调好。
3. 视频电缆接触不良。
4. 电子快门或白平衡设置有问题。
5. 传输距离太远。
6. 电压不正常。
7. 附近存在干扰源。
8. 在电梯里安装时，与电梯绝缘不好，受其干扰。
9. 接口未接对。

九、监视器无图像

监视器无图像时，首先检查外加电源极性是否正确，输出电压是否满足要求（电源误差：DC 12 ×（1 ± 10%）V，AC 24 ×（1 ± 5%）V；其次检查视频连线是否接触良好；若是使用手动光圈镜头需检查光圈是否打开，自动光圈镜头则需要调节 LEVEL 电位器使光圈在合适位置。

十、彩色失真、偏色

出现此故障可能是白平衡开关（AWB）设置不当，也可能是环境光照条件变化太大。此时应检查开关设置是否在 OFF 位置，应想办法改善环境的光照条件。

十一、使用自动光圈镜头时图像过暗

出现此故障时，首先检查 EE/AI 功能开关是否设置在 AI 端，其次检查 LEVEL 电位器调节是否合适。

十二、图像出现扭曲或几何失真

这种现象可能是摄像机、监视器的几何校正电路或光学镜头有问题，也有可能是视频连接线缆或设备的特征阻抗与摄像机的输出阻抗不匹配。当出现该现象时，应先检查所用光学镜头是否异常及监视器的输入阻抗开关是否设置在 75 Ω 端，再检查所用视频连接线缆的阻抗是否是 75 Ω。

十三、图像有干扰

图像有干扰的情况，如图像出现斜纹、水波纹、横线等，不一定是产品本身问题，很多情况下是由于以下原因造成的。

1. 线材质量问题，建议尽量使用国标线材。质量较差的线材在传输过程中衰减信号，易出现信号被干扰现象。

2. 视频线或摄像机被强磁场干扰。强磁场源如：大功率电动机、高频发射机等。强磁场将会对绝大多数摄像机产生干扰。

3. 稳压电源内部电容滤波不良。在使用一体变焦摄像机时，尽量不要使用集中供电。

4. 传输线路过长。

5. 视频线的 BNC 头制作工艺差。

6. 雷击造成摄像机无图像（通常为 DSP、CPU、电源板损坏）。

7. 摄像机工作中电源电压过高。摄像机的额定工作电压为直流 12 V，如果电源的实际电压超过直流 12 V，会造成摄像机电源板损坏。

8. BNC 头松动。

9. 电源变压器损坏。

10. 220 V 交流供电电网电压波动太大。建议监控系统采用 UPS（净化稳压电源）220 V 交流电源集中供应方式，同时尽量做好视频和电源的防雷处理。

11. 摄像机的聚焦模式有两种方式，可在摄像机菜单中调整，建议调成自动聚焦。

十四、一体化摄像机重启或无图

一体化摄像机变倍时突然重启或图像周期性消失。其原因是在变倍时由于要驱动电动机，工作电流会突然增大，这样会导致解码器（板）供电不足，使摄像机突然断电，然后重启。

十五、一体化摄像机不能自动聚焦

出现此故障后应先检查一体化摄像机的聚焦状态是键控优先还是自动聚焦状态。如果处于键控优先状态应调回自动聚焦状态。如果仍不能排除故障，则可能是周围的环境光线过亮，致使摄像机亮度值过高，摄像机无法找到聚焦点。此时可将摄像机的亮度值调低。

十六、视频矩阵主机故障

视频矩阵主机故障及相应解决方法如下：

1. 开机无显示，应查看熔断器。

2. 32 路以上的矩阵箱开机无显示，应查看插板并检查发光二极管工作是否正常。不正常时，重插该板。

3. 某路无输出时，可调换一路正常的画面，以便查看是矩阵主机的问题还是其他问题。

4．控制失效，应查看设置的参数与控制端口是否一致，受控器是否编码正确，更换另一端口再试。

十七、解码器故障

解码器故障及相应解决方法如下：

1．接通电源，电源指示灯不亮。应检查电源是否加到接线柱；检查电源熔断器是否损坏。

2．通电熔断器即工作。应检查接线端子的公共端（COM）有没有错；检查云台输出电压选择是否正确。

3．控制不灵。应检查控制器信号线，看是否同一条信号线控制线过长，或者同一条信号线串（并）接过多的解码器。

任务实施

一、由项目经理领导小组成员，讨论视频监控系统可能出现的故障现象，并分析可能的故障原因，也可通过查询互联网进行了解，认真填写故障解析表，见表2—8—1。

表2—8—1　　视频监控系统故障解析表

序号	可能出现的故障现象	可能的故障原因	对应的解决方法	备注

二、根据所讨论的故障种类，针对出现的故障现象，练习故障的排除，并将排故的情况填写至表2—8—2。

表2—8—2　　视频监控系统排故表

序号	故障现象	检测方法	解决步骤	处理结果

任务评价

对视频监控系统可能产生的故障原因进行分析并完成相关排故任务后，进行总结，填写评价表2—8—3，给出本任务完成情况的实训成绩。

表 2—8—3　　故障分析及排故实训评价表

评价项目		配分	自我评价	小组评价	教师评价
职业能力	能否准确说出视频监控系统可能产生的故障现象	20			
	能否准确地分析出故障产生的原因	20			
	能否合理、正确地使用工具进行检测	20			
	能否正确排除系统中出现的故障	20			
通用能力	观察能力	5			
	动手能力	5			
	团队合作能力	5			
	自我提高能力	5			
自我评价		综合评分	本人签名：		
小组评价		综合评分	组长（项目经理）签名：		
教师评价		综合评分	教师签名：		

任务九　了解视频监控系统的发展趋势

任务描述

了解视频监控系统技术的现状以及未来的发展趋势，并做好相关记录。

基础知识

视频监控系统是安全防范系统的组成部分，它是一种防范能力较强的综合系统。视频监控系统以其直观、方便、信息内容丰富而广泛应用于许多场合。近年来，随着计算机、网络以及图像处理、传输技术的飞速发展，视频监控技术也有长足的发展。从技术角度出发，视频监控系统发展可划分为第一代模拟视频监控系统（CCTV）、第二代基于“计算

机+多媒体卡”的数字视频监控系统（DVR）、第三代完全基于IP网络的视频监控系统（IPVS）。

一、视频监控系统的现状

国内外市场上，在传统的纯模拟视频监控系统（见图2—9—1）的基础上，主要发展起来的是数字信号控制的模拟视频监控系统（见图2—9—2）和网络视频监控系统（纯数字IP视频监控系统，见图2—9—3）两类产品。前者技术发展已经非常成熟、性能稳定，并在实际工程中得到了广泛应用，特别是在大、中型视频监控工程中的应用尤为广泛；后者是新近崛起的以计算机技术及图像视频压缩技术为核心的新型视频监控系统，该系统由于解决了模拟系统的部分弊端而迅速崛起，但仍需进一步完善和发展。目前，视频监控系统正处在数控模拟系统与数字系统混合应用并逐渐向数字系统过渡的阶段。可以预见，网络视频监控系统将以其远距离的监控、良好的扩充性和可管理性、易于与其他系统进行集成等模拟视频监控系统所无法企及的优势，最终将完全取代模拟视频监控系统，而成为监控系统的新标准。

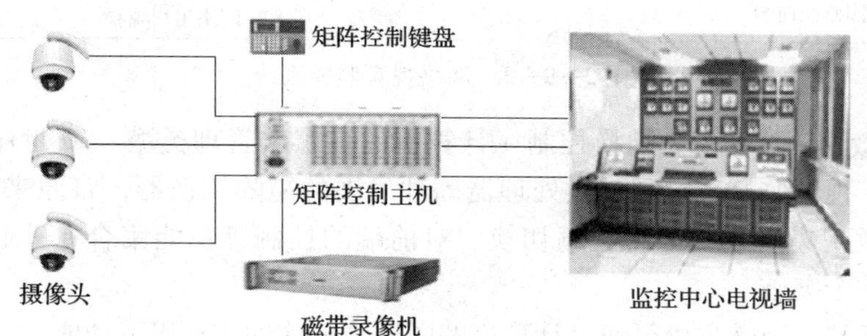

图2—9—1 传统模拟视频监控系统

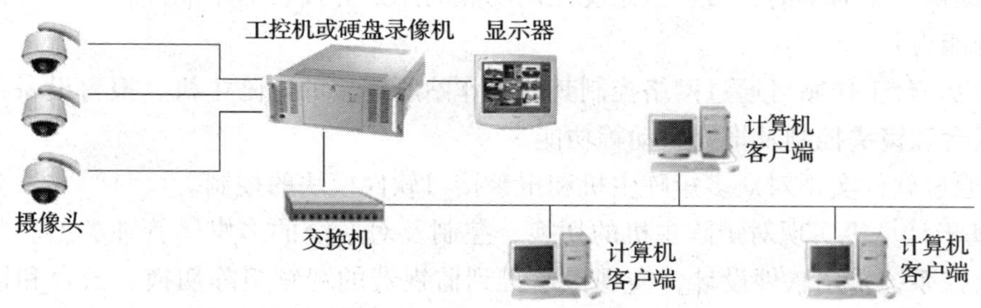

图2—9—2 数字信号控制的模拟视频监控系统

1. 数字信号控制的模拟视频监控系统

数字信号控制的模拟视频监控系统分为“基于微处理器的视频切换控制+计算机的多媒体管理”和“基于计算机实现对矩阵主机的切换、控制及对系统的多媒体管理”两种类型。

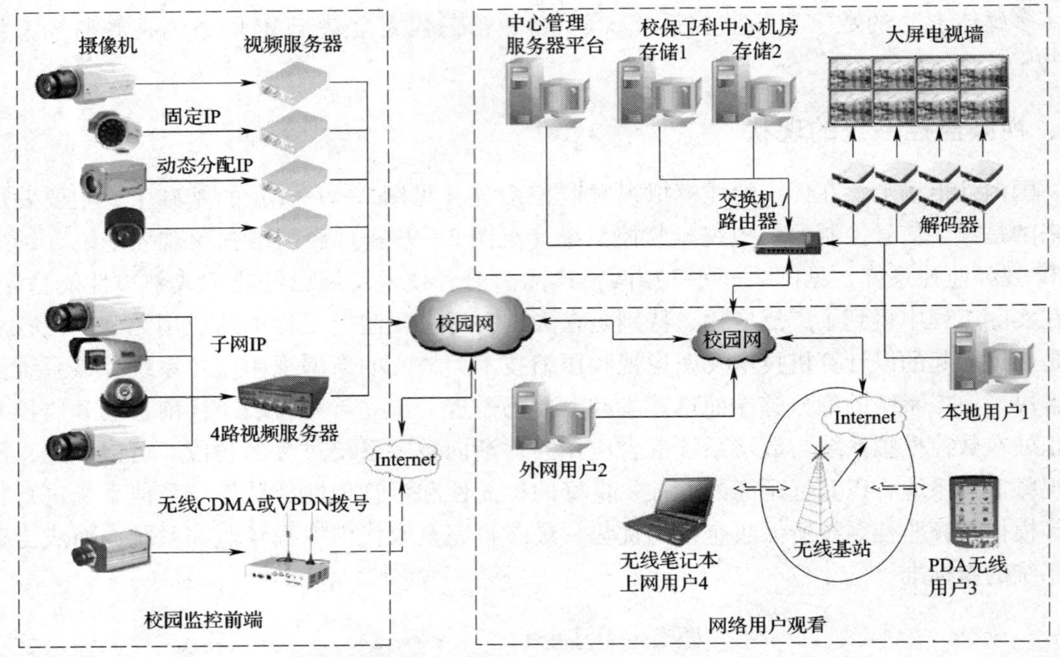

图 2—9—3　网络视频监控系统

（1）基于微处理器的视频切换控制 + 计算机的多媒体管理类型。20 世纪 80 年代是微处理器的年代。视频监控系统利用微处理器固件发展的矩阵切换器，将原来分散的全硬件视频监控系统微型集中化，如将视频切换、对前端的控制等功能集合在一起，一机处理，成为技术上的一个突破。

自备微处理器的矩阵主机可通过计算机的图形管理软件实现以下功能。

1）对单一工作站之中的视频监控、出入口控制、内部通信、报警等进行综合全面控制（注：只能提供一个简单的、可增强系统控制功能的用户界面，而不能代替矩阵主机的安防配置和编程能力）。

2）任意一台工作站可通过网络控制其他工作站所连接的矩阵主机、报警设备，完成视频切换、云台和镜头控制及报警联动等功能。

3）可通过软件实现对众多矩阵主机和报警接口软件模块的控制。

（2）基于计算机实现对矩阵主机的切换、控制及对系统的多媒体管理类型。基于计算机的视频监控系统采用软件设计，实现摄像机到监视器的视频矩阵切换、云台和镜头的控制、通过串口连接报警设备的报警信息，并通过程序自动完成视频切换、云台控制、报警联动、报警录像等各项控制功能。

系统能充分利用计算机的资源，使视频监控系统随计算机技术的发展而不断进步，同时其开放性的结构特性更可使之与其他多种系统，如与消防报警系统、出入口管理系统、楼宇自控系统等实现互动集成。

（3）数控模拟视频监控系统的优缺点。随着计算处理器、计算机的功能、性能的增强和提高及多媒体技术的应用，视频监控系统在功能、性能、可靠性、结构方式等方面都发

生了很大的变化。系统的构成更加方便灵活，与其他技术系统的接口趋于规范，人机交互界面更为友好。但由于视频监控系统中信息流的形态没有变，仍为模拟的视频信号，系统的网络结构主要是一种单功能、单向、集总方式的信息采集网络，具有介质专用的特点。因此，尽管系统已发展到很高的水平，已无太多潜力可挖，其局限性依然存在，要满足更高的要求，数字化是其发展的必由之路。

模拟监控系统的主要缺点有：

1）通常只适用于小范围的区域监控。模拟视频信号的传输工具主要是同轴电缆，而同轴电缆传输模拟视频信号的距离不大于 1 km，双绞线的传输距离更短，这就决定了模拟监控只适用于单个大楼、小居民区以及其他小范围的场所。

2）系统的扩展能力差。对于已经建好的系统，如要增加新的监控点，往往是牵一发而动全身，新的设备也很难添加到原有的系统之中。

3）无法形成有效的报警联动。在模拟监控系统中，由于各部分独立运作，相互之间的控制协议很难互通，联动只能在有限的范围内进行。

2. 网络视频监控系统

随着多媒体技术、视频压缩编码技术、网络通信技术的发展，网络视频监控系统迅速崛起，成为一种以嵌入式视频 Web 服务器为核心的视频监控系统。

嵌入式系统以应用为中心，软硬件可裁减，是一种适应应用系统对功能、可靠性、成本、体积等综合性严格要求的专用计算机系统，即为监控系统量体裁衣设计的专用计算机系统。嵌入式系统主要由嵌入式处理器、相关支持硬件、嵌入式操作系统及应用软件系统等组成，它是集软硬件于一体的可独立工作的“器件”。通俗地讲，嵌入式系统中的前端网络摄像机就是一台独立工作的“器件”，类似于网络中的计算机。基于嵌入式技术的网络视频监控系统不需处理模拟视频信号的计算机，而是把摄像机输出的模拟视频信号通过嵌入式视频编码器直接转换成 IP 数字信号。嵌入式视频编码器具备视频编码处理、网络通信、自动控制等强大功能，直接支持网络视频传输和网络管理，这类系统可以直接连入以太网，省掉了各种复杂的电缆，具有方便灵活、即插即看等特点，使得监控范围达到前所未有的广度。图 2—9—4 所示为网络摄像机的接口，其中 1 代表网络接口，和计算机的网络接口一样，可以用来直接连入以太网。

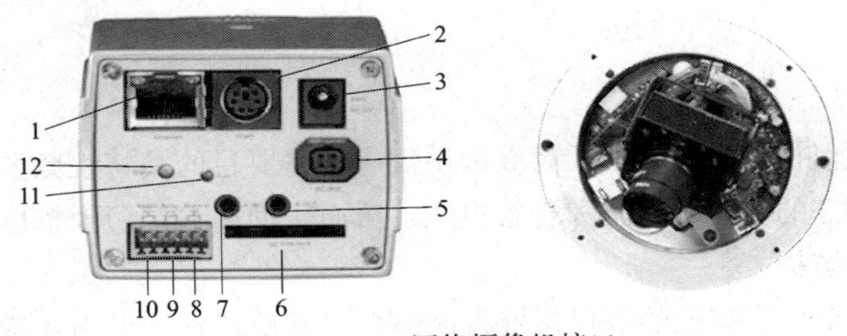

图 2—9—4　网络摄像机接口

1—网络接口　2—色差输出 YPbPr　3—电源输入　4—自动光圈镜头　5—音频输入　6—SD 接口　7—音频输出　8—RS－485　9—继电器输出　10—报警输入　11—多功能按键　12—状态指示灯

数字化视频监控技术融入了多项优势要素，在一套系统中可以处理音频、视频、报警、数据等多种业务平台。其实这种基于IP网络的全数字网络监控技术在现阶段远非完美，而这些不完美之处的完善及优化恰恰正是视频监控行业的发展趋势。传统的模拟视频监控系统对距离十分敏感，随传输距离增加，信号很容易出现衰耗（特别是高频衰耗）、畸变、群延时失真等现象。在漫长的信号传输过程中，很容易受到外来电磁信号的干扰，导致监视画面的杂波增大，并可能由于寄生调幅而使图像被叠加了脉动的或网状的幅度干扰成分，使图像质量严重劣化；而将视频信号数字化处理后，传输距离得到很大扩展，不会由于距离的增加导致信号的衰减，并且数字信号具有很强的抗干扰性，提高了系统的可靠性。网络视频监控系统的基本传输原理跟传统IP网络类似，组网方式类同，因此，在施工的布线过程中，可以采用传统IP网络中的线缆，如五类双绞线、光纤，也可运用原来网络系统中的所有设备（线缆设备、网络设备）。

在存储方面，数字视频监控系统将视频图像记录在视频服务器中的计算机硬盘上，其使用寿命远大于普通的录像带。其最大的优点是，既能保证存储图像的清晰度不受多次复制而遭劣化影响，又能够快速检索到所存储的图像。

二、视频监控系统的发展方向

1. 标准化

随着网络视频监控系统规模的扩大，其对网络的要求也越来越高，特别是应用于大范围、远距离监控的视频监控系统。中国电信、中国网通推出的“全球眼”“宽世界”“神眼”等不同定位的平台软件，其范围覆盖城市级、企业级，以及为家庭、个人提供监控的视频、报警信息服务，较传统的专网方式，运营级的服务在系统部署、运行维护、业务扩展等方面都有着明显的优势。

传统的监控行业，各家各自为政、自成一体，在大范围应用时给用户带来了很多不便。运营商的介入，一方面解决了平台统一的问题，另一方面加快了视频监控产业标准化的进程。在其影响下，新版的标准软件接口已成型，各厂家的设备已能够互编互解。相信在不久的将来，真正意义上的视频监控标准将引领着整个行业以更稳健的脚步向前发展。

2. 智能化

智能化是视频监控技术发展比较高级的层次。其主要目的是将视频监控从静态的、事后取证模式变成动态的、实时预防和告警模式，从而协助相关部门大幅度提高大地域、复杂监控环境的安全防护。

随着技术的发展，全智能的监控系统将能够在事发前识别并做出正确的判断，为人们提供最为有效、及时的快速反应措施。其应用包括物体追踪、面部识别、人数统计、非法滞留告警等。

3. 高清化

现有网络视频监控系统使用的最高画质为DI（720×576）。由于各方面的原因，在实际应用中，使用最多的只是CIF（352×288）画质，其实际视觉效果较之传统的模拟监控确实相差不少。一方面与现有的前端视频采集、网络视频编码技术的固有衰减有关，另一方面也跟现有带宽的因素有关。但高画质的视频图像为面部识别、交通监控等分析提供了重要的保障。更高的画质一直是业界的追求，相信伴随着CCD、CMOS技术的进步，编码算法的提高以及网络带宽的增加，更高清产品的普及将成为可能。

4. 无线化

随着全国数字城市的普及、第二代无线通信技术的完善、第三代无线通信技术的逐渐成熟，包括EOGE、SCDMA和WIMAX等新技术都能提供300 k以上的带宽，使得视频业务通过无线远传成为可能；其能满足在移动状态下，有线无法到达区域等特殊情况下的监控、指挥需求；其满足了车载无线监控和便携无线监控的需求，同时也促使监控终端向便携化、小型化的趋势发展，最终达到移动、随时随地地部署监控的理想境界。

三、无线传输视频监控系统

无线监控比较常用的传输方式有：模拟微波视频传输、数字微波视频传输、无线网桥，或者用电信和移动的通信网络CDMA、TD－SCDMA（这种方式价格昂贵，由电信的运营商技术决定传输图像的大小、质量，以及流量的价格），前面两种方式是目前比较常用的。通过无线传输技术，可以通过运营商的3 G网络实现无线传输，用户可以通过笔记本、手机、PDA等无线终端随处查看视频。

1. 模拟微波传输

模拟微波传输就是把视频信号直接调制在微波的信道上（微波发射机，HD－630），通过天线（HD－1300LXB）发射出去，监控中心通过天线接收微波信号，然后再通过微波接收机（RECORD8200）解调出原来的视频信号。如果需要控制云台和镜头，就在监控中心添加相应的指令控制发射机（HD－2050），并在监控前端配置相应的指令接收机（HD－2060）。这种监控方式图像非常清晰，没有延时，没有压缩损耗，造价便宜，施工安装调试简单，在一般适合监控点不多，需要中继也不多的情况下使用。

2. 数字微波传输

数字微波传输就是先把视频编码压缩（HD－6001D），然后通过数字微波（HD－9500）信道调制，再通过天线发射出去；接收端则相反，由天线接收信号，进行微波解扩和视频解压缩，最后还原模拟的视频信号；也可在微波解扩后通过计算机安装相应的解码软件，用计算机软件解压视频，而且计算机还支持录像、回放、管理、云台和镜头控制、报警控制等功能。这种监控方式图像有 720×576 和 352×288 两种分辨率可供选择，前者造价更高，视频有 0.2~0.8 s 左右的延时，造价根据实际情况差别很大，但也有一些模拟微波不可比的优点，如监控点比较多、环境比较复杂、需要加中继的情况下，监控点比较集中，而且可集中传输多路视频，抗干扰能力比模拟系统要好一些。

四、高清摄像机的概念

随着摄像机成像技术的发展，摄像图像也越来越清晰。根据摄像机图像的质量效果，摄像机的发展分为标清、高清、全高清三个阶段。

1. 标清

标清是物理分辨率在 720p（1 280×720）以下的一种视频格式（D1/DCIF/CIF）。具体地说，是指分辨率在 400 线及以下的 VCD、DVD、电视节目等“标清”视频格式，即标准清晰度。

2. 高清

物理分辨率达到 720p（1 280×720）则称作高清（High Definition，HD）。720p 是指视频的垂直分辨率为 720 线逐行扫描，它作为高清的入门级标准；相当于 2.5 个 D1 的分辨率。高清网络摄像机通常被叫作百万、两百万像素摄像机，如图 2—9—5 所示。

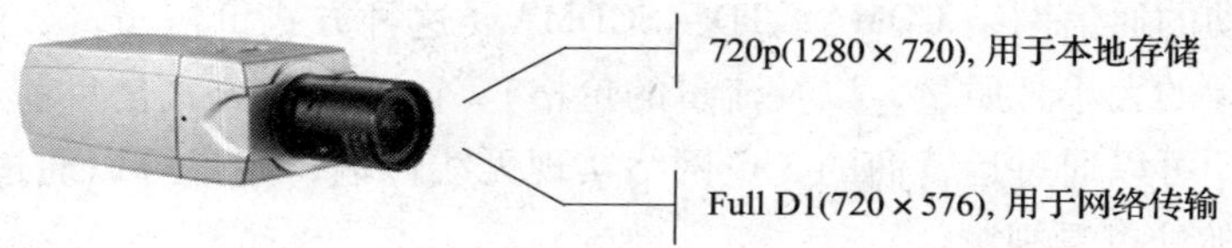

图 2—9—5　高清摄像机

3. 全高清

全高清英文为 Full HD，物理分辨率最高可达 1 920×1 080，分为 1 080p 与 1 080i 两种规格，显示设备水平分辨率均可达到 1 080 线。从视觉效果来看，1 080p 为最高规格的电视信号，其图像质量可达到或接近 35 mm 宽银幕电影的水平。1 080p 的图像分辨率相当于 6 个 D1 的分辨率。其中 1 080i 是指 1 080 线的隔行扫描，1 080p 是指 1 080 线的逐行扫描。

五、模拟视频监控系统与网络视频监控系统功能与工程设备对比

通过上述内容，可以比较出模拟视频监控系统与网络视频监控系统的功能区别，以及它们在工程施工上用到的设备区别，见表 2—9—1 和表 2—9—2。

表 2—9—1　　模拟视频监控系统与网络视频监控系统功能对照表

功能	模拟监控方案		数字监控方案	
	器材	线缆	器材	线缆
视频采集	硬盘录像机	从点到监控室距离等长线缆	视频服务器	摄像机与视频服务器距离等长线缆
音频采集		从点到监控室距离等长线缆		拾音器与视频服务器距离等长线缆
云台控制		从点到监控室距离等长线缆		云台与视频服务器距离等长线缆
电视墙显示	矩阵、矩阵控制器	需要视频线	数字视频矩阵（解码平台）	软件完成
视频录制	硬盘录像机	从矩阵至硬盘录像机距离等长线缆	中心控制台（主要由软件完成）	无须线缆
音频录制	硬盘录像机	从矩阵至硬盘录像机距离等长线缆		
现场开关控制		从矩阵至监控点距离等长线缆		

表 2—9—2　　模拟视频监控系统与网络视频监控系统设备对照表

序号	比较内容	模拟视频监控	网络视频监控	备注
		前端设备		
1	摄像机	√	√	
2	镜头	√	√	
3	监听器	√	√	
4	电源	√	—	可通过 POE 供电
5	护罩、支架套件	√	√	
		传输线缆		
1	视频线	√	—	网线传输
2	电源线	√	—	网线传输
3	音频线	√	—	网线传输
4	控制线	√	—	网线传输
5	网线	—	√	传统方式不需要网线，高清方式仅需要一条网线即可解决所有信号的传输
		后端设备（除后端通用设备外，不再列举）		
1	硬盘录像机	√	—	高清网络摄像机不再需要硬盘录像机
2	硬盘	√	√	
3	操作服务器	—	√	硬盘录像机不再需要操作用服务器

任务实施

学生分成若干项目小组，以小组为单位，选出项目经理，由项目经理领导小组成员，讨论视频监控系统技术的现状以及未来的发展趋势，也可通过查询互联网进行了解，认真填写表2—9—3。

表2—9—3　　视频监控系统的现状以及未来发展趋势

	视频监控系统的现状	视频监控系统的发展趋势
传输架构		
功能		
缺点		
优点		
面临的问题		

任务评价

根据对未来视频监控系统发展趋势的了解情况，完成表2—9—1后，填写评价表2—9—4，给出本任务完成情况的实习成绩。

表2—9—4　　系统发展趋势了解实训评价表

<table>
<tr><th colspan="2">评价项目</th><th>配分</th><th>自我评价</th><th>小组评价</th><th>教师评价</th></tr>
<tr><td rowspan="4">职业能力</td><td>能否掌握现今视频监控系统的架构</td><td>20</td><td></td><td></td><td></td></tr>
<tr><td>能否了解未来视频监控系统的架构</td><td>20</td><td></td><td></td><td></td></tr>
<tr><td>能否了解现今与未来视频监控系统的功能</td><td>20</td><td></td><td></td><td></td></tr>
<tr><td>能否总结未来视频监控系统的改进方向</td><td>20</td><td></td><td></td><td></td></tr>
<tr><td rowspan="4">通用能力</td><td>观察能力</td><td>5</td><td></td><td></td><td></td></tr>
<tr><td>动手能力</td><td>5</td><td></td><td></td><td></td></tr>
<tr><td>团队合作能力</td><td>5</td><td></td><td></td><td></td></tr>
<tr><td>自我提高能力</td><td>5</td><td></td><td></td><td></td></tr>
<tr><td rowspan="2">自我评价</td><td rowspan="2"></td><td>综合评分</td><td colspan="3" rowspan="2">本人签名：</td></tr>
<tr><td></td></tr>
</table>

续表

<table>
<tr><td colspan="2">评价项目</td><td>配分</td><td>自我
评价</td><td>小组
评价</td><td>教师
评价</td></tr>
<tr><td rowspan="2">小组
评价</td><td rowspan="2"></td><td>综合
评分</td><td colspan="3" rowspan="2">组长（项目经理）签名：</td></tr>
<tr><td></td></tr>
<tr><td rowspan="2">教师
评价</td><td rowspan="2"></td><td>综合
评分</td><td colspan="3" rowspan="2">教师签名：</td></tr>
<tr><td></td></tr>
</table>

项目三　入侵报警系统

入侵报警系统是指当防范区被非法侵入时引起报警的装置。入侵报警系统是用探测器对建筑内外重要地点和区域进行布防的。它可以及时地探测非法入侵，并且在探测到有非法入侵时，及时向有关人员示警。如门磁开关、玻璃破碎报警器等可有效探测外来的入侵，红外探测器可感知人员在楼内的活动等。一旦发生入侵行为，能及时记录入侵的时间、地点，同时通过报警设备发出报警信号。

案例

安防系统设计员小黄要为学校财务中心设计并安装一套入侵报警系统。财务中心平面图如图 3—0—1 所示。入侵报警系统的具体要求如下：

1. 对门、窗进行多重保护防范。

2. 发生入室抢劫时，财务工作人员可以隐蔽地发出报警信号等，并且考虑以其他可行的方式来防范入侵、偷盗行为。

3. 对财务中心的移动目标进行防范。

4. 对文件柜和保险箱进行重点防护。

5. 对其他可能的入侵方式进行防范。

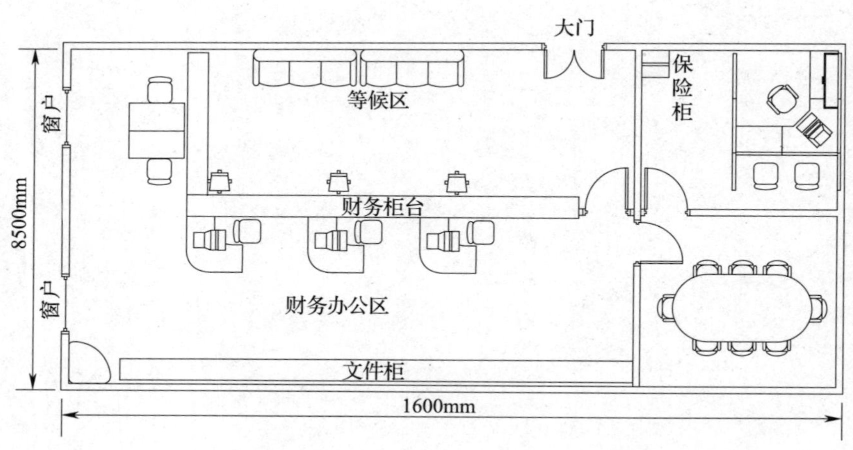

图 3—0—1　学校财务中心建筑平面图

学习目标

能根据本项目学到的知识，给楼内某一单元或者某栋建筑设计一套小型入侵报警系统，并能进行设备的安装、调试，以及常见故障的排除。

任务一　了解入侵报警系统的基本知识

任务描述

了解入侵报警系统的概念、运用范围、系统设备的组成，并做好相关记录。

基础知识

一、入侵报警系统基本组成

入侵报警系统通常由前端设备（包括探测器和紧急报警装置）、传输设备、处理/控制/管理设备和显示/记录设备构成。前端探测设备由各种探测器组成，是入侵报警系统的触觉部分，相当于人的眼睛、鼻子、耳朵、皮肤等，能够感知现场的温度、湿度、气味、能量等各种物理量的变化，并将其按照一定的规律转换成适于传输的电信号。操作控制部分主要是报警控制器。监控中心负责接收、处理各子系统发来的报警信息、状态信息等，并将处理后的报警信息、监控指令分别发往报警接收中心和相关子系统。

报警系统可以分为两大类。一类是独立和专门的报警系统，由报警探测器、报警主机和（或）报警监控中心三级组成，其基本结构如图 3—1—1 所示。另一类则是非独立的报警系统，其从属于视频监控系统或门禁控制系统。报警探测器的输出信号被送往视频监控系统或门禁控制系统的报警输入端口，并由它们完成对报警信号的接收、处理、复核、联动和上传，这实际上实现了报警系统与视频监控系统的集成或报警系统与门禁控制系统的集成。

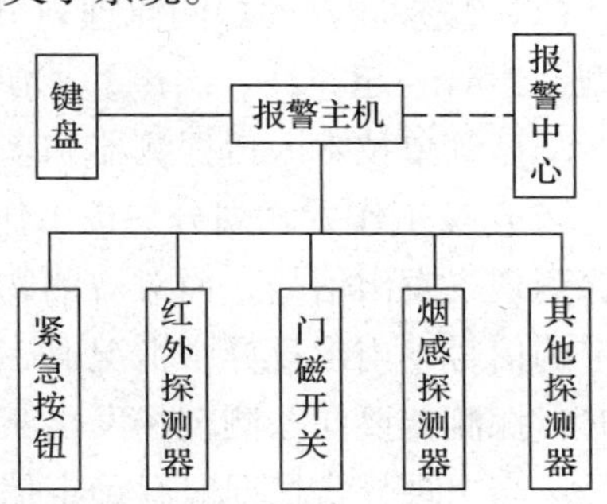

图 3—1—1　入侵报警系统结构示意图

二、入侵报警系统组建模式

根据信号传输方式的不同，入侵报警系统组建模式可分为以下模式：

1. 分线制

探测器、紧急报警装置通过多芯电缆与报警控制主机之间采用一对一专线相连。

2. 总线制

探测器、紧急报警装置通过其相应的编址模块与报警控制主机之间采用报警总线（专线）相连。

3. 无线制

探测器、紧急报警装置通过其相应的无线设备与报警控制主机通信，其中一个防区内的紧急报警装置不得多于4个。

三、入侵探测器

根据所要防范的场所和区域的不同，可选择不同的入侵探测器。一般来说，门窗可以安装门磁开关；卧室、客厅可以安装红外微波探头和紧急按钮；窗户可以安装玻璃破碎传感器；厨房可以安装烟雾报警器；报警控制主机应安装在房间隐蔽的地方，以便布防和撤防。报警主机可以进行编程，对报警单元的常开、常闭输出信号进行判别，以确认相应区域是否有报警发生。对于小区安防和金融单位，还需要安装电话拨号器，当意外发生时，可通过电话线路传送报警信息给公安、消防部门或房屋主人。

1. 探测器的分类与性能

目前，探测器的产品种类繁多，主要有红外探测器、微波探测器、双鉴探测器、玻璃破碎探测器、震动探测器、特种探测器等。

（1）按探测器的探测原理划分。按探测器的探测原理分为机械型（开关、震动）、声波型（声音、超声波、次声）、光线型（红外、微波、激光）、物理型（电磁、电缆）、视频运动型等单技术入侵探测器和多种技术复合入侵探测器。

（2）按工作方式划分。按工作方式分为主动和被动探测器。被动探测器工作时，不需向探测现场发出信号，而对被测物体自身存在的能量进行检测。正常时，接收传感器得到稳定的信号；当出现异常情况时，稳定信号被破坏，探测器发出报警信号。主动探测器工作时，探测器要向探测现场发出某种形式的能量，经反射或直射在传感器上形成一个稳定信号：当出现异常情况时，稳定信号被破坏，从而产生报警信号。

（3）按接线方式划分。按接线方式主要分为有线和无线两大类。

有线产品的优点在于专线专用，所以报警信号传输相对稳定，不易受到外界因素的干扰。探测器供电的稳定性更能保证系统工作的可靠。缺点在于明线会影响美观，布线施工工作量大，操作复杂、维修不便，需专人维护。需要提醒的是：如果是采用有线的方式，在条件许可的情况下，应尽可能多布几条备用线并在位置的确认上由专业人员来安排。

无线产品的优点在于不会破坏防护区域的整体美观，安装简单，操作简便，易于掌握。缺点在于报警信号会受到外界因素的干扰，导致报警信号的传输距离减小。无线探测器大多采用干电池供电，供电电压和电流的下降，也会影响探测器的探测距离和传输距离。由于供电采用的是干电池的模式，电量相对比较容易耗尽。而在实际使用过程中，往往不会注意到电量耗尽，从而使探测器失效，系统不能起到防护的作用。因此，建议能采用有线的情况下，尽量采用有线方案。

（4）按警戒范围划分。按警戒范围分为点型、线型、面型、空间型探测器。点型入侵

探测器警戒的是某一点，当这一监控点出现危害时发出报警信号；直线型入侵探测器警戒的是一条线，当这条警戒线上出现危害时发出报警信号；面型入侵探测器警戒范围为一个面，当警戒面上出现危害时发出报警信号；空间型入侵探测器警戒的范围是一个空间的任意处，当该空间内出现入侵危害时发出报警信号。

（5）按报警信号的传输方式划分。按报警信号的传输方式分为有线型和无线型探测器。探测器在检测到非法入侵者后，以导线或无线电两种方式将报警信号传输给报警控制主机。有线型与无线型的选取由报警系统或应用环境决定。所有无线探测器无任何外接连线，内置电池均可正常连续工作1~4年。

（6）按使用环境划分。按使用环境分为室内型和室外型探测器。室外型产品主要警戒露天空间或平面周界；室内型产品主要警戒室内空间区域或平面周界。

（7）按探测模式划分。按探测模式分为空间型和幕帘型探测器。空间型探测器警戒整个立体空间；幕帘型探测器警戒一个如同幕帘的平面周界。幕帘型探测器分为单幕帘、双幕帘和四幕帘三种。

2. 常见探测器

（1）热感红外线探测器。任何物体因表面温度的不同，都会辐射出强弱不等的红外线。因物体温度的不同，其所辐射的红外线波长也有差异。热感红外线探测器即用此方式来探测人体。红外探测主要用来探测人体和其他一些入侵的移动物体，当人体进入探测区域时，稳定不变的热辐射场被破坏，产生一个变化的热辐射信号，红外探测器接收后进行放大、处理，并发出报警信号。由于暖气、空调等电器的影响，红外探测器会产生误报，因此设备中又添加了微波探测器。

（2）微波物体移动探测器（见图3—1—2）。此类探测器利用高频无线电波的多普勒频移来作为侦测手段，适合于开放式空间或广场。微波是一种频率非常高的无线电波，波长很短，容易被物体反射。因此，根据入射波和反射波的频率漂移，就可以探测出入侵物体。

（3）门磁开关探测器。门磁开关是一种使用广泛、成本低、安装方便，而且不需要调整和维修的探测器。门磁开关分为可移动部件和输出部件两部分。可移动部件安装在活动的门窗上；输出部件安装在相应的门窗边框上，两者安装距离不超过10 mm。输出部件上有两条线，正常状态为常闭输出。门窗开启超过10 mm时，输出转换成为常开状态，从而发出入侵信号。

（4）玻璃破碎探测器。它利用压电式微音器，装于面对玻璃的位置，由于只对高频的玻璃破碎声音进行有效的检测，因此不会受到玻璃本身震动的影响而引起反应。

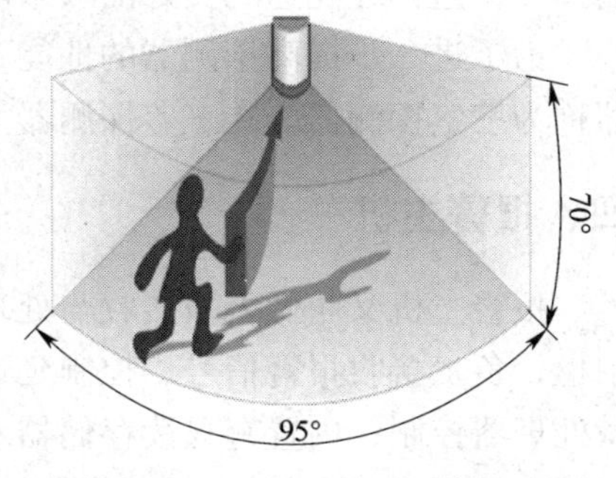

图3—1—2　微波物体移动探测器

（5）红外对射探测器（见图3—1—3）。红外对射探测器是利用光束遮断方式工作的探测器，当有人横跨过监控防护区时，会遮断不可见的红外线光束而引发警报。它常安装于室外围墙上方以及窗户外。它总是成对使用：一个发射，一个接收。发射机发出一束或多束人眼无法看到的红外光，以形成警戒线，有物体通过时，光线被遮挡，接收机信号发生变化，经放大处理后进行报警。红外对射探头要选择合适的响应时间：太短容易受到不必要的干扰，如小鸟飞过，小动物穿过等；太长会发生漏报。通常以 10 m/s 的速度来确定最短遮光时间。若人体的宽度为 20 cm，则最短遮断时间为 20 ms，大于 20 ms 报警，小于 20 ms 不报警。

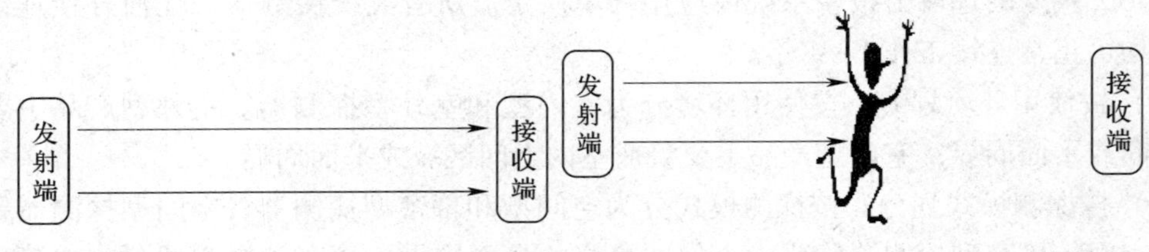

图 3—1—3　红外对射探测器

（6）烟雾报警探测器

烟雾报警探测器有光电式和离子式两种。前者利用烟雾遮挡光路发出报警，后者则利用自身的传感器感应空气中的离子浓度，不同的传感器可用于感知不同的气体（如煤气），常用的探测器有为了防火而设的探测碳离子浓度的烟感探测器等。

3. 双鉴探测器

为了克服单一技术探测器的缺陷，降低误报率，通常将两种不同技术原理的探测器整合在一起，只有当采用两种探测技术的传感器都探测到人体移动时才报警的探测器称为双鉴探测器。市面上常见的双鉴探测器以微波 + 被动红外探测器（常称为红外微波探测器）居多，另外还有红外 + 空气压力探测器和音频 + 空气压力探测器等产品。

红外微波探测器是报警系统中常用的设备之一，其工作原理集红外和微波探测器于一身。当红外和微波探测器同时有报警信号时，探测器才会有报警输出，从而降低了误报的可能。红外微波探测器有多种型号，对应不同的探测距离，有的探测区域是一个扇形，有的探测区域是一个狭长地段（如走廊），有的是 360° 探测。一定要根据具体需要选择合适的型号，这样才能达到良好的效果。探测器的灵敏度一般是可以调节的。

为了进一步提高探测器的性能，在双鉴探测器的基础上又增加了微处理器技术的探测器称为三鉴探测器。在三鉴探测器上再增加另一种技术的探测器称为四鉴探测器。

四、报警主机

报警主机又叫做警报接收与处理主机或防盗主机、报警控制器等，它是报警探测器的中枢，负责接收报警信号、控制延迟时间、驱动报警输出等工作。现代的防盗主机都采用微处理器控制，内置有只读存储器和数码显示装置，普遍能够通过键盘进行编程。它将某区域内的所有防盗防侵入探测器组合在一起，形成一个防盗管区（简称防区），一旦发生报警，则在防盗主机上可以一目了然地反映出区域所在。

1. 报警主机的一般功能

（1）防区输入能力。多个防区、多种防区类型。一个防区是可独立区分的，并具有一定的响应方式的防护区域。

（2）控制能力。布防（外出布防、留守布防）、撤防、防区旁路。

（3）输出能力。信号、通信。

2. 报警主机一般功能的设定

通过键盘编程设定报警控制器的各项功能：①防区编程，设定防区范围及其类型，大型主机还要设定防区子系统属性。②使用者编程，设定可授权使用的用户（密码、遥控装置等）。③通信编程，设定通信方式、通信对象电话号码、通信格式等。④其他编程，警号时间设定、联动输出设定等。

五、电子商品防盗系统

电子商品防盗系统（Electronic Article Surveillance，EAS）是目前大型零售行业广泛采用的商品安全措施之一。EAS 于 19 世纪 60 年代中期在美国问世，最初应用于服装行业，现在已经扩展全世界 80 多个国家和地区，应用领域也扩展到百货、超市、图书等各种行业，尤其是在大型超市（仓储）的应用得到充分的开发。

EAS 系统主要由三部分组成：检测器（Sensor）、解码器（Deactivator）和电子标签（Electronic Label and Tag）。电子标签分为软标签和硬标签，软标签成本较低，直接黏附在较“硬”商品上，软标签不可重复使用；硬标签一次性成本较软标签高，但可以重复使用。硬标签需配备专门的取钉器，多用于服装类等柔软的、易穿透的物品。解码器多为非接触式设备，有一定的解码高度，当收银员收银或装袋时，电子标签无须接触消磁区域即可解码。也有将解码器和激光条码扫描仪合成到一起的设备，做到商品收款和解码一次性完成，方便收银员的工作，此种方式需和激光条码供应商相配合，排除二者间的相互干扰，提高解码灵敏度。未经解码的商品，在经过检测器装置（多为门状）时，会触发报警，从而提醒收银人员、顾客和商场安保人员及时处理。

六、入侵报警系统传输方式

信号的传输方式有串行通信和并行通信。对于较长距离的通信，一般采用串行通信。对于控制信号，根据具体设备要求选用 RS－232、RS－485、RS－422 等不同的串行总线通信方式。基于专业的总线形式的防盗报警系统目前运用广泛，其连接用线缆一般也应用护套软线（RVV）和屏蔽电线（RVVP），二者的区别主要是是否带有屏蔽功能。

任务实施

通过使用互联网以及查阅专业图书资料等途径来了解入侵报警系统的基础知识，并做好详细记录。学习内容如下。

1. 了解入侵报警系统的概念及基本组成，建议搜索关键词为“入侵报警系统”。

2. 了解报警探测器的主要类型及用途，建议搜索关键词为“报警探测器类型和用途”。

3. 了解常见报警探测器的主要参数以及使用范围，建议搜索关键词为“报警探测器”。

4. 了解报警主机的分类、用途及主要性能指标，建议搜索关键词为“报警主机”。

5. 了解报警探测器上紧急按钮的作用及使用方法，建议搜索关键词为“报警探测器紧急按钮”。

6. 理解和掌握以上所学到的入侵报警系统设备的组成以及相关设备的知识，并做好详细记录，填写表3—1—1。

表3—1—1　　入侵报警系统概念实训记录表

记录项目名称	记录的内容
入侵报警系统的概念及基本组成	
入侵报警系统主要类型及用途	
常见入侵探测器的主要参数及使用范围	
报警主机的分类和用途	
报警主机的主要性能指标	
紧急按钮的作用及使用方法	

任务评价

对了解和掌握入侵报警系统的概念、系统设备软硬件组成等基本知识的情况进行总结评价，并填写表3—1—2，给出本任务完成情况的实习成绩。

表3—1—2　　入侵报警系统学习评价表

评价项目		配分	自我评价	小组评价	教师评价
职业能力	能否准确理解入侵报警系统的概念及基本组成	20			
	能否准确理解入侵报警系统的主要类型及用途	15			
	能否准确理解常见入侵探测器的主要参数及使用范围	15			
	能否准确理解报警主机的分类和用途	10			
	能否准确理解报警主机的主要性能指标	10			
	能否准确理解紧急按钮的作用及使用方法	10			
通用能力	观察能力	5			
	动手能力	5			
	团队合作能力	5			
	自我提高能力	5			

续表

评价项目		配分	自我评价	小组评价	教师评价
自我评价		综合评分	本人签名：		
小组评价		综合评分	组长（项目经理）签名：		
教师评价		综合评分	教师签名：		

任务二　了解入侵报警系统的性能和参数

任务描述

观察入侵报警系统设备实物，并在进行报警主机的布防操作后，实施各种触发报警动作，记录入侵报警系统的性能和参数。

基础知识

一、报警主机与控制键盘

报警主机主板的外形如图 3—2—1 所示，其内部连接原理示意图可参考图 3—2—2（DS7400 主板）；控制键盘外形图如图 3—2—3 所示。

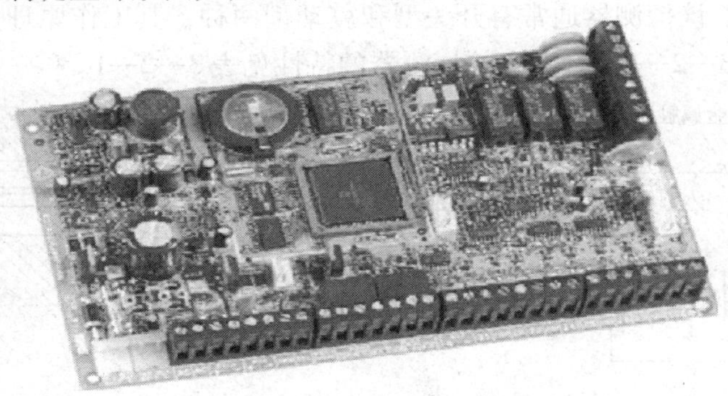

图 3—2—1　报警主机主板外形图

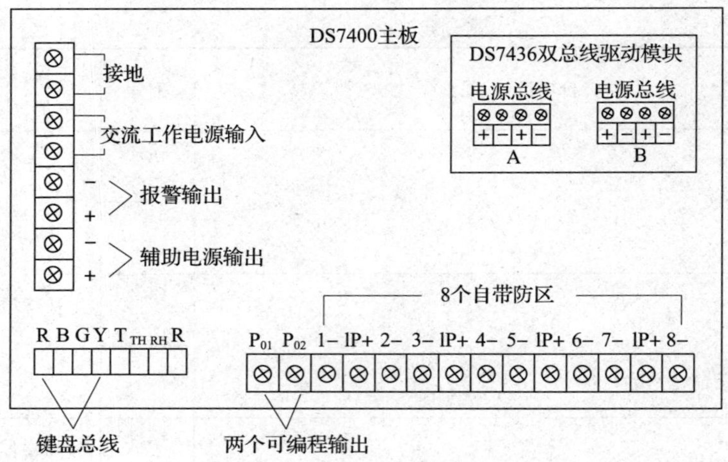

图 3—2—2 报警主机主板连接示意图

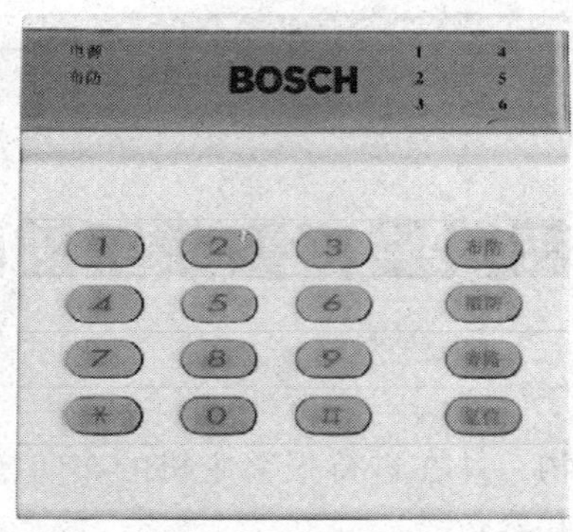

图 3—2—3 控制键盘外形图

二、入侵探测器的汇总与比较

1. 开关点型探测器

对于门窗、柜台、展橱、保险柜等防范范围仅是某特定部位使用的入侵探测器，一般为点型入侵探测器。该探测器通常有开关型和震动型两种，其工作原理如图 3—2—4 所示，安装方式可参考图 3—2—5。开关点控探测器的特性见表 3—2—1。

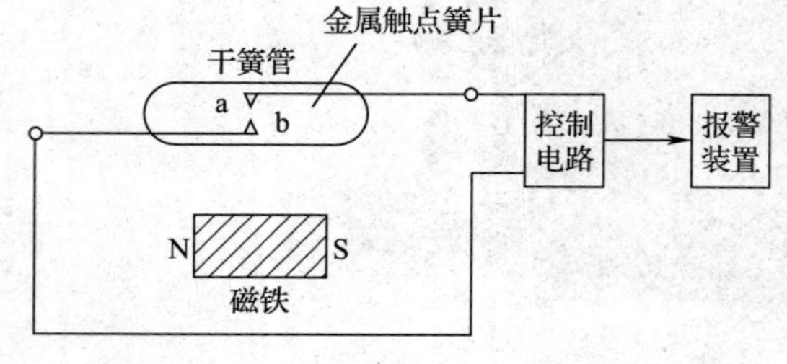

图 3—2—4 开关点控探测器工作原理图

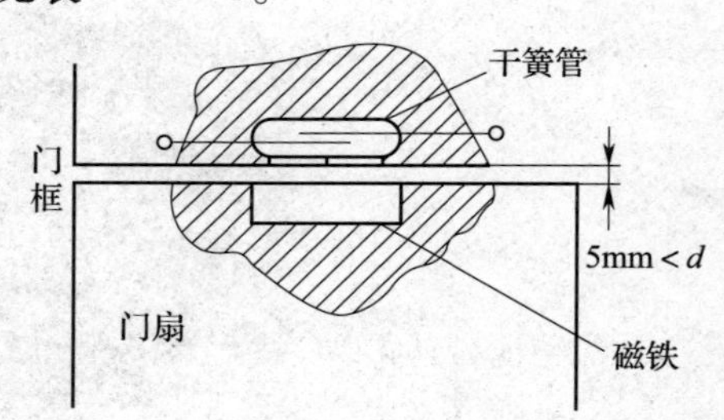

图 3—2—5 开关点控探测器安装图

表 3—2—1　　开关点控探测器的特性

名称	适应场所	主要特点	适宜的工作环境和条件	不适宜的工作环境和条件	宜选下列技术器材
开关点控探测器	各种门、窗、抽屉等	体积小、可靠性好	非强磁场存在环境，门窗缝隙不能过大	强磁场存在环境，门窗缝隙过大的建筑物	在铁制门窗使用时，宜选用铁制门窗专用门磁开关

2. 周界（线型）探测器

直线型入侵探测器是指警戒范围为一条线束的探测器。当这条警戒线上的警戒状态被破坏时，探测器即发出报警信号。最常见的直线型报警探测器有红外入侵探测器及激光入侵探测器。周界（线型）探测器的特性比较见表 3—2—2。

表 3—2—2　　周界（线型）探测器的特性比较

名称	适应场所	主要特点	适宜的工作环境和条件	不适宜的工作环境和条件	宜选下列技术器材
主动红外入侵探测器	室内、室外（一般室内机不能用于室外）	红外线，便于隐蔽	室内周界控制；室外“静态”干燥气候	室外恶劣气候；收发机视线内可能有遮挡物的场所	双光束或四光束鉴别技术
阻挡式微波探测器	室内、室外周界控制	受气候影响较小	无高频电磁场存在场所；收发机间不能有可能的遮挡物	收发机间可能有遮挡物的场所；高频电磁波（微波频段）存在的场所	报警控制器宜有智能鉴别技术
震动电缆探测器	室内、室外均可	可与室内外各种实体周界配合使用	非嘈杂震动环境	嘈杂震动环境	报警控制器宜有智能鉴别技术
泄漏电缆探测器	室内、室外均可	可随地形变化埋设	两探测电缆之间无活动物体；无高频电磁场存在的场所	高频电磁场干扰环境	报警控制器宜有智能鉴别技术

3. 面型式入侵探测器

面型式入侵探测器的警戒范围为一个面，当警戒面上出现入侵目标时即能发出报警信号。面型式入侵探测器的特性比较见表 3—2—3。

表 3—2—3　　面型式入侵探测器的特性比较

名称	适应场所	主要特点	适宜的工作环境和条件	不适宜的工作环境和条件	宜选下列技术器材
电动式震动探测器	室内、室外均可	灵敏度高、被动式	远离震源	地质板结的冻土地或土质松软的泥土地	所选用报警控制器需有信号比较和鉴别技术
压电式震动探测器	室内、室外均可，多用于墙壁或天花板上	被动式	远离震源	时常引起震动或环境过于嘈杂的场所	智能鉴别技术
声探—震动玻璃破碎双鉴探测器	室内：用于各种可能产生玻璃破碎的场所	误报警少（与单术技玻璃破碎探测器相比）	日常环境场所	环境过于嘈杂的	双—单转换型；智能鉴别技术

4. 空间型入侵探测器

空间型入侵探测器是指警戒范围是一个空间的报警器。当这个警戒空间任意处的警戒状态被破坏时，即发出报警信号。空间型入侵探测器的特性比较见表 3—2—4。

表 3—2—4　　空间型入侵探测器的特性比较

名称	适应场所	主要特点	适宜的工作环境和条件	不适宜的工作环境和条件	宜选下列技术器材
被动红外入侵探测器	室内空间型：有吸顶式、壁挂式，楼道式、幕帘式等	被动式（多台交叉使用互不干扰）、功耗低、可靠性较好	日常环境有噪声；温度在 15 ~ 25℃时探测效果最佳	背景有热变化，如冷热气流、强光间歇照射等；背景温度接近人体温度；强电磁场干扰场合；小动物频繁出没的场合	自动温度补偿技术；抗小动物干扰技术；防遮挡技术；抗强光干扰技术；智能鉴别技术
微波—被动红外双鉴探测器	室内空间型：有吸顶式、壁挂式、楼道式等	误报警少（与被动红外入侵探测器相比）、可靠性较好	日常环境有噪声；温度在 15 ~ 25℃时探测效果最佳	现场温度接近人体温度时，灵敏度下降；强电磁场干扰情况；小动物出没频繁的场合	双—单转换型；自动温度补偿技术；防遮挡技术；抗小动物干扰技术；智能鉴别技术
声控单技术玻璃破碎探测器	室内空间式：壁挂式等	被动式、仅对玻璃破碎等高频声响敏感	日常环境有噪声	环境嘈杂，附近有金属打击声、汽笛声、电钟声等高频声	智能鉴别技术

续表

名称	适应场所	主要特点	适宜的工作环境和条件	不适宜的工作环境和条件	宜选下列技术器材
微波多普勒型探测器	室内空间型：壁挂式	不受声、光、热的影响	可在环境噪声较强，光变化、热变化较大的条件下工作	防护现场不适宜有活动物和可能活动物；不适宜简易房间或临时展厅使用；不适宜在高频（微波段）电磁场环境中使用	平面天线技术；智能鉴别技术
声控—次声波玻璃破碎双鉴探测器	室内空间型（警戒空间要有较好的密封性）	误报警少（与单技术玻璃破碎探测器相比可靠性较高）	密封性较好的室内	简易或密封性不好的室内	智能鉴别技术

三、常见入侵报警系统设备

常见的入侵报警系统一般由智能报警主机、烟感探测器、红外探测器、红外对射探测器等部分组成，见表3—2—5。

表3—2—5　　常见入侵报警系统设备表

产品名称	产品描述	图例
智能报警主机	含键盘、内置电源；布防、周界布防、单防区布防、延时布防、远程布防5种布防设置；AC 220 V供电，12 V 7 A·h蓄电池，最多可接4个键盘；定时布撤防、强制布防、单防区布撤防；可设置16路防区	
烟感探测器	联网；DC 12 V供电；声光报警；常闭输出	
红外探测器	广角110°；壁挂安装；抗干扰、抗误报；具有温度补偿功能；常闭输出；DC 12 V供电；8～12 m范围可调；角度104°	
红外对射探测器	双光束室外探测距离100 m	

续表

产品名称	产品描述	图例
有线紧急按钮	常闭输出；标准的 86 盒安装；钥匙复位	
有线玻璃破碎探测器	壁挂安装；DC 12 V 供电	
有线门磁	工作距离 60 ~70 mm；常闭输出	

四、传输信号线的选择

前端探测器到报警控制器之间如距离较近时（如住户报警系统），一般可采用二芯安装线 RVV 2 ×0.3（信号线）以及 RVV 4 ×0.3（二芯信号线 + 二芯电源线）进行连接（见表 3—2—6）；如距离较远时（如周界红外报警系统），连接前端探测器到报警探测器之间的线缆要采用导体截面积较大的线缆，如聚氯乙烯护套软线 RVV 2 ×1.5 或屏蔽电线 RVVP 2 ×1.5。采用屏蔽或非屏蔽的线缆要视线路的外界干扰情况而定，而报警控制器与终端监控中心之间一般采用的也是二芯信号线缆，至于用屏蔽电线、双绞线还是普通护套线，要根据各品牌设备的具体要求来确定，导体截面积的大小则根据报警控制器与监控中心的距离来定，首先得确保报警设备与监控中心的距离符合各种品牌设备规定的长度。在整个报警区域比较大、总线肯定不符合要求的条件下，可以将报警区分为若干分区，确定每个区域分控中心的位置，确保分区符合总线要求，并确定总监控中心位置和分区监控中心的位置，确定分区到总监控中心的通信方式是采用 RS－232 至 RS－485 转换传输，还是采用 RS－232 至 TCP/IP 转换传输，是利用小区的综合布线系统传输。分区的管理软件是采用 TCP/IP 网络转发给总监控中心的单独系统传输。

表 3—2—6　　传输信号线的选择

报警传输信号线	RVV 2 ×0.5	二芯不带屏蔽	
	RVVP 2 ×1.0	二芯带屏蔽	

五、报警指挥中心

联网报警中心系统和指挥调度系统组成报警指挥中心，一般设置在管理处安保监控中心，24 小时有人看守，遇有警情，立即赶往发生警情地进行确认和处理。

如图 3—2—6 所示为入侵报警系统的设备连接。

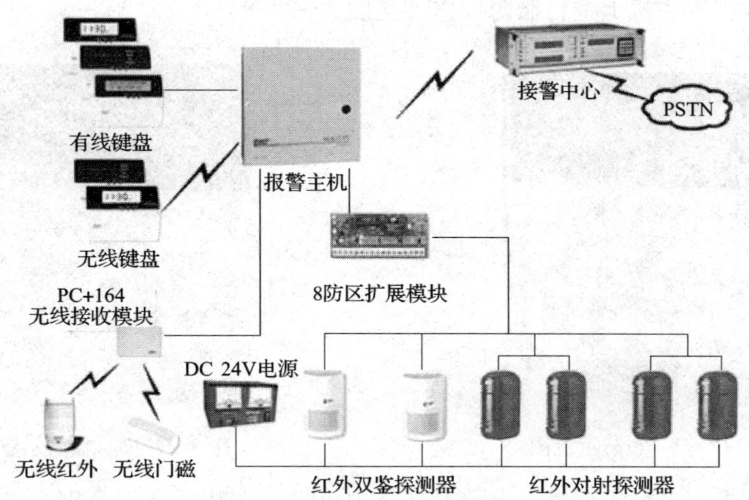

图 3—2—6 入侵报警系统设备连接示意图

任务实施

一、在安防实训室，切断设备总电源并挂上维修标志牌。

二、认真观察安防实训设备中的入侵报警系统模块。

三、记录入侵报警系统模块设备的主要情况，填入表 3—2—7。

表 3—2—7 入侵报警系统模块实训设备清单

序号	设备名称	设备品牌及型号	主要性能参数	备注

四、观察设备之间的连接情况，记录各设备之间线缆的种类和型号，绘制出实训装置中的电气连接图。

五、确认设备正常的情况下，接通电源。

六、在入侵报警系统实训模块上，对报警主机进行布防操作（见图 3—2—7），用书本或者手掌在红外对射探测器中间进行伸缩动作（见图 3—2—9），观察键盘的反应和是否有报警声，然后在报警主机上进行撤防操作（见图 3—2—8）。

图 3—2—7　布防示意图

图 3—2—8　撤防示意图

七、在入侵报警系统实训模块上，对报警主机进行布防操作，分别在其他不同的探测器上进行触发报警的动作（见图 3—2—4、图 3—2—5），观察键盘的反应和是否有报警声，然后在报警主机上进行撤防操作。

八、在报警主机上，将红外对射探测器进行旁路设置，然后再进行如图 3—2—9 所示的触发动作，观察是否报警；再进行如图 3—2—10、图 3—2—11 所示的触发动作，观察键盘的反应和是否有报警声。最后进行报警主机恢复初始状态操作。

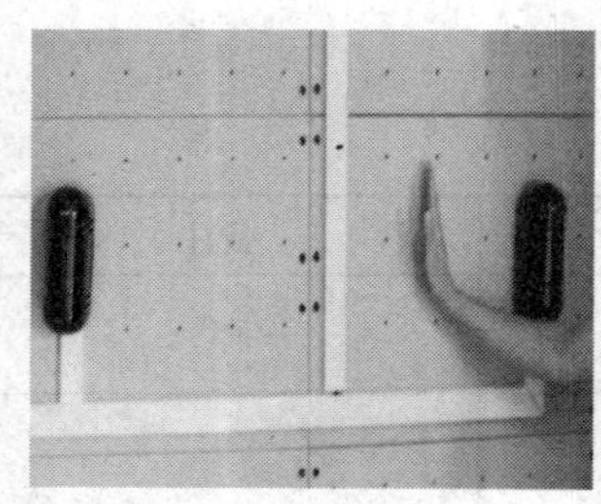

图 3—2—9　红外对射触发

图 3—2—10　红外触发

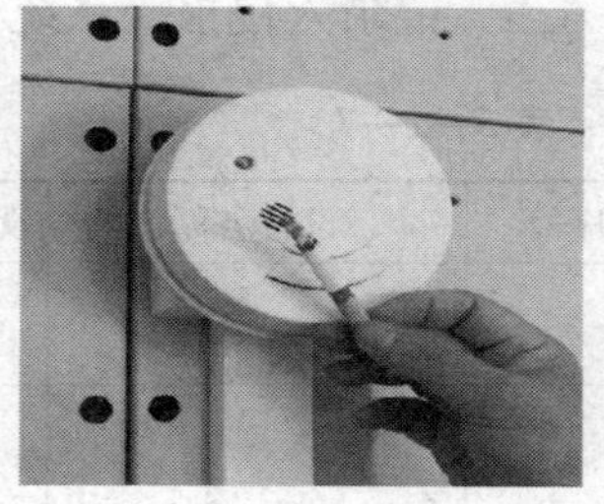

图 3—2—11　烟感触发

九、通电验收检查后，整理现场，复原设备，填写设备使用记录，移交设备，实训结束。

任务评价

对了解和掌握入侵报警系统的概念、系统设备软硬件组成等基本知识的情况进行总结评价，并填写表 3—2—8，给出本任务完成情况的实习成绩。

表 3—2—8　　入侵报警系统实训评价表

<table>
<tr><th colspan="2">评价项目</th><th>配分</th><th>自我评价</th><th>小组评价</th><th>教师评价</th></tr>
<tr><td rowspan="5">职业能力</td><td>能否准确记录实训室里入侵报警系统设备及型号</td><td>10</td><td></td><td></td><td></td></tr>
<tr><td>能否准确记录各设备名称和型号</td><td>20</td><td></td><td></td><td></td></tr>
<tr><td>能否准确写出设备的主要性能参数</td><td>15</td><td></td><td></td><td></td></tr>
<tr><td>能否正确掌握设备之间的电气连接</td><td>15</td><td></td><td></td><td></td></tr>
<tr><td>能否掌握报警主机的布防、撤防、旁路的设置</td><td>10</td><td></td><td></td><td></td></tr>
<tr><td rowspan="2">安全文明操作</td><td>安全操作（未切断总电源并挂上维修标志牌则该项任务不及格；违反一项操作规程则扣 5 分，违反两项则该项任务不及格）</td><td>5</td><td></td><td></td><td></td></tr>
<tr><td>现场整理与设备移交等（未移交设备以及未清理现场扣 5 分，现场清理不干净扣 2 分）</td><td>5</td><td></td><td></td><td></td></tr>
<tr><td rowspan="4">通用能力</td><td>观察能力</td><td>5</td><td></td><td></td><td></td></tr>
<tr><td>动手能力</td><td>5</td><td></td><td></td><td></td></tr>
<tr><td>团队合作能力</td><td>5</td><td></td><td></td><td></td></tr>
<tr><td>自我提高能力</td><td>5</td><td></td><td></td><td></td></tr>
<tr><td rowspan="2">自我评价</td><td rowspan="2"></td><td>综合评分</td><td colspan="3" rowspan="2">本人签名：</td></tr>
<tr><td></td></tr>
<tr><td rowspan="2">小组评价</td><td rowspan="2"></td><td>综合评分</td><td colspan="3" rowspan="2">组长（项目经理）签名：</td></tr>
<tr><td></td></tr>
<tr><td rowspan="2">教师评价</td><td rowspan="2"></td><td>综合评分</td><td colspan="3" rowspan="2">教师签名：</td></tr>
<tr><td></td></tr>
</table>

任务三　入侵报警系统的设备选型及方案设计

任务描述

根据本项目案例的要求和所学知识，进行入侵报警系统设备的选型以及方案设计。

基础知识

入侵报警系统一般由入侵探测器、入侵报警控制器和接警中心（硬件 + 软件）组成。它的最简单形式是本地（家庭、单位等）报警系统，该系统的组成部分为入侵探测器、本地报警控制器，以及声光报警器。

复杂的入侵报警系统可以有上千个入侵探测器（见图 3—3—1、图 3—3—2），接警系统则由分散在各地（各区域）的入侵报警控制器与报警中心的接警机组成。中心接警机有

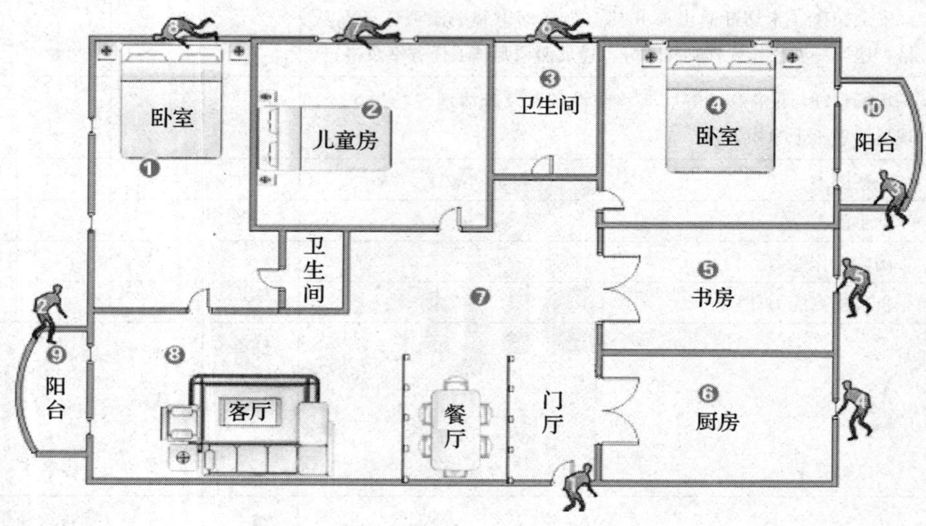

图 3—3—1　家庭容易入侵部位示意图

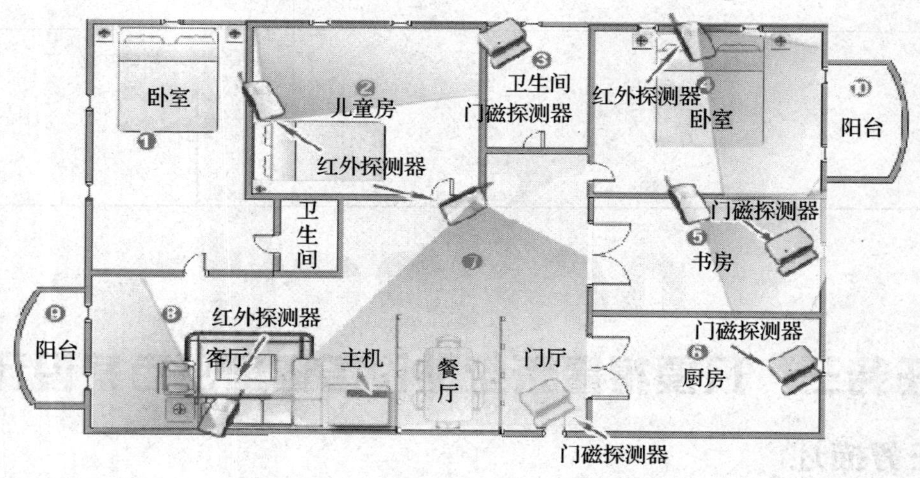

图 3—3—2　常见家庭入侵报警布置示意图

警情通报、时间显示、信息存储、报警、输出等功能，并有带地址码的报警信息输出至计算机；计算机中的数据库将提供报警单位（地区）、报警时间、报警类别、报警单位的信息（地址、电话、单位负责人或联系人）、具体报警点和该点使用的入侵探测器。同时，内有预警功能，可通知处警，以及处警后汇报和销案、进行处理结果的存储以及处警人员和处警时间及详细情况的记录。复杂系统常常还有与电子地图GIS的联动、与GPS系统的联动、与视频监控系统、门禁、巡更等系统的联动。

一、一般设计要求

1. 应对设防区域的非法入侵进行实时监控，确保可靠、正确无误地报警和复核。杜绝漏报，尽量降低误报率。

2. 系统应设置紧急报警装置和留有与“110”指挥调度中心联网的接口。

3. 系统应能按时间、部位、区域任意编程。

4. 系统应能显示报警部位、区域、时间，能打印记录、存档备查，并能提供与报警联动的监控电视、灯光照明等控制的接口信号，能通过多媒体实时显示报警现场的位置图像。

5. 入侵报警系统主要用于对重要出入口的入侵警戒、周界防护及建筑物内区域、空间防护和对贵重实物目标的防护。

二、设计原则

1. 系统必须具有故障自动检测功能，配备用电源。报警器应装设在入侵者不易到达的位置，连接报警器的线路最好采用暗敷方式。

2. 探测器应尽量安装在不显眼处，维护检修时应易于及时发现。

3. 连接导线应尽量敷设在不显眼处，或装在入侵者不易到达的地方。

4. 系统应尽量采用标准部件，以便于系统的维护、检修。

5. 系统应当符合我国有关的国家标准，采用集散型结构，通过总线方式将报警控制中心与现场控制器连接起来。探测器则应分别连接到现场控制器上。在难以布线的局部区域宜采用无线通信设备。

6. 系统应采用多层次、立体化防卫方式，目标保护不能有监控盲区。

三、入侵探测器的选择

目前，市场上有各种各样的入侵探测器。探测器的分类方法也不尽一致。应按防护场所的地理特征、外部环境及警戒要求，选用适当的探测器。现按警戒范围分类来谈谈如何选择合适的探测器。

1. 点控制型

点控制型探测器的警戒范围为某些特定的点。如需要警戒的门、窗、柜台、展览厅的展柜等。点控制型探测器通常采用微动开关或磁控开关式探测器，这种探测器是由开关传感器和相关电路组成的。安装在门、窗、柜等部位就能探测到入侵者的入侵行为。

2. 线控制型

线控制型探测器的警戒范围为某些特定的线。其应用领域为需要警戒的仓库、工厂、小区的周界等。典型的线控制型报警器有主动式红外入侵探测器和激光入侵探测器。这种探测器是在其发射端发射出一串红外光或激光，经反射或直射到接收端上，如中间任意处被阻挡，探测器就发出报警信号。主动式红外探测器和激光探测器相比，使用寿命长、价格低而且调整方便。但应注意的是在选用主动式红外探测器时应充分考虑到工作环境可能会影响到其探测距离和灵敏度。

3. 面控制型

面控制型探测器的警戒范围为某些特定的面。其应用领域为需要警戒的仓库、金库、财务室、档案室的某一对外开放面等。震动式或感应式探测器常被用作面控制型探测器。典型的面控制型探测器有玻璃破碎探测器和震动式探测器。震动式探测器探测入侵者触及墙面、玻璃、铁丝网或隔离网时产生的震动，发出报警信号。无论入侵者从被保护面的哪一个地方入侵，探测器均能报警。电磁感应式探测器，如电场畸变探测器（主要用于户外的周界防范，能在恶劣环境中工作，抗干扰能力强）也常用作面控制型探测器。适当地安装主动式红外探测器或激光探测器，也可以构成面控制型探测器。

4. 空间控制型

空间控制型探测器的警戒范围为某个特定空间。其应用领域为需要警戒的仓库、金库、财务室、档案室、博物馆、武器库等。典型的空间控制型探测器如多普勒探测器。利用多普勒效应，入侵者从这种探测器警戒空间的任何一处进入，并在防范区域内移动时，移动人体反射的超声波将引起探测器报警。超声波、红外、视频运动式入侵探测器等常用作空间控制型探测器。

四、报警控制器的选择

报警控制器是入侵报警控制系统的核心。报警控制器性能的稳定性、可靠性决定了系统性能的优劣。控制器由信号处理器和报警装置组成，一般都是以微处理器为核心的。报警控制器直接与各种报警探测器相连，接收探测器送来的报警信号，经分析、判断，确定报警信号的性质。控制器一方面对现场报警点进行操作和控制，另一方面向报警控制中心发送有关的报警信息，在报警控制中心显示或打印记录相关的报警信息，并采取相应的措施，避免产生更大的损失。

报警控制器还具有与报警控制中心通信的功能，可通过网络连接构成集中监控报警系

统。报警控制器的选用应根据防范系统的大小、功能，以及防护级别来确定。若防护范围较小，防护点也少，则可选用小型报警控制器。如防护区域较分散，采用无线发射探测器系统，则控制器应有多路无线接收功能。若防护区域很大，保护监控点很多，则应采用区域报警控制器或集中报警控制器。对于一般的小型用户，其防护的部位很少，如银行的金库、学校的财会室、档案室、较小的仓库、智能住宅的家庭安全防范等，可采用小型报警控制器。小型报警控制器一般具有以下功能：①提供4~8路报警信号、4~8路声控复核信号，经功能扩展后，能从接收天线接收无线传输的报警信号。②能在任何一路信号报警时，发出声光报警信号，并能显示报警部位、时间。③有自动、手动声音复核或电视、录像复核功能。④具有系统自查能力；⑤市电正常供电时能对备用电源充电，断电时能自动切换到备用电源上，以保证系统正常工作，另外还有欠压报警功能。⑥具有延迟报警功能。⑦能向区域报警中心发出报警信号。⑧能存入2~4个紧急报警电话号码。发生异常情况时，能自动依次向紧急报警电话发出报警信号。

对于一些相对较大的工程系统，要求的防护区域较大；防护的点也较多，如高层写字楼、高级住宅小区、大型仓库等。此时可选用区域报警控制器或集中报警控制器。大型报警控制器不仅具有小型控制器的一般功能，还具有很多特点：①可扩充防区，可混合使用分线、总线、无线连接方式。②具有多元化的输入方式。③可划分多个子系统，可使用多个键盘控制各个子系统；④用户可自定义临时时间表，可设置自动设防/撤防时间，可自动控制继电器开关，可对使用者按时间分组限制进入系统。⑤可由输出模块提供多个继电器输出，可编程为数十种驱动方式。⑥可自动记录存储所有类型系统动作与状态，并由键盘显示或打印输出。⑦可通过遥控编程软件在远程控制设防/撤防。⑧可设置多个密码，分级别控制。⑨内置通信器，支持多种通信格式。⑩可提供点对点输出的地图版驱动器。⑪可附加电话遥控模块。

五、报警控制中心设计

报警控制中心是入侵报警系统的核心。它安装在监控室内，包括微型计算机，配有专用控制键盘、大屏幕彩色显示器、录像机、打印机、电话机、UPS（不间断电源）等设备。它把多个区域的入侵报警控制器联系在一起，不仅能接收各个区域入侵报警控制器送来的信息，而且还能向各区域控制器送去控制命令。它可以形成较大型的局域网络系统，适用于建筑物较大的入侵报警系统。

六、家庭安防系统设计

家庭安防系统（Home Security System）是指通过各种报警探测器、报警主机、摄像机、读卡器、门禁控制器、接警中心及其他安防设备为住宅提供入侵报警系统服务的一个综合性系统。它包含了三大子系统：闭路监控电视子系统、门禁子系统、入侵报警子系统（见图3—3—3）。另外需要说明的是一个好的家庭安防系统需要一个综合型的接警中心。

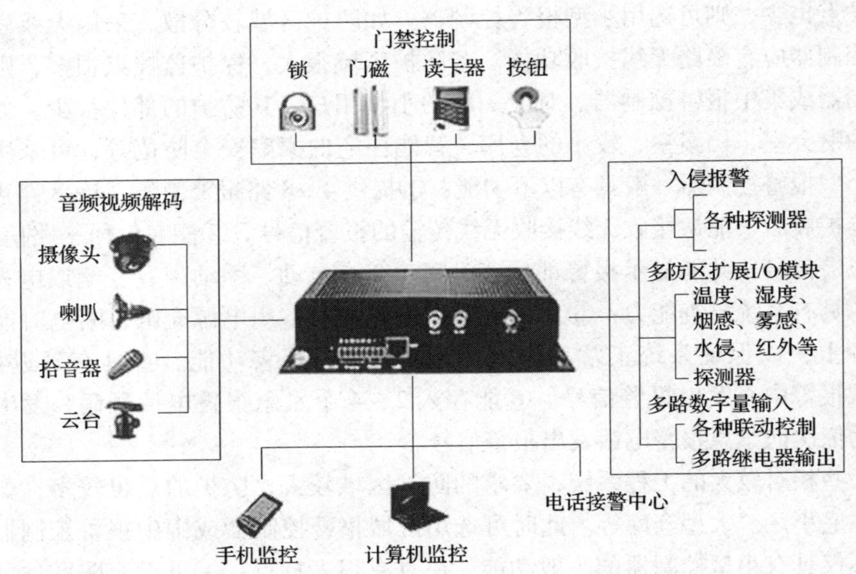

图 3—3—3　家庭安防系统结构图

家庭安防系统具有以下子系统功能：

1. 闭路监控电视子系统

闭路监控电视子系统在住宅小区安防系统建设中占有重要的位置，属于小区安全防范的第一道防线。一般来说，闭路监控系统是由发展商为整个小区建设的，很少针对业主的住宅建设监控系统，这就需要业主自行建设该系统。摄像机按照主流的技术可分为模拟摄像机和网络摄像机，采用模拟摄像机只能在住宅内联网监视、录像和回放，如果需要远程监控则需要采用网络摄像机（至少需要采用视频服务器）。采用网络摄像机而住宅没有固定的真实 IP 地址时，如果业主要通过远程（一般是指互联网）监控自己的住宅，则首先需要申请宽带上网服务，然后购买一台支持动态域名解析（比如内置“花生壳”软件）的路由器，再申请一个动态解析的域名（网上有很多免费的域名提供商，比如“花生壳”）。业主可以通过标准浏览器访问预先申请的域名，这样就可以访问家中的摄像机了。

2. 门禁子系统

门禁系统一般在大型的住宅小区中都有建设，尤其是全封闭管理的小区。但是开发商很少为每户住宅建设门禁系统，主要原因是成本高，而且一旦门禁不能开门则比较麻烦，还需要使用钥匙开门，失去门禁本身的意义了。不过住户还是可以根据实际需要建设该系统。读卡器可选用卡片式也可以选用指纹式，如果家中有老人或者是儿童则建议不要选用指纹读卡器。

3. 报警子系统

报警子系统由报警探测器、报警主机和接警中心构成。报警子系统除了报警门锁之外，还有一个功能比较实用，那就是紧急报警按钮。一旦发生抢劫或者健康问题（突发病人情况），业主可以通过紧急报警按钮进行报警，为了排除误报的可能性，接警中心会通过对讲系统和业主联系以确认报警，如果是误报情况，则进行系统撤防。

4. 警情处理控制系统

当家中出现非法入侵或煤气泄漏等警情信息后，本地会发出声光报警信息，同时系统主机会拨打电话、发送短信、彩信、抓拍现场图片给多个指定的用户手机；用户收到警情信息可第一时间拿起手机或计算机查看家中监控的任意画面，并可以通过手机或计算机对家中的摄像机、报警器、智能家电进行控制。该系统无须计算机即可独立完成监控录像、防盗报警、智能家居等功能。

任务实施

一、学生分成若干项目小组，以小组为单位，选出项目经理，由项目经理依据各成员的特点对人员进行分工，指定现场安全员、现场工程师、现场质量管理师、现场材料员、项目业务人员等。

二、由项目经理领导小组成员与业主（教师）进行沟通，了解业主的需求，填写客户需求表3—3—1。

表3—3—1　　入侵报警系统客户需求表

项目名称	内容
业主需求描述	（如：各报警点的设置、报警主机的位置、设备投入的大致预算等）
任务情景解决思路描述	（如：预选报警探测器的类型及保护层次的安排等）

三、根据本项目案例提供的材料以及客户需求情况，模拟进行实地勘察，绘制实地建筑平面图。

四、根据本项目案例图样，确定系统类型（分线、总线、无线的组建模式），绘制系统结构图。

五、根据报警探测点的实际需求情况，如各防护点的入侵防护要求、距离等，确定所需探测器的种类与数量，填写表3—3—2。

六、根据信息点位置特点和用户要求，进行前端系统配置与预算，选配前端设备，填写表3—3—3。

表 3—3—2　　所需探测器分类表

编号	位置分布	需求分类说明	产品类型	单位	数量	备注

表 3—3—3　　前端系统配置表

编号	产品名称	产品型号	单位	数量	预算单价	预算小计	备注

七、根据信息点和控制中心的位置和距离，进行传输系统配置与预算，选配传输系统设备和线材，填入表 3—3—4。

表 3—3—4　　传输系统配置表

编号	产品名称	产品型号	单位	数量	预算单价	预算小计	备注

八、根据系统类型、信息点数等要求进行后端设备配置与预算，选配后端设备，填入表 3—3—5。

表 3—3—5　　后端设备配置表

编号	产品名称	产品型号	单位	数量	预算单价	预算小计	备注

九、用表格形式列出所需要的设备辅助材料清单，见表 3—3—6。

表 3—3—6　　设备辅助材料清单

编号	产品名称	产品型号	单位	数量	预算单价	预算小计	备注

十、运用相关工程绘图软件，根据勘测数据，在原来的平面示意图基础上，绘制探测器的布置图。

十一、根据所掌握的入侵报警系统的传输方法、报警主机的知识，再结合探测器的布置图，编制总任务工程材料清单，做出预算表 3—3—7。

表 3—3—7　　入侵报警系统预算表

类型	规格说明	品牌型号	数量	单位	预算单价	预算小计	备注
设备清单							
对射探测器							
红外探测器							
烟感探测器							
门磁开关							
紧急按钮							
玻璃破碎探测器							
报警主机							
LCD 键盘							
PVC 管							
PVC 线槽							
电源线							
控制线							
其他耗件							
工程实施费用							
管道安装费							
布线施工费							
调试安装费							
税金							
工程总造价							

十二、根据本项目案例业主的要求以及上述步骤完成的实地勘察、设备选型、系统预算等工作情况，再补充相关资料，进行入侵报警系统设计方案的编写。

任务评价

对本项目案例的实地勘察、设备选型、系统预算等的完成以及方案设计情况进行总结，填写表 3—3—8，给出本任务完成情况的实习成绩。

表 3—3—8　　系统方案设计实训评价表

评价项目		配分	自我评价	小组评价	教师评价
职业能力	与业主沟通是否清楚	5			
	建筑平面图绘制的效果	5			
	前端设备的选型与预算	10			
	传输系统设备的选型与预算	5			
	后端系统的设备选型与预算	10			
	辅助材料的选型与预算	5			
	能否正确绘制信息点分布图	10			
	编制总任务工程材料清单	10			
	系统概述的编写	5			
	施工计划的编写	5			
	方案的书写步骤	5			
	方案的排版质量	5			
通用能力	观察能力	5			
	动手能力	5			
	团队合作能力	5			
	自我提高能力	5			
自我评价		综合评分	本人签名：		
小组评价		综合评分	组长（项目经理）签名：		
教师评价		综合评分	教师签名：		

任务四　入侵报警系统的安装及调试

任务描述

根据任务三中编制的方案，在实训模拟墙上进行入侵报警系统的设备安装、线路安装、设备连接以及系统调试。

基础知识

一、报警系统探测器安装注意事项

1. 选择合适的安装位置

探测器能否正常工作与其周围的环境有着密切的关系，因此，如何选择合适的安装位置应当引起所有安装人员的高度重视。探测器的最佳安装位置应由安装人员根据现场的实际情况确定，而没有一成不变的方案可循。一般可以从如下几个方面予以考虑：

（1）探测器周边的物体

1）安装部位应避开误报源。避免直接将探测器安装在可能造成误报的物体附近，譬如冷/热源（空调器、电冰箱、加热设备等）、荧光灯和通风口等都必须尽量远离。

2）避免误报因素进入探测视区。不论是挂壁式还是吸顶式探测器，均应避免其探测视区直接指向门窗、运动的机械设备（风扇）、荧光灯以及冷/热源（空调器、电冰箱、加热设备等），这一点对防止误报是很重要的。在邻近街面且有门窗的建筑物内安装更应注意避免这种情况。

（2）基本原则

1）挂壁式探测器应朝向室内，避免正对门窗安装。

2）吸顶式探测器安装时应尽量远离门窗，以防止探测区延伸到室外。

3）探测视区边缘可能误报的因素之间最好能预留保护区。

注意：除非事先用贴纸将朝向户外的探测视区屏蔽掉，否则禁止将吸顶式探测器安装在靠近门窗的天花板上。安装时应避免将带有俯视区的探测器安装在货架、家具、镜框等物体的正上方。因为老鼠有可能从这些物体上面爬过，由于距探测器过于接近，会造成误报。

（3）探测器最为灵敏的安装位置

1）挂壁式探测器的特点。当目标沿着横向切割红外视区的方向行走时，探测器最为灵敏；而面对或者背向探测器行走，探测器的反应是最迟钝的。当目标沿着平行微波方向行走时，探测器最为灵敏。

2）吸顶式探测器的特点。以探测器为圆心，当目标面向或者背向圆心（探测器）行走时，探测器反应最为迟钝。当绕着圆心行走时，探测器反应最为灵敏。

因此，为了提高探测的灵敏度，最好将挂壁式探测器安装在被保护目标（譬如门或窗）侧面的墙壁上，使目标进入特别保护区域后，能够最大限度地切割红外视区。同样，对吸顶式探测器也应根据其特点选择最佳的安装位置。

注意，目前许多工程人员在安装过程中的一个常见误区是：要看住某一扇门或窗，就将探测器正对着门或窗安装。实际上这样的安装方式并不能很好地发挥探测器的性能。因为面对着探测器行走，探测器的反应是最为迟钝的，另外，正对着门或窗安装还容易造成误报。

2. 安装高度

一般挂壁式探测器的安装高度为2.3 m。吸顶式探测器的安装高度为2.4 ~4.8 m。

注意：应根据天花板的高度来选择合适的环形镜片；当天花板高度为2.4 ~3.3 m时，不需要更换环形镜片；当天花板高度为3.65 ~4.8 m时，需要更换另外一个环形镜片。建议参考探测器说明书中指明的安装高度。

3. 安装表面的牢固性

安装探测器的物体表面应牢固。避免将探测器安装在晃动（抖动）的天花板、墙面、柱子或支架上，否则有可能引起误报。

二、入侵报警系统工程调试的步骤

1. 调试前的准备

（1）断电、挂上“设备检修”标志牌。

（2）按正式设计文件的规定查验已安装设备的规格、型号、数量、备品备件等。

（3）检查探测器、控制器的错线、虚焊、开路或短路等。

（4）在通电前应检查系统供电设备的电压、极性、相位等。

2. 工程调试

工程调试一般分为单机调试、系统调试、现场校验和系统联调4个步骤。

（1）单机调试

1）红外对射探测器

①参数调整。入侵报警探测器安装完毕，应供给直流电源进行单机调试，调整工作状态。步行测试调节应按报警探测器说明书进行。主要应测试入侵报警探测器工作范围、有无防范死角，根据测试结果进行探测器工作状态（探测角度、灵敏度等）的调整。红外对射探测器安装方式如图3—4—1所示。

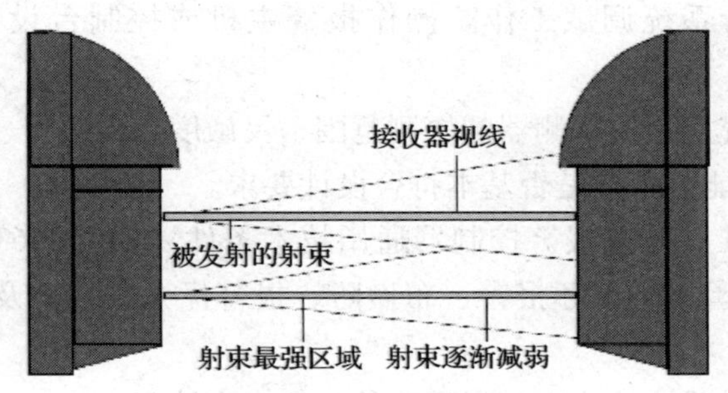

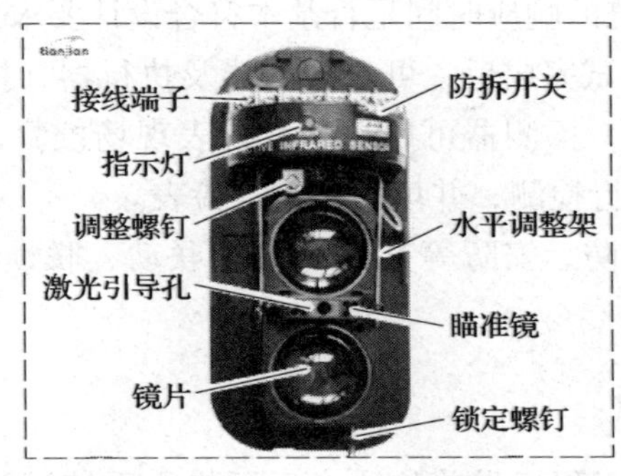

图 3—4—1　红外对射探测器安装方式

②设防后调试。可在设防后，在红外对射探测器的发射端与接收端之间插入一物体，触发报警，观察主机和键盘的动作。

2）红外幕帘探测器

①参数调整

a）取下入侵报警探测器外罩，将 LED 通顺插针取下，插在“ON”位置，探测灵敏度选择应插在标准（STANDARD）灵敏度位置。

b）盖好探测器外罩，从不同角度、位置和高度进行步行测试。

c）打开外罩，调整 PIR 灵敏度选择插头位置。检查微波范围调节电位器及垂直和水平角度是否满足测试要求。

d）将 LED 发光二极管指示插针插在“OFF”位置，并盖好外罩。检查是否留有探测盲区和空隙。若探测器具有防宠物功能，应检查防宠物功能是否满足设计要求。

e）紧固调整螺钉，固定连接线，禁止在防范范围外以任何方式触及连接线外露部分。

f）灵敏度调节不宜过于灵敏，探测范围不宜过大。

红外幕帘探测器灵敏度调节如图 3—4—2 所示。

②设防后调试。即在设防后，对红外探测器进行调试操作，通过身体在红外探测器前的走动或手在红外探测器前的摆动，触发红外探测器发出报警信号。观察报警主机、操作键盘的动作。

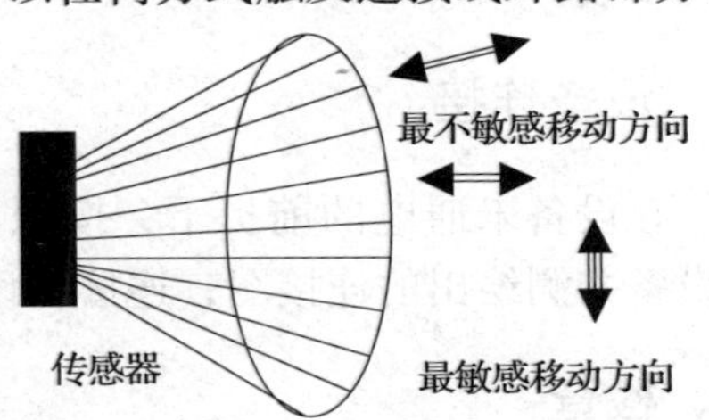

图 3—4—2　红外幕帘探测器灵敏度调节

（2）系统调试。当前端设备均调试完成后，应对各种有源设备逐个进行通电检查。工作正常后，就可进行系统调试工作。操作报警主机或控制台设备，逐个检查系统功能。

1）检查与调试系统所采用探测器的探测范围、灵敏度、误报警、漏报警、报警状态后的恢复、防拆保护等功能与指标是否基本符合设计要求。

2）按国家现行标准《防盗报警控制器通用技术条件》GB 12663—2001 的规定，检查控制器的本地及异地报警、防破坏报警、布撤防、报警优先、自检及显示等功能是否基本符合设计要求。

3）检查紧急报警时系统的响应时间是否基本符合设计要求。

（3）现场校验。工程调试完成后，可对探测器及执行器、报警主机及系统功能（含系统联动功能）进行现场测试，探测器可用高精度仪表现场校验，使用报警主机改变给定值或用信号发生器对执行器进行检测，并填写系统自检表。

（4）系统联调。有与消防、安防等其他子系统联动、联锁的，需进行系统联合调试、功能现场校验。

三、入侵报警系统试运行

工程调试完成后，经与工程建设单位协商后可投入系统试运行，应由建设单位或物业管理单位派出的管理人员和操作人员进行试运行，认真做好值班运行记录、系统试运行记录；并应保存系统试运行的原始记录和全部历史数据。

试运行应连续通电进行。在试运行考验期间，应随时注意前端设备和系统控制设备的运行情况，出现问题立即停机，查找原因，进行排除。应注意各种设备的温升、电源电压和电流的变化情况。

任务实施

一、设备安装

切断设备总电源并挂上维修标志牌。按照图 3—4—3 所示的实训模块设备布置图进行设备安装，包括各种设备的安装、线缆在模拟墙上的布置、后端管理设备在控制台里面的安装。

图 3—4—3　实训模块设备布置图

二、设备连接

在设备未通电的前提下，按照项目三的任务一要求观察设备并测绘出的连接图，连接各设备。

三、检查

用目视与仪表仔细检查设备之间是否完好连接，保证

设备间无断线和短路现象。系统连接好后，尝试系统上电并检查，注意设备有无冒烟、是否有异味等，如果出现异常，则马上断电检查；如无异常，则进入系统调试。

四、系统调试

1. 通过键盘编程，对实验室的探测器设备设置相对应的防区类型。具体编程方式参照实验室中该款产品的说明书。

防区类型说明如下：

屏蔽防区：类型码为“0”，设置“0”后，此防区无效。

立即防区：类型码为“1”，布防后，触发了立即防区就会立即报警。

24 h 防区：类型码为“2”，一直处于激活状态，不论布防与否，只要触发就立即报警。

火警防区：类型码为“3”，一直处于激活状态，不论布防与否，只要触发就立即报警。

求助防区：类型码为“4”，在布防或撤防的情况下，此防区被触发，会直接向报警中心报警或者通过电话报警，但不就地报警。

警情发布：类型码为“5”，只要触发该防区，系统会将报警信号发往所有报警模块和报警主机的输出台上。

延时防区：类型码为“6”，在布防状态下触发该防区，如果在键盘进入延时的时间内没有撤防，则立即报警。如果在键盘进入延时的时间内，有多个延时防区被触发，则第一个被触发的防区在报警同时，其他被触发的延时防区也都随之报警。

2. 探测器调试与操作。按任务一中探测器的操作步骤，对各种探测器进行触发动作，观察键盘的反应并注意是否有报警声。

五、整理与复原

通电验收检查后，整理现场，复原设备，填写设备使用记录，移交设备，实训结束。

六、工程实训验收

1. 如果在检查过程中发现问题，则需要填写问题记录表 3—4—1 并进行整改。

表 3—4—1 验收检查问题记录表 编号：

检查问题记录	问题原因及整改措施	完成时间	备注

2. 填写施工项目验收报告表3—4—2。

表3—4—2　　　　施工项目验收报告表

编号：

<table>
<tr><td>工程名称</td><td colspan="4"></td></tr>
<tr><td>建设单位</td><td colspan="2"></td><td>联系人</td><td></td></tr>
<tr><td>地址</td><td colspan="2"></td><td>电话</td><td></td></tr>
<tr><td>施工单位</td><td colspan="2"></td><td>联系人</td><td></td></tr>
<tr><td>地址</td><td colspan="2"></td><td>电话</td><td></td></tr>
<tr><td>项目负责人</td><td colspan="2"></td><td>施工周期</td><td></td></tr>
<tr><td>工程概况</td><td colspan="4"></td></tr>
<tr><td>现存问题</td><td colspan="2"></td><td>完成时间</td><td></td></tr>
<tr><td>改进措施</td><td colspan="4"></td></tr>
<tr><td rowspan="2">验收结果</td><td>主观评价</td><td>客观测试</td><td>施工质量</td><td>材料移交</td></tr>
<tr><td></td><td></td><td></td><td></td></tr>
<tr><td>验收结论</td><td colspan="4"></td></tr>
<tr><td>施工单位</td><td colspan="2"></td><td>建设单位</td><td></td></tr>
<tr><td>负责人签字</td><td colspan="2"></td><td>负责人签字</td><td></td></tr>
<tr><td>日期</td><td colspan="2"></td><td>日期</td><td></td></tr>
</table>

任务评价

对入侵报警系统设备的安装以及系统调试情况进行总结，填写评价表3—4—3，给出本任务完成情况的实训成绩。

表3—4—3　　　　入侵报警系统安装与调试实训评价表

评价项目		配分	自我评价	小组评价	教师评价
职业能力	前端设备安装	10			
	传输设备安装	10			
	后端设备安装	10			
	安装是否符合国家技术标准与规范	5			
	线路及整体安装效果	5			
	调试综合效果	20			
	能否准确记录验收检查问题	5			
	能否完成施工项目验收报告	5			

续表

<table>
<tr><th colspan="2">评价项目</th><th>配分</th><th>自我评价</th><th>小组评价</th><th>教师评价</th></tr>
<tr><td rowspan="2">安全文明操作</td><td>安全操作（未切断总电源并挂上维修标志牌则该项任务不及格；违反一项操作规程则扣5分，违反两项则该项任务不及格）</td><td>5</td><td></td><td></td><td></td></tr>
<tr><td>现场整理与设备移交等（未移交设备以及未清理现场扣5分，现场清理不干净扣2分）</td><td>5</td><td></td><td></td><td></td></tr>
<tr><td rowspan="4">通用能力</td><td>观察能力</td><td>5</td><td></td><td></td><td></td></tr>
<tr><td>动手能力</td><td>5</td><td></td><td></td><td></td></tr>
<tr><td>团队合作能力</td><td>5</td><td></td><td></td><td></td></tr>
<tr><td>自我提高能力</td><td>5</td><td></td><td></td><td></td></tr>
<tr><td rowspan="2">自我评价</td><td rowspan="2"></td><td>综合评分</td><td colspan="3" rowspan="2">本人签名：</td></tr>
<tr><td></td></tr>
<tr><td rowspan="2">小组评价</td><td rowspan="2"></td><td>综合评分</td><td colspan="3" rowspan="2">组长（项目经理）签名：</td></tr>
<tr><td></td></tr>
<tr><td rowspan="2">教师评价</td><td rowspan="2"></td><td>综合评分</td><td colspan="3" rowspan="2">教师签名：</td></tr>
<tr><td></td></tr>
</table>

任务五　入侵报警系统常见问题分析及故障排除

任务描述

入侵报警系统进入调试阶段、试运行阶段以及交付使用后，有可能出现各种异常现象。本任务要求讨论并分析可能的故障，观察实际故障现象，检查故障设备，分析实际故障原因并排除。

基础知识

一、误报警原因分析及对策

1．误报警的产生原因分析

没有出现危险情况而报警系统发出报警信号即为误报警。报警系统的误报率是指在一定时间内系统误报警次数与报警总次数的比值。误报警产生的原因包括：

（1）报警设备故障或质量不佳引发的误报警。报警产品在规定的条件下、规定的时间内不能完成规定的功能即称为故障。故障的类型有损坏性故障和漂移性故障。损坏性故障又包括性能全部失效和突然失效，通常是由元器件的损坏或生产工艺不良（如虚焊等）而造成的；漂移性故障是指元器件的参数和电源电压的漂移所造成的故障。事实上，环境温度、元件制造工艺、设备制造工艺、使用时间、储存时间及电源负载等因素都可能导致元器件参数的变化，进而产生漂移性故障。

无论是损坏性故障还是漂移性故障，二者都将使系统误报警。要减少由此产生的误报警，选用的报警产品就必须符合有关标准的要求。

（2）报警系统设计不当引起的误报警。选择好设备是系统设计的关键，报警器材有适用范围和局限性，选用不当就会引起误报警。例如，震动探测器靠近震源就容易引起误报警；电铃声和金属撞击声等高频声有可能引起单技术玻璃破碎探测器的误报警。因此，要减少误报警，就必须选择好报警器材。

设备器材安装位置、安装角度、防护措施及系统布线等方面设计不当也会引发误报警。例如，将被动红外入侵探测器对着空调、换气扇安装，室外用主动红外探测器没有适当的遮阳防护，报警线路与动力线、照明线等强电线路间距小于 1.5 m 时未加防电磁干扰措施，都有可能引起系统的误报警。

（3）环境噪扰引起的误报警。由于环境噪扰引起的误报警是指报警系统在正常工作状态下产生的误报警。例如，热气流引起的被动红外入侵探测器的误报警、高频声响引起的单技术玻璃破碎探测器的误报警、超声源引起的超声波探测器的误报警等。

（4）施工不当引起的误报警，包括以下几种情况：

1）没有严格按设计要求施工。

2）设备安装不牢固或倾角不合适。

3）焊点有虚焊、毛刺现象，或屏蔽措施不得当。

4）设备的灵敏度调整不佳。

5）施工用检测设备不符合计量要求。

（5）用户操作不当引起的误报警。用户使用不当也可能引起报警系统的误报警。例如，未插好的装有门磁开关的窗户被风吹开、工作人员误入警戒区、不小心触发了紧急报警装置、系统值机人员误操作、未注意工作程序的改变等都可能是导致系统误报警的原因。

2. 降低误报率的措施与途径

（1）采用双鉴式探测器。为了减少采用单一探测原理装置产生的误报，途径之一是采用双鉴式探测器，也就是基于两种技术原理的复合式报警探测器。据统计，双鉴探测器与单技术探测器相比，误报率降低 400 倍。此外，也可以采用两次信号核实的自适应式双鉴探测器或以两组完全独立的红外探测器双重鉴证来减少误报。有的厂商还推出了微波 + 红外 + 其他技术的三鉴、四鉴以及多鉴探测器。

（2）采用智能微处理器技术。采用智能微处理器技术可进一步降低误报率，使探测装置智能化。

1）探测器内装微处理器。探测器内装有微处理器，能够智能分析人体移动速度和幅度，即根据人体移动产生信号的振幅、时间长度、峰值、极性、能量等信号，与CPU内置的移动/非移动信号特性数据库做比较，如果不符合特性，则立即将其排除：如果属移动信号，则再进一步分析移动的类型，从而做出是否输出报警或者等待下一组信号的决断。

2）微处理器故障自动转换。在双鉴探测器内，当一种传感器技术发生故障时，能自动转换成以另一种传感器技术为基础的单技术探测器。有些产品还采用灵敏度均一的菲涅尔光学透镜与S波段微波相结合来使探测器能准确地区分人与动物的移动。

3）微处理器温度补偿。对于被动红外探测器，以微处理器控制数字式温度补偿，可实现温度的全补偿，并有非常理想的跟踪性，可克服因温度升降而导致的误报和漏报。同时，采用全数字化探测方案，即被动红外探测器上的微弱模拟信号不经模拟电路放大和滤波等处理，而是直接转换为数字信号，再输入功能强大的微处理器中，并在软件的控制下完成信号的转换、放大、滤波和处理，从而获取不受温度影响和没有变形的高纯度、高精度及高信噪比的数字信号，之后再通过软件对信号的性质及室内背景的温度与噪声量做进一步分析，最终决定是否报警。此措施提高了探测器对环境的适应性。

此外，对于因工作原理造成的误报、漏报，还可采取下述有利于提高可靠性的措施。

4）由使用单一式或双式热电器件改为使用4个、8个等多个器件。对于因背景温度变化、其他不规则光等造成的同时向多个器件输入信号的情况，可采用进行消除处理的误报解除技术。另外，还可利用多个器件减少因老鼠等小动物造成的误报。

5）排除任何瞬间的误报功能。在一定时间内，只有检测出多个检测脉冲时才报警。一般情况下，探测区域由几条线形警戒区（敏感光带）构成，入侵者在警戒范围内要通过几条感光带时才有效。因此，也可设定2~6个脉冲。

6）灵敏度自动调整功能。夏天，背景温度与人体表面温度之间的差别较小，考虑到探测灵敏度下降的问题，有的探测器可以根据周围温度情况自动调整探测灵敏度。

7）提高信息处理的精确度。一般情况下，热电器件的信号输出为一个功率。不过，现在已研制出一种新的热电器件，即在一个热电器件中配置几个器件，并且能把一个个器件信号分别独立地取出来。利用这种新型器件，就可以根据一个个输出电子和时间差信息，按照独特的算法处理原则进行探测判断。有了这种高可靠性的探测器，就能将误报、漏报减少到最低限度。

8）增加防宠物功能。三维柱形光学系统技术能将影像按高度分解，以供探测器做数字化分析。这种目标特征影像识别（TST）技术能够区分人与宠物，同时不损失探测灵敏度。TST技术使探头允许宠物在防护区域内自由活动，甚至可以爬到家具上。

（3）工艺和技术上的改进。可以在制造工艺和技术开发上做改进，以提高检测能力。一些高可靠性低价位的新型探测技术始终处在开发之中，例如，微功耗的防盗雷达扫描技术等。

1）密封处理。在含红外源的探测器中，对红外源做全密封处理，从而能够防止气流干扰。

2）自动调整报警阈值。有的探测器能自动调整报警阈值，通过可调脉冲数来减少误报和漏报，以克服各类电磁波对其的干扰。例如，采用双边独立浮动阈值技术 IFT，仅当检测到频率为 0.1～10 Hz 的人体信号时，才将报警阈值固定在某一数值，超过此数值则触发报警；对非人体信号，则视为干扰信号，此时报警阈值随干扰信号的峰值自动调节但不发出报警信号。

有的探测器装有精密的电子模拟滤波器来消除交流电源干扰或用电子数字滤波器来减少电子干扰，更有在将高频率的动态数字采样后，由微处理器软件来分辨射频/电磁干扰，并将干扰与移动信号相分离的技术。

3）四元热释电传感器。有的探测器采用四元热释电传感器或独特的算法使之具有防止小动物触发误报的机制和功能。

4）防遮盖功能。有些探测器具有独特的防遮盖功能，即在 1 m 内发生的遮盖或破坏探测器的企图都将触发报警，探测器的球形硬镜片能增大所封锁的角度和范围，准确接收任何方向的信号。

5）多功能探测器。将微型摄像机与探测传感器相结合形成多功能探测器，将更为全面有效。例如，由带针孔镜头的扳机式 CCD 摄像机与双元红外及微音监听器构成的产品。

6）多工作频率微波探测器。此类探测器有三个微波工作频率可供选择，分别为 10.515 GHz、10.525 GHz、10.535 GHz。这样在某一区域内安装多只微波探测器时，便不会产生同频干扰。

此外，采用 K 波段（24 GHz）微波探测可有效地降低微波的穿透能力，减少环境干扰，既提高了灵敏度，也降低了误报率。

（4）对外部环境的修正与改进。主动红外对射光束遮断式探测器利用了波长为 0.72～1.5 μm 的近红外线在大气中衰减小，而且由于它偏离了可见光区域，因此有在黑夜也不引人注目的特征。为了提高可靠性，需对下述各种外部干扰采取对策。

1）树叶、鸟等飞来物。应采用同时遮断几条光束的报警方式，即遮断一条光束时不报警，当同时遮断两条光束或把 4 条光束当作一对光束同时遮断时才报警。采用这种方法可以防止因小动物飞来而发生的误报。

2）自然光源和人工光源。如果太阳光、雷光等自然光源和水银灯、车头灯等人工光源照射到受光器上，那么接收投射光的受光部便使用经过特殊波形处理的脉冲波形的红外线，对投光器发射的红外光进行频率识别，通过这种方法排除因其他不规则光造成的误报。

3）雾、雨等造成的衰减。下雾或下雨等，会使红外线发生不规则反射，因此使受光灵敏度产生很大的剩余。具体来说，就是将通常的受光量切断 75%，也能保持警戒。在距离方面，较之正常情况，通常具有 10～20 倍的剩余。另外，在有霜、凝结水珠等现场还放置了投、受光器；此外，有的探测器还在固定柱的红外线透射部分使用了按规定温度工作的加热器。

4）相互干扰。在建筑用场地周围警戒时，由于多段警戒和长距离直线警戒使投射的红外光进入另一警戒范围，从而造成了误报、漏报。对于这种情况，应该在改变各个投光器的调制频率后，由受光器进行识别。因此，要准备能够切换为几种频率的通道，并努力提高各个通道的隔离技术。

（5）避免或减少各种因素对探测器的影响

环境干扰及其他因素引起误报警的情况见表3—5—1，对应选择合适的方式可避免或减少各种因素对探测器的影响。

表3—5—1 环境干扰及其他因素引起误报警的情况

环境干扰及其他因素	超声波探测器	被动式红外探测器	微波探测器	微波—被动红外双技术探测器
震动	平衡调整后无问题，否则有问题	极少有问题	可能成为主要问题	没有问题
湿度变化	若干	无	无	无
温度变化	少许	有问题	无	无（被动红外探测器已温度补偿）
大件金属物体的反射	极少	无	可能成为主要问题	无
门窗的抖动	需仔细放置、安装	极少	可能成为主要问题	无
帘幕或地毯	若干	无	无	无
小动物	接近时有问题	接近时有问题	接近时有问题	一般无问题
薄墙或玻璃外的移动物体	无	无	需仔细放置	无
通风、空气流动	需仔细放置	温度差较大的热对流有问题	无	无
窗外射入的阳光及移动光源	无	需仔细放置	无	无
超声波噪声	铃声、人耳听不见的噪声可能有问题	无	无	无
火炉	有问题	需仔细放置、设法避开	无	无
开动的机械、风扇、叶片等	需仔细放置	极少（不能正对）	安装时要避开	无
无线电波干扰、交流瞬态过程	严重时有问题	严重时有问题	严重时有问题	可能有问题
雷达干扰	极少有问题	极少有问题	探测器接近雷达时有问题	无

二、故障与排除

入侵报警系统由报警控制主机、报警开关、磁开关、震动探测器、超声波探测器、次声波探测器、主动与被动红外探测器、微波探测器、激光探测器、视频运动探测器、多种技术复合探测器等各类报警探测器组成。探测器的设计都比较精巧，集成度较高，大多数已采用了表面贴装工艺，一般的维修人员是无法修理的。对这类设备只需判断其损坏与否即可，出现故障一般送专业维修部门修理。

1. 故障现象为报警控制主机通电后无反应，主机指示灯不亮

（1）检查电源插头接触是否良好。

（2）检查电源线是否断线。

（3）检查熔丝是否熔断。

（4）检查电源开关是否损坏。

（5）检查电源指示灯是否损坏。

如发现有以上问题可一一对症排除，若仍不能排除故障，可更换报警控制主机。

2. 故障现象为报警主机系统故障

（1）检查系统各线路是否连接牢固。

（2）检查各分控装置工作运转是否正常。

（3）检查设定的数值是否正确。若不正确，重新设定相应的数值。

3. 故障现象为用键盘不能设防

检查键盘内部连接线是否连接牢固、内部的元器件工作是否正常。排除不正常元器件后，按照正确的步骤进行重新设防。若仍不能设防可用新的同型号键盘替换并试验。

4. 故障现象为系统通电后显示某一路报警探测器无法设防

（1）检查探测器防拆开关是否压紧、防拆开关是否损坏。

（2）检查探测器匹配电阻是否脱落。

（3）检查探测器电源供电是否正常。

（4）检查探测器的电源线路和报警线路连接是否良好。

（5）检查探测器与报警主机的连接线路是否被破坏。

5. 故障现象为误报警

通常报警探测器可靠性比较高，本身不容易发生故障。报警探测器的误报警是它的主要问题。

（1）为了防止误报警，不应将红外探头对准任何温度会快速改变的物体，如电加热器、

火炉、暖气、空调器的出风口、白炽灯等强光源以及受到阳光直射的门窗等热源，以免由于热气流的流动而引起误报警。

（2）红外报警探测器不能安装在某些热源，如暖气片、加热器、热管道等的上方或其附近，否则，也会产生误报警。

（3）检查红外探测器周围是否有强电设备。

（4）注意警戒区内不要有运动的遮挡物，如未关好的门窗、窗帘、被风吹动的挂饰物等。此外，还应注意排除传真机、电风扇叶片等的干扰。

（5）排除小动物活动的干扰。

6. 故障现象为报警探测器有时不报警

（1）检查报警探测器的探测方位是否已被移动，报警探测器是否被入侵者有意遮挡，如果有此现象应及时纠正或报告有关部门处理。

（2）由于调节不当造成报警探测器的灵敏度太低，这时需对报警探测器进行必要的调整。另外，要使之有利于探测入侵者横向穿越光束带区，这样可以提高探测灵敏度。

（3）选择安装位置时应尽可能使入侵者都能处于红外警戒的光束范围内。

（4）通过电话线路作为报警传输线的系统，应考虑与前端主机相连的电话机，先检查电话机本身的通话功能，再检查电话机是否挂好及线路是否连接正常，有无断线的地方等。

（5）探测器不报警也常常是由于灰尘积累太多使灵敏度下降。

（6）由报警探测器老化或报警探测器自身故障造成的。若排除人为因素故障后，探测器故障仍未消除，则更换同一规格、型号的报警探测器。

7. 故障现象为系统断电后在规定的8小时内不能正常工作

此故障属于电源部分的故障，即电源充电部分电路故障。

任务实施

一、分小组讨论入侵报警系统可能出现的故障现象，并分析相应的故障原因，填写表3—5—2。

表3—5—2　　**入侵报警系统故障解析表**

序号	可能出现的故障现象	可能的故障原因	对应的解决方法	备注

二、根据讨论的故障种类、针对出现的故障现象，练习故障的排除，并将排故的情况填写至表3—5—3。

表 3—5—3　　入侵报警系统排故表

序号	故障现象	检测方法	解决步骤	处理结果

任务评价

对入侵报警系统可能产生的故障原因进行分析并完成相关排故任务后，进行总结，填写评价表 3—5—4，给出本任务完成情况的实训成绩。

表 3—5—4　　入侵报警系统故障分析与排故实训评价表

评价项目		配分	自我评价	小组评价	教师评价
职业能力	能否准确说出入侵报警系统可能产生的故障现象	20			
	能否准确分析出故障产生的原因	20			
	能否采用合理、正确的方法进行故障排除	20			
	能否合理、正确地使用工具进行操作	20			
通用能力	观察能力	5			
	动手能力	5			
	团队合作能力	5			
	自我提高能力	5			
自我评价		综合评分	本人签名：		
小组评价		综合评分	组长（项目经理）签名：		
教师评价		综合评分	教师签名：		

项目四　对讲门禁系统

视频监控系统和入侵报警系统并不能主动阻挡非法入侵，其作用主要是在系统遭受非法入侵后，及时发现并由人工来处理非法入侵，即被动报警。对讲门禁系统则可以将没有被授权的人阻挡在区域外，主动保护区域安全。

对讲系统是智能建筑小区的基本配置，是一套现代化小康住宅的服务措施，提供访客与住户之间的双向通话，加装摄像头在其主机上，即可组成可视对讲系统，达到图像、语音双重识别，从而增加安全可靠性。门禁系统顾名思义就是对出入口通道进行管制的系统，它是在传统的机械门锁基础上发展而来的。对讲系统的主要功能是呼叫、通话、监视、报警等。门禁系统可以与对讲系统一起使用，组成对讲门禁系统。

案例

学校有一座7层的学生宿舍楼，其平面建筑示意图如图4—0—1所示。为了加强人员的出入管理，现准备安装一套对讲门禁系统，需要达到的需求是：①同时提供密码、指纹、智能卡三种方式进门。②访客到访时，可进行可视对讲，以确认访客身份。③在通话方面，对讲门禁系统除了具备基本通话功能以外，还要求传达室保安能够向所有的住户进行广播通话。

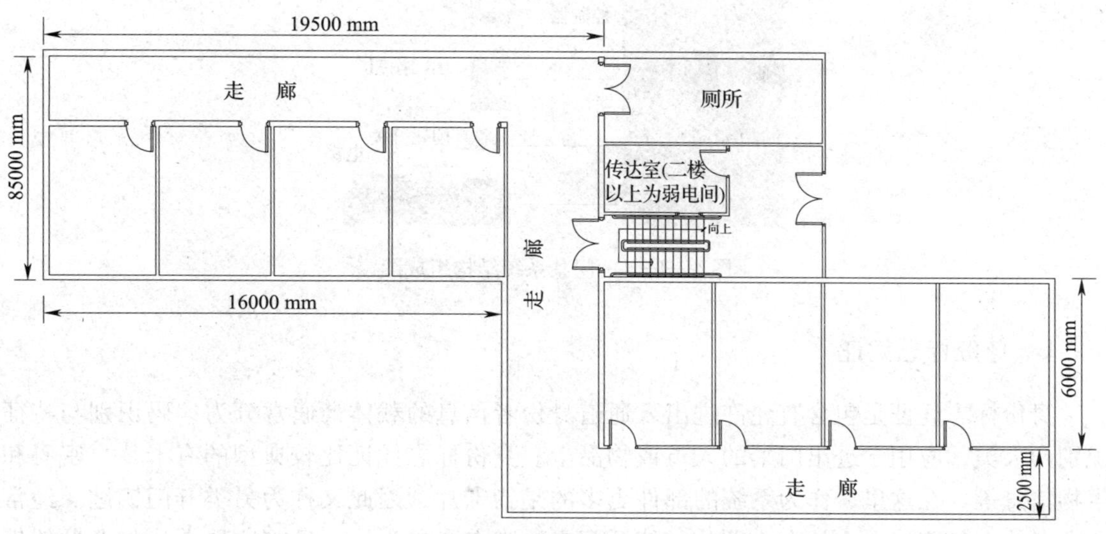

图4—0—1　本项目案例中的建筑平面图

学习目标

能根据本项目学到的知识，给某栋住宅或宿舍楼设计一套对讲门禁系统，并能进行设备的安装、调试，以及常见故障的排除。

任务一　了解对讲门禁系统的基本知识

任务描述

了解对讲门禁系统的概念、运用范围、系统设备的组成，并做好相关记录。

基础知识

一、门禁控制系统的组成结构

门禁控制系统是一个典型的计算机逻辑控制系统，由识读部分的输入设备（显示和标明身份凭证、读取身份凭证的识别装置）、管理与控制部分的控制设备（包括核对身份凭证的控制单元、接收控制单元指令及输出控制信号的输出单元）、执行部分的动作设备（执行控制信号的电控锁和报警器开关）组成，如图 4—1—1 所示。使用计算机管理及网络通信协议将这些设备连接在一起。

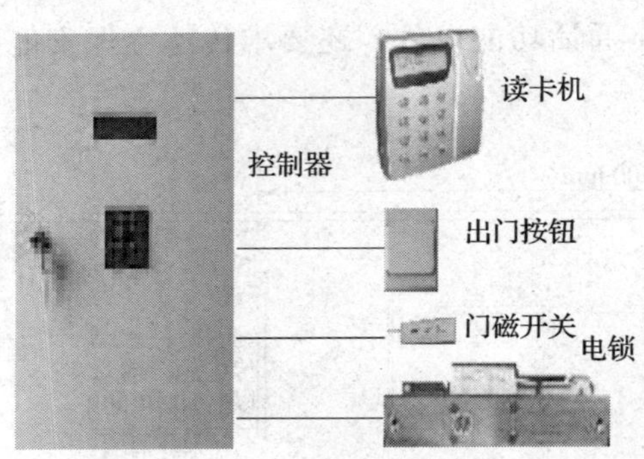

图 4—1—1　门禁系统结构组成图

1. 身份标志凭证

身份标志凭证是包含有允许进出入通道身份者信息的载体，通常分为编码识别与特征识别两大类，应用于进出门禁的人员或物品上。身份标志凭证比较典型的有卡片、密码和生物信息等。在这里，作为系统的部件更多的是指卡片，因此又称为另类开门钥匙。经常会在卡片上打印持卡人的个人照片，使开门卡、胸卡合二为一，目前这种卡片与考勤软件结合在一起，成为很多公司的首选考勤软件。

目前，身份标志凭证常用的是密码和卡片（磁卡、ID 卡、IC 卡）。而通过检验人员生物特征等方式来识别的生物识别技术的使用也越来越多，通常有指纹型、掌纹型、虹膜型、面部识别型。因人类生物特征的差异性，生物识别的安全性最好，但识别装置识别率受使

用环境的影响较大。此外，生物识别涉及使用者的隐私，故仍存在争议。

2. 标志识别装置

标志识别装置（通常称为门禁读头）是门禁系统的输入设备，其作用是将标志码识别出来，再按一定的格式发送出去。该装置通常是与标志类型一一对应的，但也有少数可以混合识别，如指纹仪带有 IC 卡读写模块，也有的 IC 卡门禁读头可以识别多种类型的卡片。

标志识别装置一般有读取人工输入的密码信息的输入设备，即键盘；读取卡片中数据信息的输入设备，即读卡器；读取生物特征信息的输入设备，即生物识别仪，如指纹、面部、虹膜识别仪等。

3. 控制设备

控制设备通常是门禁控制器，俗称门禁机，它是门禁系统的核心部分，相当于计算机的 CPU，它负责整个系统的输入、输出信息的处理、储存和控制等。

门禁控制器是门禁控制系统的关键设备，它可保存人员信息（身份标志码），当人员通过标志识别装置（刷卡或按指纹等）时，标志识别装置将标志码按一定通信方式发送到控制器中，控制器则根据其存储的信息判断是否给电控锁加电（开门），同时保留记录。

4. 执行设备

电控锁即是门禁系统中的执行设备，是锁门执行部件。用户应根据门的材料、出门要求等选取不同的锁具。

5. 其他设备

（1）出门按钮。按一下即打开门的设备，适用于对出门无限制的情况，安装在室内，按一下即可开门出去。

（2）通信网络及管理软件。通信网络将不同的控制器及管理计算机连接起来，以便计算机实现管理。

二、常见门禁系统设备清单（见表 4—1—1）

表 4—1—1　　常见门禁系统设备图表

序号	产品名称	产品描述	图例
1	读卡器	读 ID 卡，读卡速度小于 100 ms，读卡距离 3 ~ 15 cm	

续表

序号	产品名称	产品描述	图例
2	感应卡门禁控制器	密码开门、感应卡开门或组合开门；有效卡容量：10 000 张	
3	指纹门禁控制器	密码开门、感应卡开门、指纹开门或组合开门；具有门禁、考勤功能，可容纳 500 个指纹	
4	智能卡	标准型 ID 感应卡	
5	电控锁	不锈钢锁	
6	出门按钮	安装在室内，强制开门	

三、对讲系统

1. 对讲系统的概念

对讲系统是采用嵌入式微处理器技术、语音对讲技术、CCD 摄像及视频显像技术而设计的一种电控识别访客信息的智能管理系统。对讲系统由各单元口安装的防盗门、小区总控中心的管理员总机、楼宇出入口的对讲主机、电控锁、闭门器及用户家中的对讲分机通过专用网络组成（见图 4—1—2），以实现访客与住户对讲，住户可遥控开启防盗门。各单元梯口访客通过对讲主机呼叫住户，对方同意后方可进入楼内，从而限制了非法人员进入。对讲系统分可视对讲和非可视对讲，可视对讲由非可视对讲发展而来，简单理解是在原非可视对讲系统的基础上加装摄像及摄像传输、处理部分，即为可视对讲系统。随着摄像技术的发展、摄像元器件成本的降低，可视对讲系统将慢慢全面取代非可视对讲。对讲系统适用各种机要部门，如银行、宾馆、机房、军械库、机要室、办公室、智能化小区、工厂等。

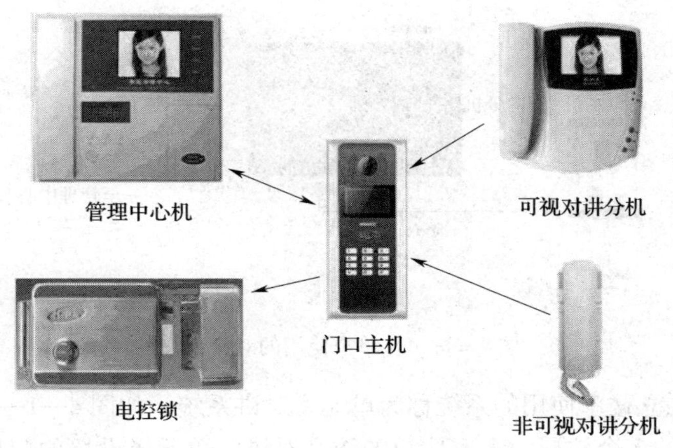

图 4—1—2　对讲系统主要设备

2. 对讲系统的结构（见图 4—1—3）

目前市面上的对讲系统大致可以分为两个独立部分：楼内系统与联网系统。楼内系统由室内分机、楼层平台、主机（也称门口机）、电源、电锁、闭门器及连接线组成；联网系统由管理中心机、围墙机（也称小区入口机）、联网器、集线器等组成。同时，它还能与家庭报警系统（入侵报警以及消防报警系统）组成一个网络。

从管理的层次看，对讲系统从顶层到底层依次是管理中心机、集线器或中继器（根据情况可省略）、联网器、主机、楼层平台、室内分机、电源、电锁、闭门器等。

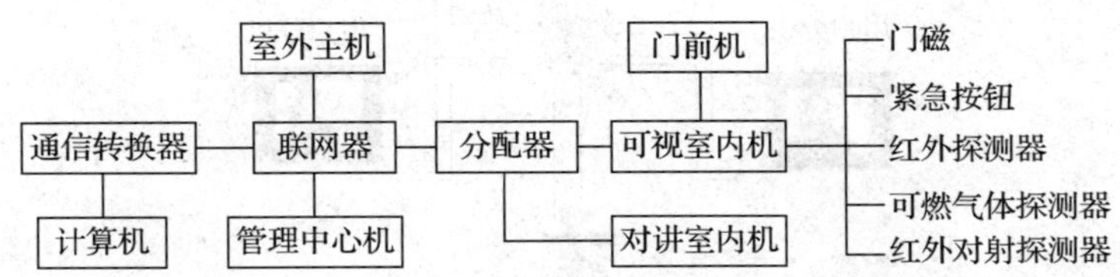

图 4—1—3　对讲系统结构组成图

对讲系统有三组线：一组联网线将各联网器（或直接将主机）串联起来；二组楼内主干线将所有楼层平台串联起来；三组入户线将楼层平台与室内分机连接起来。根据各个生产企业与技术要求的不同，串联的设备所使用的线材也各有不同，可根据品牌确认。

3. 对讲系统结构分类

对讲系统结构有多种分类方法，具体如下：

（1）按系统规模可分为单户型、单元型、联网型对讲系统。

1）单户型。单户使用的对讲系统如图 4—1—4 所示。其特点是每户一个室外门口主机，可连带一个或多个可视或非可视分机。例如，别墅使用的对讲系统即单户型对讲系统。

图 4—1—4　单户使用的对讲系统

2）单元型。独立楼宇使用的系统称为单元型对讲系统，如图 4—1—5 所示。其特点是可管理同一幢楼里的多个楼层、多家住户的访客对讲。单元楼设置的门口主机，可根据单元楼层的多少、每层住户的多少来选择其规格型号和操作方式。常用的操作方式有直按式、数码式两种。直按式是指门口主机上直接设置每家住户的门牌号按键，访客一按即应，操作简单。但直按式主机容量较小，通常可控制 2 ~ 16 户，适用于一梯两户七层以下的住宅。数码式是指门口主机上设置 0 ~ 9 数字按键，操作方式如同拨电话一样，访客需要根据住户门牌号依次按动相应的数字键，操作稍复杂一些。但数码式主机的容量较大，可从2 ~ 9 999 户不等，适用于高层住宅。

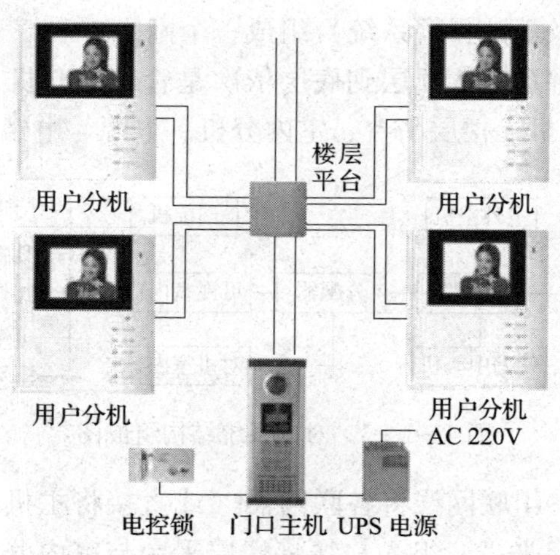

图 4—1—5　单元型对讲系统

3）联网型。在封闭住宅小区中，每幢楼宇使用单元型对讲系统，然后所有的单元型对讲系统通过小区内专用总线与管理中心连接（联网），形成小区各单元楼宇之间的对讲网络，如图 4—1—6 所示。

联网型对讲系统不仅具备可视与非可视对讲、遥控开锁等功能，还能接收住宅小区内各种安防探测器的报警信息与紧急援助，主动呼叫辖区内任何一个住户或群呼所有住户，实施广播功能，是现代化住宅小区管理的一种标志。

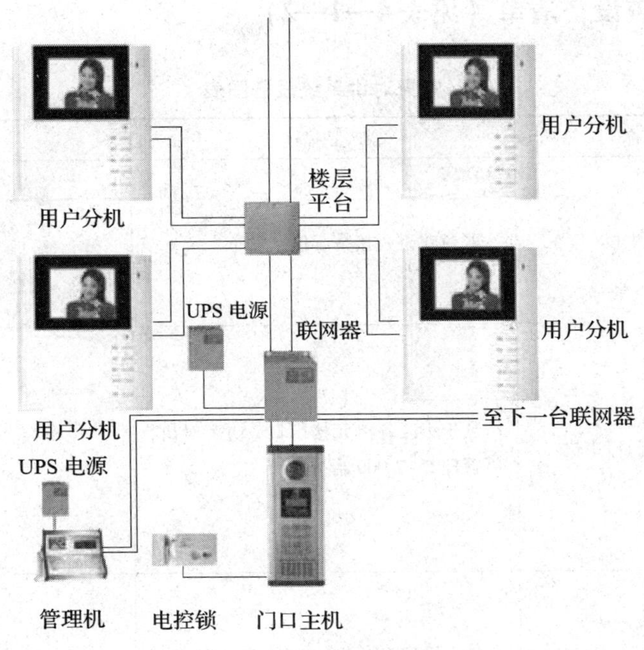

图 4—1—6　各单元楼宇之间的对讲网络

（2）按信号传输方式将对讲系统分为基带传输、射频传输、数字传输（TCP/IP）、复合传输 4 种类型。

1）基带传输。音、视频信号不做任何改变的直接传输方式。此种方式下，音、视频信号不需要转换，传输电路简单，制造成本低，目前绝大部分小区的对讲系统采用基带传输方式的产品。但其缺点是信号传输距离短，容易受到外界干扰，需要专用、独立的音、视频信号传输线。

2）射频传输。通过调频或调幅把音、视频信号转换成射频信号的传输方式。此种方式被广泛用于广播和电视的信号传输，其特点是：信号传输距离远、稳定性好、抗干扰能力强、图像语音清晰。但其缺点是：在发射和接收设备中，需要分别增加调制和解调电路，价格相对较高。该方式适合大型小区使用。

3）数字传输（TCP/IP）。将音、视频信号转换为数字信号进行传输的方式。此种方式采用 TCP/IP 网络传输模式，可实现图像、语音的超清晰传输，具备强大的抗干扰能力，传输距离更远。借助于 IT 和网络技术，更可以实现对讲语音、视频、数据的远程传输，访客留影，信息发布等增值功能，使小区对讲在真正意义上与互联网融为一体。但在发送和接收端，需要分别增加相应的数字编码和解码设备，目前的实现成本较高，适用于大型、高档小区、酒店、会所等。

4）复合传输。该方式结合上述三种方式的优点，在单元系统间使用基带传输方式，在楼宇之间根据距离远近，选择基带传输、射频传输或数字传输方式。

四、常见对讲系统设备清单（见表 4—1—2）

表 4—1—2　　　　常见对讲系统设备图表

序号	名称	产品描述	图例
1	管理主机	彩色对讲、接警、信息发布	
2	小区单元门口主机	装于小区各单元楼门口，访客对讲，可管理 1 ~ 2 000 台分机	
3	系统不间断电源	各主机配套供电，大楼停电时，可保证主机正常工作	
4	非可视分机	安装于室内，对讲、开锁、一路报警、壁挂式	
5	可视分机	安装于室内，黑白对讲、开锁、一路报警、壁挂式	
6	楼层解码器	楼层间各分机接口；负责检测、隔离故障，报警信号传输；每个可管理 4 户	

任务实施

了解对讲门禁系统的基础知识可以通过使用互联网以及查阅专业图书资料等途径来实现。学习内容如下：

一、了解门禁系统的概念及其基本设备的组成；建议搜索关键词为“门禁系统”。

二、了解对讲系统的概念、分类及其基本设备的组成；建议搜索关键词为“对讲系统”。

三、根据学习到的知识，填写表 4—1—3。

表 4—1—3　　对讲门禁系统实训记录表

记录项目名称	记录的内容
门禁系统的组成结构	
门禁系统的常见设备组成	
常见的门禁卡有哪些	
对讲系统的基本概念	
对讲系统的组成	
可视和非可视分机的区别	

任务评价

对了解和掌握对讲门禁系统的概念、系统设备软硬件组成等基本知识的情况，进行总结评价并填写评价表 4—1—4，给出本任务完成情况的实习成绩。

表 4—1—4　　对讲门禁系统学习评价表

评价项目		配分	自我评价	小组评价	教师评价
职业能力	能否准确理解门禁系统的组成结构	15			
	能否准确了解门禁系统常见设备的组成	15			
	能否准确了解常见的门禁卡有哪些类型	10			
	能否准确理解对讲系统的基本概念	10			
	能否准确了解对讲系统常见设备的组成	10			
	能否准确理解可视和非可视分机的区别	15			
通用能力	观察能力	5			
	动手能力	5			
	团队合作能力	5			
	自我提高能力	5			

续表

评价项目		配分	自我评价	小组评价	教师评价
自我评价		综合评分	本人签名：		
小组评价		综合评分	组长（项目经理）签名：		
教师评价		综合评分	教师签名：		

任务二　了解对讲门禁系统的性能和参数

任务描述

观察对讲门禁系统实物，了解其性能和主要参数，绘制设备连接图，并进行简单的操作。

基础知识

一、门禁系统识别方式

1. 密码识别

密码识别即通过检验输入密码是否正确来识别进出权限。

这类产品又分两类：一类是普通型，一类是乱序键盘型（键盘上的数字不固定，不定期自动变化）。

（1）普通型。优点：操作方便，无须携带卡片；成本低。缺点：同时只能容纳三组密码，容易泄露，安全性很差；无进出记录；只能单向控制。

（2）乱序键盘型。优点：操作方便，无须携带卡片，安全系数稍高。缺点：密码容易泄露，安全性不高；无进出记录；只能单向控制；成本高。

2. 卡片识别

卡片识别即通过读卡或读卡加密码方式来识别进出权限，按卡片种类又分为以下几种：

(1) 磁卡。优点：成本较低；一人一卡（+密码），安全性一般，可连计算机，有开门记录。缺点：卡片、设备易磨损，寿命较短；卡片容易复制；不易双向控制。卡片信息容易因外界磁场影响而丢失，使卡片无效。

(2) 射频卡。优点：卡片、设备无须接触，开门方便安全；寿命长，理论寿命至少10年；安全性高，可连计算机，有开门记录，可以实现双向控制；卡片很难被复制。缺点：成本较高。

3. 生物识别

生物识别即通过被检验人员生物特征等方式来识别进出。有指纹型、掌形型、虹膜型、面部识别型，还有手指静脉识别型等。优点：从识别角度来说安全性极好；无须携带卡片。缺点：成本很高；识别率不高，对环境要求高，对使用者要求高（比如，指纹不能划伤，眼部不能红肿出血，脸上不能有伤，胡子的多少），使用不方便（比如，虹膜型和面部识别型，安装高度一定，但使用者的身高却各不相同）。值得注意的是一般人认为生物识别的门禁系统很安全性、其实这是误解，门禁系统的安全不仅仅是识别方式的安全性，还包括控制系统部分的安全性、软件系统的安全性、通信系统的安全性、电源系统的安全性。整个系统是一个整体，哪方面不过关，整个系统都不安全。例如有的指纹门禁系统，它的控制器和指纹识别仪是一体的，安装时要装在室外，这样一来控制锁开关的线缆就露在室外，很容易被人打开。

二、对讲门禁系统的发展趋势

1. 无线门禁系统

门禁系统从诞生开始就伴随着大量的布线，一个完整的门禁系统由读卡器、控制器、电锁、出门开关、门磁、电源、管理中心这7个模块组成，每个模块都需要连线。同时，门框的正反面和顶部、门的顶部都要打孔安装设备，因此，施工烦琐是很显而易见的问题。

无线物联网门禁将门点的设备简化到了极致：一把电池供电的锁具。除了门上面要开孔装锁外，门的四周不需要安装任何辅助设备。整个系统简洁明了，大幅缩短了施工工期，也能大大降低后期维护的成本。

跳频、加密是无线门禁的另一个核心。无线和有线一个很大的区别就是无线信号是在空中传播的，因此很容易受到外界的干扰，同时也很容易被外界所捕获。因此安全性与可靠性可以说是无线门禁产品的生命线。

2. 楼宇数字化对讲系统

楼宇数字化对讲系统将是智能建筑小区的基本配置在新建商品住宅的设计中完成，有的城市已强制实行。楼宇对讲系统从普通对讲，发展到黑白可视对讲、彩色可视对讲，其功能更趋向多元化。如门口机引入图像识别技术、指纹识别技术使系统更人性化；采用音、视频数字化技术、ARM嵌入式技术可使系统直接接入宽带网；采用蓝牙技术可以实现免布线的无线楼宇对讲系统等。

随着房地产业的发展、标杆型楼盘的全数字化的风靡，数字化楼宇对讲系统炙手可热，楼宇对讲企业纷纷将数字、网络与楼宇对讲联系起来，TCP/IP 楼宇对讲技术日渐成熟，并开始投放市场，其高效、便捷的特点使数字化、TCP/IP 技术迅速被市场认可。传统的模拟对讲系统，当小区的规模过大或者楼层较多的话，将不可避免地出现由于视频传输距离过远而导致的信号模糊问题；同时，在多通道问题上，也有先天性的软肋，很难克服解决。而采用数字化技术，可以很好地解决这两个难题。即联网部分采用标准 TCP/IP 协议传输经过压缩编码后的音、视频数字信号。由于视频、音频、控制信息都是数字化信号，基本没有信号衰减问题，能够轻松满足长距离传输要求；另外，联网物理网络采用标准以太网架构，现实网络共享，轻松满足多通道要求。

任务实施

一、在安防实训室，切断设备总电源并挂上维修标志牌。

二、观察安防实训设备中的对讲门禁系统模块，记录下所有的设备。填写表 4—2—1。

表 4—2—1　对讲门禁系统实训模块设备清单

序号	设备名称	设备品牌及型号	主要性能参数	备注

三、在设备未通电的前提下，观察设备之间的连接情况，记录下线缆的连接方式以及各设备之间线缆的种类和型号。根据观察，测量并绘制实训装置中的电气设备连接图。

四、完成单元门口主机呼叫可视分机的操作。其中 A 同学在单元门口主机上按“0101 #”，并观察可视对讲分机的反应；B 同学摘取可视对讲分机的话筒，双方进行通话。B 同学按“开锁”键，观察实训模拟墙上的防盗门的反应。

楼层号+房号+“#”
单元主机
双向通话、分机
监视主机
按“开锁”键可开启
主机电磁锁
摘机
可视分机

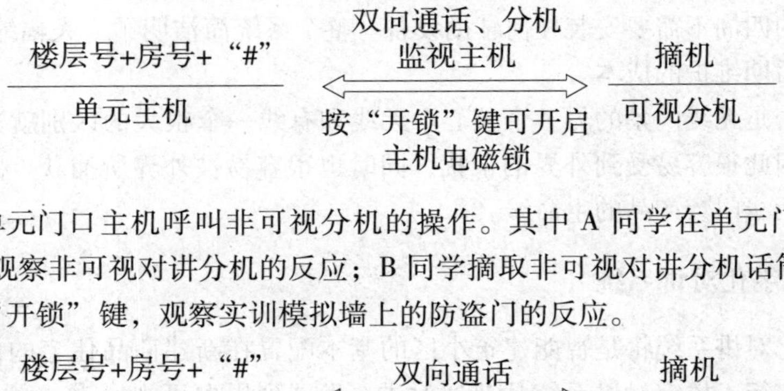

五、完成单元门口主机呼叫非可视分机的操作。其中 A 同学在单元门口主机上，按“0101 #”，并观察非可视对讲分机的反应；B 同学摘取非可视对讲分机话筒，双方进行通话。B 同学按“开锁”键，观察实训模拟墙上的防盗门的反应。

楼层号+房号+“#”
单元主机
双向通话
按“开锁”键可开启
主机电磁锁
摘机
非可视分机

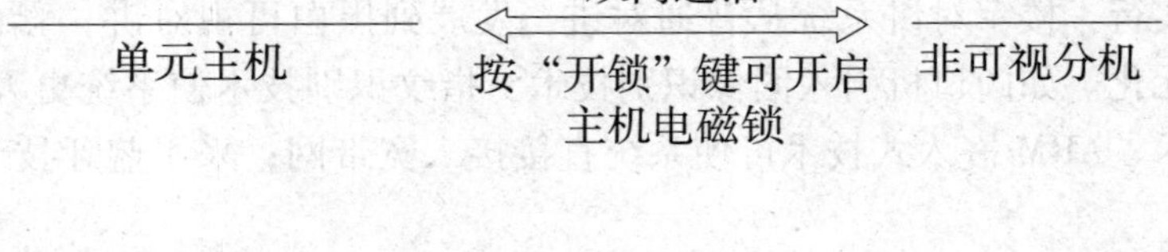

六、完成单元门口主机呼叫管理中心主机的操作。其中 A 同学在单元门口主机上，按“0000 #”，并观察管理中心的反应；B 同学摘取管理中心主机话筒，双方进行通话。B 同学按“开锁”键，观察实训模拟墙上的防盗门的反应。

“0000”+“#”　双向通话、管理主机监视单元主机　摘机+“通话”

单元主机 ⟺ 管理主机

按“开锁”键可开启主机电磁锁

七、完成可视分机呼叫单元门口主机的操作。摘取可视对讲分机的话筒，按“监视”键，观察可视分机 LCD 屏幕上的反应。

摘机+“监视”　双向通话、可视主机监视单元主机

可视分机 ⟺ 单元主机

按“开锁”键可开启主机电磁锁

八、完成可视或非可视分机呼叫管理主机的操作。其中 A 同学摘取可视对讲分机的话筒，按“呼叫”键；B 同学观察管理主机是否有铃声，观察管理主机的 LED 屏幕上是否显示“0101”。如果有铃声和 LED 反应，则进行通话操作。

摘机+“呼叫”　双向可通话　摘机+“通话”

分机 ⟺ 管理主机

铃声、LED显示

九、完成管理主机呼叫可视分机的操作。其中 A 同学摘取管理主机的话筒，按住户号，如“0101”键。B 同学观察可视分机是否有铃声。如果有铃声和 LED 屏幕反应，则进行通话操作。

摘机+楼层号+房号+“#”　双向通话　摘机

管理主机 ⟺ 分机

铃声

十、完成管理主机群呼对讲分机的操作。其中 A 同学摘取管理主机的话筒，按“群呼”键；B 和 C 等其他同学观察可视分机是否有铃声。如果有铃声和 LED 屏幕反应，则进行通话操作。

摘机+“群呼”　多向通话　摘机

管理主机 ⟺ 各分机

铃声

十一、通过智能卡和指纹机进行开锁操作。

十二、整理现场，复原设备，填写设备使用记录，移交设备，实训结束。

任务评价

对了解和掌握对讲门禁系统的概念、系统设备软硬件组成等基本知识的情况进行总结评价，并填写评价表4—2—2，给出本任务完成情况的实训成绩。

表4—2—2　　对讲门禁系统学习评价表

评价项目		配分	自我评价	小组评价	教师评价
职业能力	能否准确记录对讲门禁系统设备的名称及型号	10			
	能否准确记录对讲门禁系统设备的主要性能参数	15			
	能否正确理解设备之间的连接关系	15			
	能否正确操作对讲门禁系统之间的呼叫	10			
	能否正确了解各种门禁卡的使用	10			
	能否正确了解指纹机的使用	10			
安全文明操作	安全操作（未切断总电源并挂上维修标志牌则该项任务不及格；违反一项操作规程则扣5分，违反两项则该项任务不及格）	5			
	现场整理与设备移交等（未移交设备以及未清理现场扣5分，现场清理不干净扣2分）	5			
通用能力	观察能力	5			
	动手能力	5			
	团队合作能力	5			
	自我提高能力	5			
自我评价		综合评分	本人签名：		
小组评价		综合评分	组长（项目经理）签名：		
教师评价		综合评分	教师签名：		

任务三　对讲门禁系统设备选型及方案设计

任务描述

根据本项目案例的要求和所学知识，进行对讲门禁系统设备的选型以及方案设计。

基础知识

一、对讲门禁系统设备选择的基本原则

对讲门禁系统的目的除了维护楼内居民的安全、正常生活以外，还有一个重要目的就是服务于管理，为物业提供现代化的管理手段。因此，在选择、构建系统时，应考虑如下一些原则：

1. 系统的可靠性

作为安防系统的一个重要环节，可靠性是对讲门禁系统选择时必须首先考虑的因素。设计时应当选用主流生产商的技术成熟的产品，以保证系统的可靠性。某些产品细小的失误或技术上潜在的问题将会带来不可估量的损失，甚至灾难性的后果。

2. 系统的经济性

在很多地方，对讲门禁系统已经与人们的生活息息相关，在某种程度上成为类似电视、电话之类的民用产品。因此，提高市场竞争力，最大限度地降低成本是对讲门禁系统构建的基本要求，也是工程建设的基本目标。在选择系统结构及选购系统设备时，应尽量选择性价比高及售后服务有保障的设备和供应商，不必盲目追求名牌与时髦。

3. 技术和设备的先进性

作为智能化住宅小区，先进的对讲门禁系统是体现小区智能化的一个重要标志，也是系统可靠性的保证。同时，先进的系统设计也是灵活性、兼容性和可扩充性的保证。因此，进行系统选择时，在保证系统安全可靠与资金充足的前提下，尽可能选择应用技术先进的产品。

4. 系统的可扩充性

随着对讲技术的不断进步、经济的发展以及小区管理的需求，原来建立的系统容量和功能经过若干年后，往往不能满足实际要求，需要进行升级和扩展。因此，在系统构建时，还应重点考虑系统的可扩充性。

5. 系统操作的简便性

对讲门禁系统的使用对象是形形色色的人员，简单、友好的操作界面是选择产品的一个重要依据。应当从普通操作者的角度考虑，即无论是对系统的设置还是日常的运行，通过简单的按键操作就可以完成。即使没有接触过此类设备的操作者，只需稍加培训，也能立即掌握一般的操作。

6. 系统的自保护性和可维护性

任何一个用户或楼宇子系统出现问题时，应不影响其他用户或楼宇子系统的正常运行。

7. 充分结合我国的国情

(1) 我国住宅小区的规模小则几百户，大则上千户，且多数以高层楼宇为主，这在人口密度相对很小的西方国家是难以想象的。因此，进口对讲产品不一定适合国内的需求。

(2) 我国目前开发的楼盘多数是毛坯房，一般居民在购买后都要进行重新装修，每一户的装修都可能会对已经敷设完成的弱电系统线路或设备造成一定的破坏，而小区业主的全部入住周期可能会长达几年。因此，在构建系统时，应充分考虑系统的抗破坏性和抗干扰性。

(3) 由于我国整体还处于发展中国家，居民收入水平差距较大，加之城市拆迁的推动，造成同一小区内入住了各类层次的人员。同一单元的住户可能有的要求装可视系统，有的要求装非可视系统；有的要求联网，有的现在不需联网，但今后可能要联网等。因此，在构建系统时，应充分考虑系统的兼容性。

二、传输方式的选择

目前主流的对讲门禁系统控制通常包含三种信号的传输，分别是控制信号、音频信号和视频信号，而每种信号的传输都有一定的距离限制，需要根据实际情况选择不同的传输方式、不同规格的线缆和中继器等辅助设备。

1. 控制信号传输通道

在对讲门禁系统中，住户信号的编程、选通、报警信号的传送等均通过对讲门禁系统的控制信号来完成。控制信号的传输一般采用 RS－485 通信协议，通过手拉手串联布线方式，采用屏蔽双绞线，抗干扰能力较强，理论上的最大传送距离可以达到 1 200 m。但是，由于在一般小区内双绞线的屏蔽层不能够很好地接地，反而导致干扰信号窜入，造成各种应用问题。所以，很多厂家提出建议，如果不能保证良好接地，则应采用非屏蔽双绞线的方式进行控制信号的传输。

采用信号中继器可以使控制信号传送得更远，目前国内采用 RS－485 通信协议的联网线路，单条最大传送距离在 1 000～5 000 m，但是在实用中尽量将单条线路传送距离控制在

1 000 m 以下为好。为了更好地适应大型小区的应用，可以在联网线中增加信号集线器，将小区控制信号分成多路进行传输，减少单条线路的距离。

2. 视频信号传输通道

目前多数对讲门禁系统的视频信号使用 75 Ω 同轴电缆进行传输。不同规格的视频电缆传输视频信号的距离不同，线径越粗的视频电缆传输的实际距离越远。按照实际应用经验，SYV－75－3 同轴电缆最大传输距离 200 m 左右，SYV－75－5 同轴电缆最大传输距离 400 m 左右；SYV－75－7 同轴电缆最大传输距离在 600 m 左右。在大型小区内，这样的距离显然是不能满足要求的，需要增加视频信号放大器，以有效增强视频信号的强度，从而增加传输距离。应根据小区的实际联网距离，测算视频信号传输通道所需要的线路长度，并根据线路长度适当增加视频信号放大器。

视频信号容易受到外界干扰的影响，包括电磁干扰、音频干扰等。视频电缆的屏蔽层主要用来屏蔽外界干扰信号，保证视频信号的正常传输。衡量视频电缆屏蔽层多少的单位为“编”，一般的视频电缆屏蔽层有 68 编、96 编、128 编等，编数越高，屏蔽效果越好。黑白视频信号比彩色视频信号抗干扰的能力强，所以在相同距离的视频信号传输中，彩色系统使用视频电缆的编数应该高于黑白系统使用视频电缆的编数。

3. 音频信号传输通道

目前多数对讲门禁系统的音频信号是通过 RVV 屏蔽线或与控制信号传输合并采用五类双绞线进行传输的。信号线的线径越粗，传送音频信号的能力越强、传输距离越远。

三种信号的传输距离和使用的设备各不相同，根据“木桶法则”，系统的性能好坏取决于最薄弱的环节，而对讲门禁系统中的“薄弱环节”就是音、视频信号的传输。因此，在测算距离进行系统规划时，应以音、视频信号为基准，尽量采用星型结构布线方式，缩短信号传输距离，减轻传输负载，提高信号质量。

三、设备分类选型

对讲门禁系统是采用嵌入式微处理器技术、语音对讲技术、CCD 摄像及视频显像技术的一种电控访客识别信息管理智能系统。系统主要由管理机、门口主机、用户分机、楼层平台、联网器、UPS 电源、传输线及其他配套设备组成，可以根据不同的用户要求，选用不同型号的设备组成不同的系统。

1. 门口主机

门口主机也称单元主机、门口机、梯口机，或简称主机等，典型产品如图 4—3—1 所示。

门口主机是对讲门禁系统中的前端公用设备，它的作用是供访客、用户输入欲访问的房间号、密码；供访客、用户、管理员等与该单元内的用户通话对讲；也可供用户、管理员输入密码，实现密码开锁；根据设备功能及用户需求，门口主机还可以增配内置或外置的ID/IC卡门禁模块，供用户刷卡开锁。

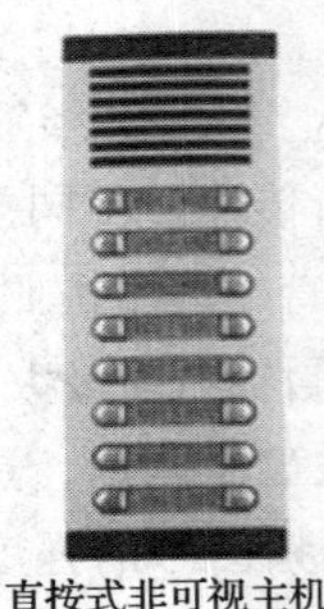
直按式非可视主机

数字式带感应非可视主机

数字式带感应可视主机

图4—3—1 典型门口主机产品

门口主机一般分为直按式、数字式；LED显示、LCD显示；非可视、可视（黑白可视、彩色可视）；联网型、非联网型等。

2. 用户分机

用户分机也称为分机、室内机，或用户终端设备，典型产品如图4—3—2所示。

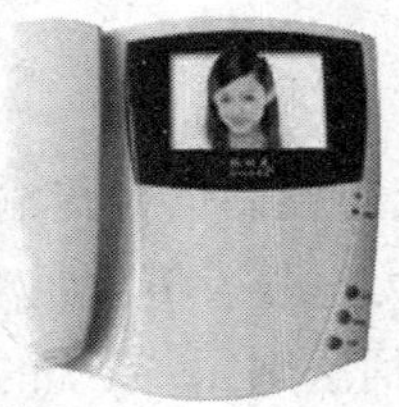
手柄式可视分机

4in免提式可视分机

5in免提式可视分机

图4—3—2　典型用户分机产品

用户分机是对讲门禁系统的终端设备之一，它的主要作用是供房间主人使用对讲系统的功能。该产品是对讲门禁系统中最具有亲和力和影响力的，以外观精美、操作简单为优。用户分机的一般功能有：双向对讲、遥控开锁、联网呼叫，其次还可以增加户户通功能（任意两个用户之间的互相通话）、增加与家庭安防报警探测器联动的功能（如外接红外、门磁、烟感、煤气探测器等）、增加免打扰功能（当设置为免打扰时，该用户的访客呼叫将被转移到管理中心处，由管理中心根据情况决定是否呼通设置为免打扰的用户）、增加信息接收功能（主要是接收管理处发布的管理信息），还可以集成电话机（将电话与对讲系统的室内分机集成在一台机器上）等功能。

用户分机一般分为非可视室内分机、黑白可视室内分机、彩色可视室内分机以及多功能室内分机。

3. 楼层平台

根据功能的不同，楼层平台产品有时也称为楼层保护器、信号隔离器、楼层解码器、

楼层分线器、配线盒等，典型产品如图 4—3—3 所示。

楼层平台一般安装在楼宇主干线与楼层住户之间，具有线路保护、视频分配、信号解码的作用，即使某住户的分机发生故障也不会影响其他用户的使用，不影响整套系统的正常运行。但是，楼层保护器与楼层解码器是有差别的，楼层解码器除具有楼层保护器的所有功能外，还能为系统的用户终端（用户分机）设备解码，这样，整套系统的用户终端设备的成本可以降低。

目前，绝大部分厂商生产的用户分机不含解码功能，以降低产品价格。所以，楼层解码器是对讲门禁系统中不可省略的设备。单纯的楼宇保护器一般不具有解码功能。

楼层平台一般分为楼层解码器、楼层保护器、视频分配放大器等。但是，基于数字传输的对讲门禁系统没有视频分配放大器。

4. UPS 电源

UPS 电源也称系统电源、电源或电源箱，典型产品如图 4—3—4 所示。UPS 电源的主要功能是给对讲系统提供电源。一般的对讲门禁系统采用集中供电模式，多台室内分机共用一台电源。常见的电源规格为 DC 12 V 和 18 V。能够 24 小时连续正常工作对是对安全防范产品的重要要求。绝大多数的安全防范产品均采用集中供电并安装备用电源的方式，来解决停电等突发事件，以保证此时安全防范产品仍然能够正常使用。绝大多数的对讲产品生产商也统一使用外置电源加配备用电池的方式（UPS 电源）对系统进行集中供电，以保证系统的正常运行。

图 4—3—3　典型楼层平台

图 4—3—4　典型 UPS 电源

需要注意的是，为了降低产品价格，一般的对讲产品出厂电源标准配置为不带后备电池，需要使用者另外购买。

以上 4 种设备为最基本的对讲组成设备。在住户规模不大，要求不高、需要严格控制成本的情况下，可以只选择门口主机、用户分机、电源三种设备。如果对讲门禁系统联网的话，还需要以下设备。

图 4—3—5　典型管理中心机

5. 管理中心机

管理中心机也称为管理机、管理主机，如图4—3—5

所示。管理机的主要功能是供管理人员综合管理使用，接收门口主机、用户分机的呼叫；接收各联动报警探测器的报警求助；管理人员可以通过管理机呼叫与之相连的门口主机、用户分机；管理人员可以通过管理机监视与之相连接的门口主机前面的图像。目前，有些对讲产品生产商开发了对讲管理软件，直接将管理功能集成到计算机中来实现，从而省略了管理中心机。

管理中心机一般可分为 LED 显示型、LCD 显示型、计算机集中管理型。

6. 联网器

联网器也称为联网转换器、联网切换器、联网路由器等，如图 4—3—6 所示。联网器的主要功能是切换联网系统与单元系统的音、视频信号，转发系统的其他信息（如报警信息、故障信息、管理处发布的管理信息等），隔离保护单元系统与联网系统。目前，很多厂商已将联网器集成在门口主机内，以提升产品的附加值。

7. 中继器

中继器的主要功能是放大音、视频信号，将衰减的信号增强，产品外形如图 4—3—7 所示。中继器用于长距离的小区联网系统主干线中。当对讲门禁系统联网距离超过 800 m 时，应当考虑使用中继器。

图 4—3—6　典型联网器

图 4—3—7　视频中继器

8. 集线器

部分采用 RS－485 总线协议设计的对讲系统采用手拉手的传统布线方式，如图 4—3—8 所示。但如果楼盘的布局不允许使用手拉手布线方式，或者使用手拉手布线方式难度较大时，可以先分散布线，最后采用集线器来集成统一，典型集线器如图 4—3—9 所示。

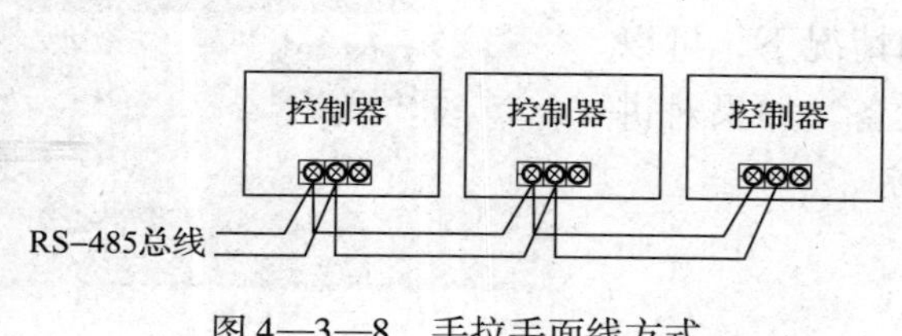

图 4—3—8　手拉手面线方式

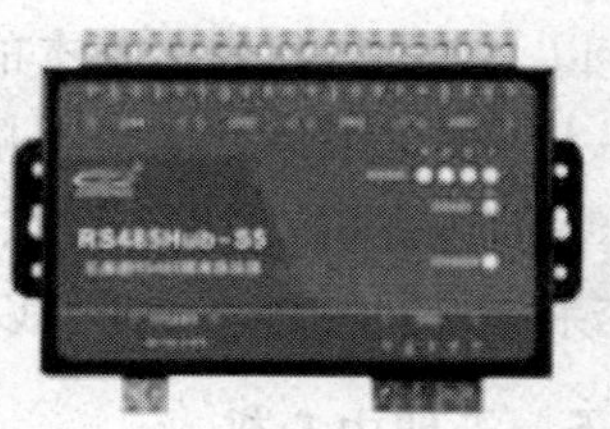

图 4—3—9　RS－485 集线器

以上为组成对讲门禁系统的主要设备。除此以外，对讲门禁系统还包括一些配套设备，如电锁、闭门器等。

9. 电锁

电锁主要用在楼宇进口的防盗门上，代替普通锁，可通过电控进行开启。一般对讲用的电锁有电控锁、静音磁力锁等，如图 4—3—10 所示。

电控锁

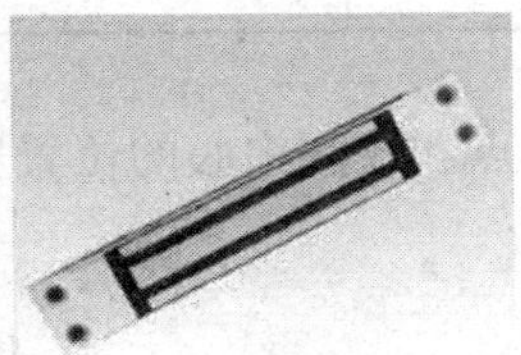

静音磁力锁

图 4—3—10　典型对讲系统用电锁

10. 闭门器

当访客或用户进入楼宇后，防盗门在闭门器的作用下自动关闭。根据防盗门的实际情况，闭门器有多种形式，典型的闭门器如图 4—3—11 所示。主要区别在于拉力的等级、闭门速度的调节等。

图 4—3—11　闭门器

任务实施

一、学生分成若干项目小组，以小组为单位，选出项目经理。由项目经理依据各成员的特点对人员进行分工，指定现场安全员、现场工程师、现场质量管理师、现场材料员、项目业务人员等。

二、由项目经理领导小组成员与业主（教师）进行沟通，了解业主的需求，填写客户需求表 4—3—1。

表 4—3—1　　对讲门禁系统客户需求表

项目名称	内 容
业主需求描述	（如：对讲与门禁分布情况、预设管理中心位置、设备投入的大致预算等）
任务情景解决思路描述	（如：在门口用哪几种方式开门、管理中心是否拥有强制开门权限、对讲系统类型等）

三、根据本项目案例的平面图样，确定系统类型（单户型、单元型、联网型；可视或非可视），绘制系统结构图。

四、根据案例的实际需求情况，如各分机的要求、距离等，预算前端系统配置，选配前端设备见表 4—3—2。

表 4—3—2　　前端系统配置表

编号	产品名称	产品型号	单位	数量	预算单价	预算小计	备注

五、根据信息点和控制中心的位置和距离，预算传输系统配置，选配传输系统设备和线材见表 4—3—3。

表 4—3—3　　传输系统配置表

编号	产品名称	产品型号	单位	数量	预算单价	预算小计	备注

六、根据系统类型、信息点数等要求，预算后端系统设备，选配控制系统设备见表 4—3—4。

表 4—3—4　　控制系统配置表

编号	产品名称	产品型号	单位	数量	预算单价	预算小计	备注

七、根据实训条件用表格形式列出所需要的设备辅助材料清单（见表 4—3—5）。

表 4—3—5　　设备辅助材料清单

编号	产品名称	产品型号	单位	数量	预算单价	预算小计	备注

八、运用相关工程绘图软件，根据勘测数据，在原来的平面示意图基础上，绘制设备的布置图。

九、根据所掌握的对讲门禁系统知识，再结合设备的布置图，编制总任务工程材料清单，做出预算表，见表4—3—6。

表4—3—6　　对讲门禁系统预算表

类型	规格说明	品牌型号	数量	单位	预算单价	预算小计	合计	备注
设备清单								
小区单元门口主机								
系统不间断电源								
可视分机								
楼层解码器								
智能卡								
电控锁								
出门按钮								
管理主机								
PVC 管								
PVC 线槽								
视频线								
电源线								
控制线								
其他耗件								
工程实施费用								
管道安装费								
布线施工费								
调试安装费								
税金								
工程总造价								

十、根据本项目案例的要求以及上述步骤完成的实地勘察、设备选型、系统预算等工作成果，再补充相关资料，进行对讲门禁系统设计方案的编写。

任务评价

对本项目案例实地勘察、设备选型与系统预算等任务的完成情况进行并总结并填写评价表4—3—7，给出本任务完成情况的实训成绩。

表 4—3—7　　对讲门禁系统设备选型和方案设计评价表

评价项目		配分	自我评价	小组评价	教师评价
职业能力	对讲分机部分选型	5			
	传输部分选型	5			
	管理、单元门口主机部分选型	5			
	其他设备选型	5			
	能否与业主清楚沟通	5			
	能否正确绘制现场建筑平面图与探测器分布图	5			
	对讲门禁系统的设置是否满足业主的需求	5			
	预算报价正确与否，性价比是否高	5			
	系统概述	5			
	方案设计和设备选型	10			
	项目预算	10			
	施工与售后服务计划	5			
	业主对方案的满意度	5			
	方案的制作与装订质量	5			
通用能力	观察能力	5			
	动手能力	5			
	团队合作能力	5			
	自我提高能力	5			
自我评价		综合评分	本人签名：		
小组评价		综合评分	组长（项目经理）签名：		
教师评价		综合评分	教师签名：		

任务四 对讲门禁系统的安装及调试

任务描述

根据任务三编制的方案，在实训室模拟墙上模拟进行对讲门禁系统设备安装、线路安装、设备连接以及系统调试。

基础知识

一、对讲门禁系统工程施工要求

1. 将门口主机安装于良好的目视水平的高度，建议高度为 150 cm（摄像头高度）。

2. 不可将对讲系统安装于太阳直接暴晒、高温、雪霜、化学物质腐蚀及灰尘太多的地方。

3. 所有的联网布线一般来说应一致采用双屏蔽超五类线，屏蔽层选用金属编织网。

4. 屏蔽层应与系统的所有屏蔽层连接好，并做好接地处理。

5. 联网布线最好采用串接方式，布线的线管尽量采用铁管，铁管两端均应良好接地。且应与强电电缆（如 AC 220 V、电梯线、有线电视线等）保持 50 cm 以上的距离，以提高抗干扰和防雷电能电力。

6. 为了系统的稳定和以后检修的方便，所有联网接线的线头不能放在管内或容易被水浸到的地方，接头处应做焊锡处理后用热缩管包好并做好防水、防潮处理。

7. 在主机接线入口处应考虑连接滴水线。

8. 不要安装在背景噪声大于 70 dB（A）的地方，否则室内机听筒噪声可能比较大。

9. 安装过程中严禁带电操作。

10. 所有连线接好后，反复检查安装无误方可通电。

11. 在通电时，如发现有不正常情况，应立即切断电源，直至故障排除。

12. 如系统不正常，断电后应分段检查。如未查明故障原因，请通知代理销售商或厂家售后服务部，切勿自行修理或更换元件，以免造成系统损坏。

13. 带门禁的主机初次使用的 IC 卡或 ID 卡需经过管理中心登记发卡之后方可使用。

二、对讲门禁系统管线施工要求

1. 电缆的安装应符合 IEEE 电气安装线缆敷设规范和国家、行业的相关规定。

2. 应根据选择的出入口产品厂商的要求选择符合规定的产品。

3. 室内布线时不仅要求可靠、安全，而且要使线路布置合理、整齐、安装牢固。

4. 所用导线的额定电压应不大于线路的工作电压；导线的绝缘应符合线路的安装方式和敷设的环境条件以及导线对机械强度的要求。

5. 布线时应尽量避免导线有接头。非接头不可的，其接头必须采用压线或焊接方式。导线连接和分支处不应受机械力的作用。

6. 布线在建筑物内安装要保持水平或垂直。布线应加套管（塑料或铁水管，按室内布线的技术要求选配），天花板上可装软管或PVC管，但需固定稳妥且美观。

7. 控制主机到天花板的走线要求加套管埋入墙内或用铁水管加以保护，以提高防盗系统的防破坏性能。

8. 布线时应区分电源线、通信线、信号线。其中电源线的线径应足够粗，要采用多股导线；信号线和通信线采用五类或六类双绞线，环境要求较高时可采用屏蔽双绞线。布线时注意强、弱电线分开。

9. 信号线不能与大功率电力线平行，更不能穿在同一管内。如因环境所限，要走平行线，则要远离50 cm以上。

10. 交流电源应单独走线，不能与信号线和低压直流电源线穿在同一管内，交流电源线的安装应符合电气安装要求。

三、对讲门禁系统设备安装要求

1. 安装设备前需对系统所有线路进行全面检查，避免存在断线或短路现象。

2. 确认整个系统的线路无任何故障后，方可安装设备，接线的各接点必须进行锡焊。

3. 安装设备时必须严格按照产品所附说明书或安装手册进行正确接线。

4. 分机安装在住户室内的适当位置，通过线缆与外部设备连接；不要将室内分机安装在如下场所：

（1）太阳光直接照射的地方、高温或低温的环境（标准温度0～50℃）；

（2）滴水或潮湿的环境；

（3）灰尘比较大或空气污染严重的地方；

（4）背景噪声大于65 dB（A）的地方；

（5）有强磁场的地方（如非屏蔽音箱附近）；

（6）电磁干扰严重地方（如电动机旁）。

5. 门口机应安装在楼宇大门处，以方便住户通过对讲系统与来访者通话或查看来访者。

6. 保护器等应安装在楼宇内的竖井里，以便管理维护。

7. 管理中心主机应安装在物业管理部门的适当位置，以便管理人员管理。

8. 电子锁、闭门器、电子门禁等应安装在楼宇大门处，以便于管理住户进出楼宇，预防外界人员随便进出楼宇。

四、对讲系统调试

1. 系统上电调试前的检查

（1）设备全部安装完毕后，必须全面检查各个部位的接线是否正确；如有一处接错都有可能会引起整个系统不能正常工作。

（2）特别应检查电源线是否接错，电源极间是否有短路，否则上电后轻则烧毁设备及其相关线路的设备，重则引起火灾。

2. 单元楼对讲与可视部分的调试

（1）在保证线路及接线无误、设备完好的情况下，单元系统上电后即能正常工作。

（2）在单元楼调试时，先把门口主机和最低层保护器/解码器及室内机的所有接线连接好，同时将分机的房号按照使用说明编号；上电调试这层系统的工作情况，确认门口主机及底层线路和设备是否工作正常。

（3）若工作正常说明门口主机及线路和设备是正常的；接着切断系统电源，再连接好上一层系统的主线路，进行第二层调试（系统接线时一定要断电），按此方法依次往上层调试。

（4）在单元楼的调试过程中，必须从底层开始一层一层地往上调试，即把第一层调试完后，再进行第二层的调试，依此一直往上调试，直到整单元调试完毕且能正常工作。

正常情况下，可通过使用万用表的电压挡测量电压参数，以判别线路或器材的好坏。

（5）若整个单元系统的设备都安装完毕且线路接线无误，但上电后不能工作，应先断电，只保留底层的保护器/解码器、室内机与门口主机连接好，即把二层以上的保护器/解码器的总线全拆掉，确认一下门口主机和底层的保护器/解码器及室内机是否正常，若是正常的，则故障就出在二层以上的保护器/解码器或室内机，这样就可以逐层查找到故障的根源所在。

（6）遇到上述的故障，若是楼层较高的，可采用“黄金分割法”检查故障，就是先断开中间楼层（如20层楼就必须在10层断开）以上的保护器/解码器的总线，恢复接好中间楼层以下层的总线，确认故障具体是出在中间层以下或中间层以上，依此方法就能最快地查出故障根源点。

（7）室内机与保护器/解码器之间只要接线无误，在保护器/解码器与室内机的连接线插上，视频线接好后，将分机的房号编好后无须调试就能正常工作。

（8）若室内机的影像出现重影或因信号过强在图像上引起扭曲，则必须在顶层最后一个保护器/解码器的视频输出端并接一个大小为75 Ω的终端电阻，用于衰减、匹配视频信号。

（9）若室内机的影像出现模糊或图像比较白，说明视频信号较弱，此时可通过打开保护器上的视频放大电路调节视频增益。

（10）门口主机与室内机呼叫通话过程中，若出现刺耳的啸叫声，或主机喇叭的声音较小时，可对门口主机主板上的喇叭、话筒进行音量调整。

3. 小区联网的调试

（1）在调试整个联网系统之前，必须检查整个联网主干线和各个中继隔离器的接线是否正确，整个联网线各个接点一定要加上焊锡，增加系统运行的可靠性。

（2）联网线的屏蔽线在管理机总控室里一定要接在弱电接地点上，确认无误后，才能开始进行整个联网系统的调试。

(3) 呼叫前必须对每台门口主机的本机号码进行设置，且同一管理机下的各门口主机的号码不能重复，否则门口主机呼叫管理机时，会使多台门口主机同时被激活通话，造成多台门口主机同时通话而引起啸叫。

(4) 整个联网系统不能工作时，必须检查数据线是否接错，特别是联网线是否接错，或其中任一台中继隔离器的联网线是否接错，任何一处接线错误都会引起整个联网系统不工作。

(5) 联网数据线、呼叫通话时音频线上的电压不正常时，会导致联网系统不能工作，必须检查相关的线路。

(6) 对于单元门主机较少的小区，若整个联网系统的设备都安装完毕且线路接线无误，但上电后不能工作，可先只保留离管理中心机最近的门口主机、中继隔离器与管理中心机的联网线连接好，即把最近的中继隔离器以后的联网总线全拆掉，之后确认一下联网系统是否能正常工作。若系统是正常的，表明故障就出在最近的中继隔离器以后的联网总线上，这样即可逐个查找到故障的根源所在。

(7) 遇到上述故障，若是单元门主机较多的小区（超过 24 台单元门主机），可采用“黄金分割法”检查故障，即先断开中间的中继隔离器上的联网总线，在中间中继隔离器上接入管理中心机，确认故障具体是出在中间中继隔离器之前还是在中间中继隔离器之后，依此方法就能最快地查出故障根源点。

五、对讲门禁系统检测

对讲门禁系统检测内容包括如下几个方面：

1. 选呼功能检测

用楼宇入口处的主机应能正确选呼任一分机，并能听到响铃声。

2. 通话功能检测

用楼宇入口处的主机对任一分机选呼后，应能实施双工通话，话音清晰，不应出现振鸣现象。

3. 电控开锁功能检测

应可在分机上实施电控开锁。

4. 可视对讲系统所传输的视频信号应清晰，应能实现对访客的识别。

5. 联网型的小区对讲门禁系统，其管理主机除应具备可视对讲或非可视对讲、电控开锁、选呼功能、通话功能外，应能接收和传送住户的紧急报警（求助）信息。

6. 对带有紧急报警（求助）功能的对讲门禁系统的检测，应按以下步骤进行：

(1) 使管理机处于通话状态，同时分别触发两个报警键，管理机应立即发生与呼叫键不同的声光信号，并逐条显示报警信息，包括时间、区域。

(2) 使系统处于守候状态，同时分别触发呼叫键和报警键，报警信号应具有优先功能，管理机应发出声、光报警信号并指示发生的部位，并应至少能存储 5 组报警信息。

对讲门禁系统检查项目见表 4—4—1。

表 4—4—1　　对讲门禁系统检查项目

序号	项目性质	检查内容
1	主控项目	室内机门铃及双方通话清晰度
2		通话保密性
3		开锁功能
4		呼叫功能
5		可视对讲夜视效果
6		密码、钥匙开门锁
7		紧急情况电控锁释放
8		备用电源工作时间
9		管理员机与门口机、室内机通话
10	一般项目	定时关机功能
11		可视图像清晰度
12		对门口机图像可监视

六、对讲门禁系统工程验收

对讲门禁系统验收要求如下：

1. 基本功能要求

（1）通话功能。主机与分机间经按键接通后，应能实现双方通话，话音音质清晰，不应出现振鸣现象。

（2）监视功能。主机与分机间经按键接通后，在分机监视器上应能观看到主机摄取的图像信号，以便于识别来访者。

（3）夜视功能。主机在正常安装的情况下，夜间应可在分机监视器上识别来访者。

（4）防破坏报警功能。可视对讲门禁系统应具有防破坏报警输出接口。当主机遇到非正常拆卸时，分机应立即发出报警信号。

2. 主要电性能指标

（1）音频指标

1）主呼通道、应答通道音频响应在 500 ~ 3 000 Hz 范围内，相对于 1 000 Hz 的幅度变化应在 ±3 dB（A）范围内。

2）在主呼通道、应答通道音频输出功率为 50 mW 的条件下，主呼通道、应答通道的谐波失真均应不大于 5%。

3）信噪比

①应答通道信噪比应不小于 25 dB（A）。

②主呼通道信噪比应不小于 40 dB（A）。

4）通道输入信号电压

①应答通道输入信号电压应不大于 40 mV。

②主呼通道输入信号电压应不大于 30 mV。

5）振铃声压应不小于 70 dB（A）。

（2）视频指标

1）系统摄像的最低照度应不大于 0.1 lx。

2）系统摄像的最高照度应不小于 4 500 lx。

3）系统监视器上的图像亮度鉴别等级应不小于 8 级。

4）系统监视器上的图像分辨率（中心水平）应不小于 320 TVL。

（3）静态功耗。静态功耗应符合企业产品标准的要求。

（4）电源电压适应范围。交流：220 V + 22 ~ 33 W；或直流：12 V + 1.2 ~ 1.8 W 应符合在规定电源电压变化范围内系统规定的要求。

3. 照明或指示要求

应符号主机应提供照明或指示，以便来访者在夜间操作。

4. 安全性要求

（1）绝缘要求

1）绝缘电阻。电源插头或电源引入端子与外壳或外壳裸露金属部件之间的绝缘电阻在正常环境条件下应不小于 100 MΩ，湿热条件下应不小于 5 MΩ。

2）抗电强度

①对于 AC 220 V 供电的系统，电源插头或电源引入端子与外壳或外壳裸露金属部件之间应能承受交流有效值为 1.5 kV 的试验电压，扰电强度试验持续 1 min，试验时应无击穿和飞弧现象。

②对于 DC 12 V 供电的系统，电源插头或电源引入端子与外壳或外壳裸露金属部件之间应能承受有效值为 0.5 kV 的试验电压，扰电强度试验持续 1 min，试验时应无击穿和飞弧现象。

（2）过流保护

1）如果在变压器的一次电路中有断路器或熔断器，则它们的额定值应与产品的最大输入额定值相适应。

2）对于不要求区分极性的接线柱与相邻接线柱短路或成对反接，或碰到电源端，均不应损坏产品，也不能使内部电路损坏。对于要求区分极性的接线柱，则应把极性标志放在最靠近接线柱的地方。

（3）阻燃要求

外壳有开孔且有着火危险的产品，其外壳经火焰烧 5 次，每次 5 s，不应烧着起火。

（4）人为故障引燃

无过载保护的产品在人为造成最严重的电路故障时不应有触电或燃烧的危险。

(5) 过压运行要求

产品在电源电压为额定值的115%时，应能正常工作。

5. 环境适应性要求

(1) 根据其环境的严酷程度，适应性要求分为如下三组：

Ⅰ组：能经受偶尔的较轻振动，能适应中等程度的高低温和湿度的变化，在一般室内条件下使用。

Ⅱ组：能经受突然跌落或承受频繁移动中较大程度的振动和冲击，能适应较大范围的高低温和湿度变化。

Ⅲ组：除Ⅰ、Ⅱ组条件外，并能在严寒露天条件下使用。

(2) 气候环境适应性要求

产品按规定的条件进行试验，每项试验后应能正常工作。

6. 抗干扰要求

(1) 系统在 GB/T 17626. 2—2006 所规定的接触放电试验等级为 4 的条件下进行实验，符合标准的要求。

(2) 系统在 GB/T 17626. 3—2006 所规定的试验等级为 1 的条件下进行实验，符合标准的要求。

(3) 由 AC 220 V 供电的系统在 GB/T 17626. 4—2008 所规定的试验等级为 1 的条件下进行试验，符合标准的要求。

(4) 由 AC 220 V 供电的系统在 GB/T 17626. 11—2008 所规定的 40% U_t、10 个周期的电压暂降及 0% U_t、10 个周期的短时中断干扰条件下进行试验，符合标准的要求。

7. 稳定性要求

可视对讲门禁系统在正常气候条件下连续工作 7 天，不应出现任何故障，且其通话音质清晰，图像信号稳定，能正确辨别来访者。

8. 可靠性要求

系统在正常工作条件下，平均无故障间隔时间（MTBF）应不小于 5 000 h。

任务实施

一、设备和线缆的安装

切断设备总电源并挂上维修标志牌。以图 4—4—1 所示的实训模块设备布置图为参考进行设备安装。包括各种设备的安装、线缆在模拟墙上的布置等。

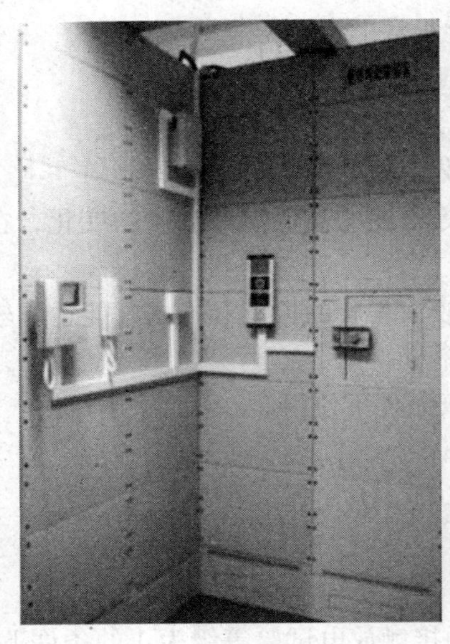

图 4—4—1　实训设备安装示意图

二、设备连接

在设备未通电的前提下，按照项目四任务一中观察设备并测绘出的连接图连接各设备。

三、检查

用目视和仪表仔细检查设备之间是否完好连接，保证设备间无断线和短路现象。系统连好后，尝试通电检查，观察设备有无冒烟、异味等现象。如果出现异常，则马上断电检查；如无异常，则进入系统调试。

四、系统调试

1. 给系统充电，按照项目四任务二第二大步骤中的第 4 ~ 10 小步骤的模式，进行设备之间的相互呼叫测试。如果测试失败，应检查线路。

2. 对智能卡和指纹机根据不同的用户进行相应的设置，并进行调试。

五、检查现场并填写记录

通电验收检查后，整理现场，复原设备，填写设备使用记录，移交设备，实训结束。

六、施工项目验收

1. 如果在检查过程中发现问题，则需要填写问题记录表 4—4—2 并进行整改。

表 4—4—2　　　　验收检查问题记录表　　　　编号：

检查问题记录	问题原因及整改措施	完成时间	备注

2. 填写施工项目验收报告表 4—4—3。

表 4—4—3　　　　施工项目验收报告表　　　　编号：

<table>
<tr><td>工程名称</td><td colspan="4"></td></tr>
<tr><td>建设单位</td><td colspan="2"></td><td>联系人</td><td></td></tr>
<tr><td>地　址</td><td colspan="2"></td><td>电　话</td><td></td></tr>
<tr><td>施工单位</td><td colspan="2"></td><td>联系人</td><td></td></tr>
<tr><td>地　址</td><td colspan="2"></td><td>电　话</td><td></td></tr>
<tr><td>项目负责人</td><td colspan="2"></td><td>施工周期</td><td></td></tr>
<tr><td>工程概况</td><td colspan="4"></td></tr>
<tr><td>现存问题</td><td colspan="2"></td><td>完成时间</td><td></td></tr>
<tr><td>改进措施</td><td colspan="4"></td></tr>
<tr><td rowspan="2">验收结果</td><td>主观评价</td><td>客观测试</td><td>施工质量</td><td>材料移交</td></tr>
<tr><td></td><td></td><td></td><td></td></tr>
<tr><td>验收结论</td><td colspan="4"></td></tr>
<tr><td>施工单位</td><td colspan="2"></td><td>建设单位</td><td></td></tr>
<tr><td>负责人签字</td><td colspan="2"></td><td>负责人签字</td><td></td></tr>
<tr><td>日期</td><td colspan="2"></td><td>日期</td><td></td></tr>
</table>

任务评价

总结对讲门禁系统设备安装以及系统调试的情况，填写表 4—4—4，给出本任务完成情况的实习成绩。

表 4—4—4　　对讲门禁系统安装与调试实训评价表

评价项目		配分	自我评价	小组评价	教师评价
职业能力	前端设备安装	10			
	传输设备安装	10			
	后端设备安装	10			
	安装是否符合国家技术标准与规范	5			
	线路及整体安装效果	5			
	调试综合效果	20			
	能否准确记录验收问题	5			
	能否完成施工项目验收报告	5			
安全文明操作	安全操作（未切断总电源并挂上维修标志牌则该项任务不及格；违反一项操作规程则扣 5 分，违反两项则该项任务不及格）	5			
	现场整理与设备移交等（未移交设备以及未清理现场扣 5 分，现场清理不干净扣 2 分）	5			
通用能力	观察能力	5			
	动手能力	5			
	团队合作能力	5			
	自我提高能力	5			
自我评价		综合评分	本人签名：		
小组评价		综合评分	组长（项目经理）签名：		
教师评价		综合评分	教师签名：		

任务五　对讲门禁系统问题分析及故障排除

任务描述

在一个对讲门禁系统进入调试阶段、试运行阶段以及交付使用后，有可能出现各种不正常现象和故障。本任务要求讨论并分析可能的故障，观察实际故障现象，检查故障设备，

分析实际故障原因并排除。

基础知识

一、对讲门禁系统常见故障分析与处理

现场故障处理是考验技术人员对系统产品的了解程度和经验的积累。一般处理问题的过程为：一看二测三分析。很多问题是看一看就能看出来的，在看不出来的时候可对设备及系统工作状态进行检测，可用仪表检测数据并进行分析，确定故障的原因并做出相应解决方案。

1. 智能型主机

（1）门口主机不能呼叫某户分机

1）门口主机不能呼叫某单户分机，呼叫其他住户正常，说明主机没有问题，首先应检查该分机是否有电，工作电压是否正常。

2）检查分机编码地址和门口主机呼叫的号码是否一致。若不一致可以重编一次地址来解决。

3）检查线路是否畅通，有无短路、开路，尤其是新项目调试时，很多线路在布线检测时没问题，但后期在土建或内部装修过程中被切断或短路，检测时必须每芯线缆都做短路、开路检测，以保证信号能正常传输。

4）检查数据视频分配器端口工作是否正常。可以把此路分机线插在其他测试好的端口试一下，如果工作正常则是分配器端口有问题，如果仍有故障，可以更换一台分机再试。

5）检查同一单元内是否有编同一号码的分机。

（2）某一用户没有图像

1）重点检查视频线，分户视频线一般采用 SYV－75－3 型线缆，线芯比较脆弱，在拉线和接线过程中很容易断，从而造成分机无图像。

2）检查数据视频分配器端口、各线头连接处是否正常。

3）检测分机视频显示部分是否正常（可以更换一台无故障的分机试验一下）。

（3）某一单元内从 13 层开始全部没有图像

1）查视频线及视频接头。重点检查 12 层数据视频分配器的视频输出到 13 层分配器视频输入部分，看线路是否有断路、短路现象，接头是否连接完好。

2）检查 13 层数据视频分配器输入输出端是否插反。

3）在数据视频分配器静态时（带电但是不处于工作状态），用万用表检测 12 层的数据视频分配器的总线视频输入输出是否为通路，检测方式如图 4—5—1 所示。如果是通路，则工作状态正常；如果是开路，则保持万用表的检测状态，逐个拔下分配器上的分机线接头。当拔下某个分机接头后视频输入输出接通了，应更换此路所接分机。

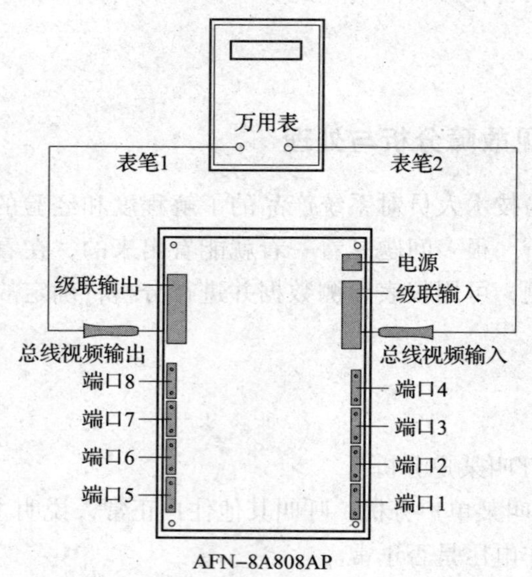

图 4—5—1　视频分配器检测图

（4）主机不能开锁

1）电控锁（阳极锁）。电控锁的开锁方式为通电开锁，主机开锁端不需要加中间设备，可以直接连接电控锁。

①首先检测主机开锁端是否有开锁信号输出，且此信号是否正常传输到电锁。

②其次检查开锁线路是否过长，开锁线一般采用截面大于0.5 mm^2且长度在5 m 以内的线缆。因开锁电流很大，当线路过长时，线阻太大，可能导致开锁电流不够。如果因情况特殊需要长距离开锁，需另外增加开锁控制器来解决。

③如果还不能开锁，应检测电锁线圈是否损坏。

2）磁力锁/电插锁（阴极锁）

磁力锁的开锁方式为断电开锁，主机开锁端有 NO/NC 两种接点，应接 NO 接点。一般磁力锁都自带控制器，以支持多种开锁方式，将主机开锁端连接到控制器相应端口即可。如果所配的磁力锁不自带控制器，应选择正确的主机输出连接端口。当主机不能开锁时，应检查以下几个方面：

①检测主机开锁端是否有开锁信号输出。

②检测开锁控制器和主机开锁信号是否匹配，接线是否正确。

③磁力锁工作是否正常。

（5）门口主机呼叫管理机显示图像不清晰、没有图像或有重影

1）门口主机呼叫管理机没有图像主要可能是线路引起的，应重点检查线路。

2）门口主机呼叫管理机有重影或不清晰则是视频信号衰减和干扰而引起。

①检查视频线是否焊接良好。

②检查视频信号是否传输距离太长，若太长须增加视频放大器。

③检查视频信号线是否与其他系统的线路（强电线路）布置在一起或间隔太近。

④检查视频接头处是否铜线裸露太长。

2. 节能型主机

节能型系统联网部分调试与智能型系统相同，单元内调试稍有区别。

（1）门口主机不能呼叫分机

1）门口主机不能呼叫单元内所有分机

①检查单元内设备供电是否正常。

②断开除一层以上所有总线，单独调试该层分机。如果正常，则采用“黄金分割法”确定故障到底出在哪一层；如果不正常，重点查门口主机到这一层的主干信号线及第一个解码器输入、输出是否正确连接。

③检查门口主机是否工作正常。

2）门口主机不能呼叫某单户分机

①检查分机、解码器编码是否正常。若不正常可以重新编地址再实验。

②检查单元内是否有同房号的分机。

③检查分户线是否正常。

（2）呼叫某户分机另外一户分机响铃

这种情况是因为解码器端口号码和分机需要编码的号码不对应。比如呼叫 0302 分机，结果 0303 分机响铃，这是因为 0303 的分机接到了 0302 分机的端口上。如果再呼叫 0303 分机，0302 分机响铃，则说明只是这两户分机端口接反，调试的时候更换个位置即可，如果不是，则需要重新检查分户线对应的房号。

在节能型系统中，特别要求解码器输出至每户分户的线缆在布线的时候必须做好标志，否则调试时会很麻烦。

3. 直按型主机

直按型系统没有楼层分配器，系统相对简单。在排除单个设备工作故障后，可采用“黄金分割法”检查总线故障。

4. 两线制非可视型主机

两线制系统很简单，调试时主要需检测线路及译码器与分机的编码设计。

二、对讲门禁系统故障与分析实例

1. 五线直按式对讲机

（1）不能呼叫的常见原因有：音乐 IC 损坏、TIP42C 损坏、分机叉簧开关接触不良。

（2）不能开锁的常见原因有：分机开锁开关接触不良、主机开锁限流电阻断路、三极管 VT2 损坏或电容 C1 容量不足、锁控线路短路或断路、电控锁线圈断路。

（3）不能对讲的常见原因有：叉簧开关接触不良、话筒损坏、喇叭损坏、集成功放电路 LM386 损坏、送话线断路。

（4）对话声音小或啸叫的常见原因有：声音微调电阻阻值不合适、话筒损坏。

2. 两线可视及非可视对讲系统

表 4—5—1 所示是确保主机/解码器、分机经一对一测试能正确使用时的维修指导。

表 4—5—1　　两线可视及非可视对讲系统常见故障及维修指导表

故障现象	故障原因及维修指引
主机不工作、无显示或显示不正常	主机没有 12 V 输入；主线短路；线材线径过小导致电压过低、线材线阻过大
主机不能呼叫某一台分机	分机未挂好；对应分机房号设置错误；与对应分机连接的入户线断路、接错线
主机不能呼叫某两台分机	两台分机未挂好；两台分机设置了相同的房号
所有或大部分分机均不能打开显示屏	电源电压下降过低；线材线径过小；18 V 与其他线缆短路
所有或大部分分机均无视频	视频线短路；视频没接好；视频线断路
所有或部分分机视频重影或图像变形扭曲	视频屏蔽线未接好；视频线线径过小；视频信号匹配不上（解决方法：视频信号线与屏蔽线并入一个 50 ~ 100 Ω 的电阻，或加放大器）
某一分机视频有黑线	18 V 电压不足；显示屏损坏
所有分机均不能开锁	锁线线径小或过长；继电器不动作；开锁电容损坏；锁损坏
某台分机不能开锁	入户线接触不良；分机开锁键损坏
大部分分机开半屏	入户 18 V 电压不足
通话有噪声或啸叫	主机或分机话筒性能不良；音频输出过大（调整主机板上的音量微调）
主机显示 Err0	分机未接好线
主机显示 Err2	系统 5 V 短路
主机显示 Err4	系统 S 线短路
主机显示 Err5	开锁时，密码错误
主机显示 Err7	分机未编码
主机显示 Sorry	用户不想被打扰或分机手柄未挂好

任务实施

一、由项目经理领导小组成员，讨论对讲门禁系统可能出现的故障现象，并分析可能的故障原因，也可通过查询互联网进行了解，认真填写表 4—5—2。

表 4—5—2 对讲门禁系统故障分析表

序号	故障现象	可能的故障原因	对应的解决方法	备注

二、根据故障种类，针对出现的故障现象或人为设置故障，练习故障的排除，并将排故的情况填写至表 4—5—3。

表 4—5—3 对讲门禁系统排故表

序号	故障现象	检测方法	解决步骤	处理结果

任务评价

对对讲门禁系统可能产生的故障原因进行分析并完成相关排故任务后，进行总结，填写评价表 4—5—4，给出本任务完成情况的实习成绩。

表 4—5—4 对讲门禁系统问题分析及故障排除实训评价表

评价项目		配分	自我评价	小组评价	教师评价
职业能力	能否准确地说出对讲门禁系统可能产生的故障现象	10			
	能否准确地分析出故障产生的原因	20			
	能否采用合理、正确的方法进行故障排除	20			
	能否合理、正确地使用工具进行操作	20			
安全文明操作	安全操作（未切断总电源并挂上维修标志牌则该项任务不及格；违反一项操作规程则扣 5 分，违反两项则该项任务不及格）	5			
	现场整理与设备移交等（未移交设备以及未清理现场扣 5 分，现场清理不干净扣 2 分）	5			
通用能力	观察能力	5			
	动手能力	5			
	团队合作能力	5			
	自我提高能力	5			

续表

<table>
<tr><td colspan="2">评价项目</td><td>配分</td><td>自我
评价</td><td>小组
评价</td><td>教师</td></tr>
<tr><td rowspan="2">自我
评价</td><td rowspan="2"></td><td>综合
评分</td><td colspan="3" rowspan="2">本人签名：</td></tr>
<tr><td></td></tr>
<tr><td rowspan="2">小组
评价</td><td rowspan="2"></td><td>综合
评分</td><td colspan="3" rowspan="2">组长（项目经理）签名：</td></tr>
<tr><td></td></tr>
<tr><td rowspan="2">教师
评价</td><td rowspan="2"></td><td>综合
评分</td><td colspan="3" rowspan="2">教师签名：</td></tr>
<tr><td></td></tr>
</table>

项目五　公共广播系统

公共广播系统是专用于远距离、大范围内传输声音的电声音频系统，能够对处在广播系统覆盖范围内的所有人员进行信息传递。

公共广播系统在现代社会中应用十分广泛，主要体现在背景音乐、远程呼叫、消防报警、紧急指挥以及日常管理应用上。随着现代社会的发展，公共广播系统的应用范围也在逐步扩展。比如，学校校园内的公共广播系统普遍应用于听力考试、语音训练、眼保健操、广播体操等日常教学任务；旅游景点内的公共广播系统具有导游功能；大型商场内的公共广播系统具有导购与商品广告等功能。总之，公共广播系统在军队、学校、宾馆、工厂、矿井、大楼、中大型会场、体育馆、车站、码头、空港、大型商场等场所都有普遍的应用。

H2 案例

学校的教学大楼共计 12 层，层高约 3 m，每层有 8 个教室，平面图如图 5—0—1 所示。现要给教学大楼设计安装一套校园公共广播系统，要求达到的功能有：

1．具备背景音乐、紧急广播功能。

2．能够播放学校日常的音乐（如上下课铃声、课间操音乐、保健操音乐等）。

3．各个楼层可以实现分区广播，如给三楼的教室播送开会通知，则其他楼层教室不播放。

4．广播室可实现自动播放，可预排播放表，无须专人值守。

5．可监听各区广播，及时掌握各区的广播情况和质量。

6．广播控制中心设在一楼的教师办公室。

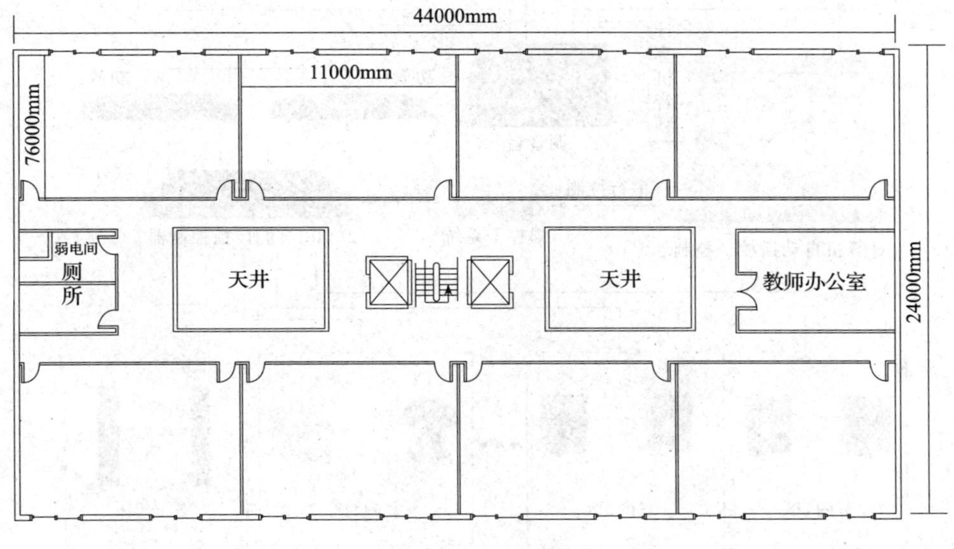

图 5—0—1　公共广播案例平面图

学习目标

能根据本项目学习到的知识，给小区或者某单位设计一套公共广播系统，并能进行设备和线路的安装、调试，以及常见故障的排除。

任务一　了解公共广播系统的基本知识

任务描述

了解公共广播系统的概念、运用范围、系统设备软硬件的组成，并做好相关记录。

基础知识

一、公共广播系统的概念与功能

公共广播系统具有紧急广播和背景音乐广播作用，平时播放 CD 唱片、收音机等音乐源，紧急情况下可强行切断背景音乐而播发紧急广播通知，其结构如图 5—1—1 所示。此系统与消防系统联机，可实现火灾报警及疏散广播。

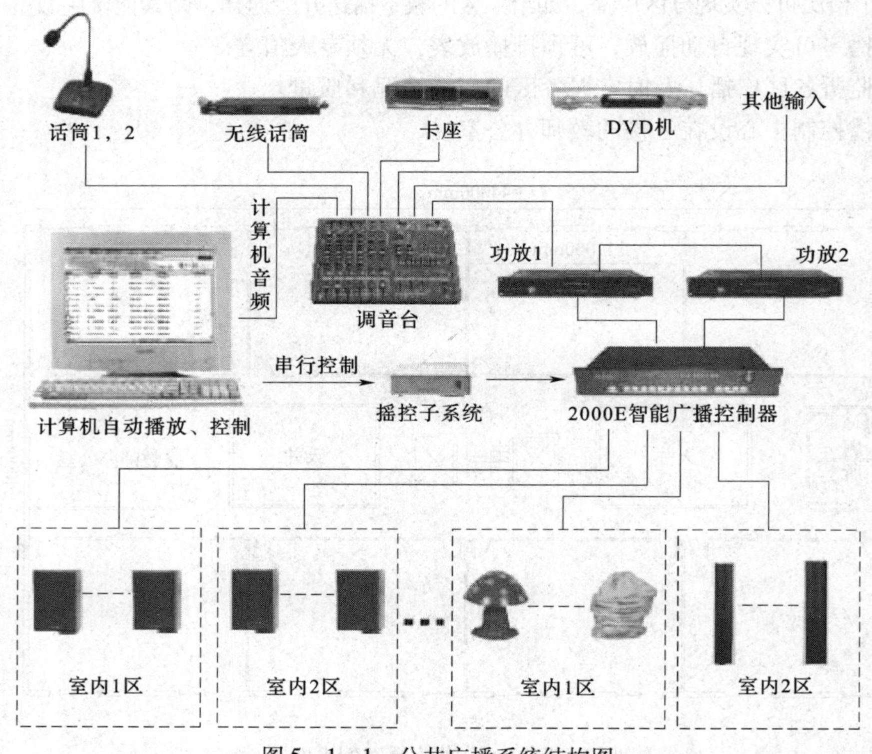

图 5—1—1　公共广播系统结构图

1. 播放背景音乐和播放寻呼

背景音乐简称 BGM（Background Music），它的作用是掩盖公共场所的环境噪声，创造一种轻松愉快的气氛。背景音乐平均声压在 60～70 dB。

在背景音乐中播放寻呼广播时，应设有叮咚声或钟声等提示音，以提醒公众注意。

2. 紧急广播

过去紧急广播系统与火灾报警系统配合使用时，是作为一个独立系统的。但后来发现，由于紧急广播系统长期不用，其可靠性大大降低，往往平时试验时没有问题，但在正式使用时便不能正常工作，因此现在都把火灾报警系统与背景音乐系统集成在一起，组成通用性很强的公共广播系统。

3. 优先广播权功能

发生火灾时，消防广播信号具有最高级的优先广播权，即利用消防广播信号可自动中断背景音乐和寻呼找人等广播。

4. 选区广播功能

当大楼发生火灾报警时，为了防止混乱，应只向火灾区及其相邻的区域广播，指挥人员撤离和组织救助等事宜。这种选区功能应有自动选区和人工选区两种，确保可靠地执行指令。

5. 强制切换功能

播放背景音乐时各扬声器负载的输入状态通常各不相同，有的处于小音量状态。有的处于关闭状态，但在紧急广播时，各扬声器的输入状态都将转为最大全音量状态，即通过遥控指令进行音量强制切换。消防值班室必须具备有紧急广播分控台，此分控台应能遥控公共广播系统的开机、关机。分控台话筒具有优先播放权，分控台具有强制切换权和选区广播权等。

二、公共广播系统的分类和等级

公共广播国家标准《公共广播系统工程技术规范》（简称《规范》，编号 GB 50526—2010）把公共广播系统分成三类：业务广播、背景广播、紧急广播。各类又按其品质分成三个等级：一级、二级、三级。其主要区别见表 5—1—1。

表 5—1—1　　公共广播系统类别和等级区分

		应备功能
业务广播	一级	编程管理，自动定时运行（允许手动干预）；矩阵分区；分区强插；广播优先级排序；主/备功率放大器自动切换；支持寻呼台站；支持远程监控

续表

		应备功能
业务广播	二级	自动定时运行（允许手动干预）；分区管理；可强插；功率放大器故障报警
	三级	—
背景广播	一级	编程管理，自动定时运行（允许手动干预）；具有音调调节环节；矩阵分区；分区强插；广播优先级排序；支持远程监控
	二级	自动定时运行（允许手动干预）；具有音调调节环节；分区管理；可强插
	三级	—
紧急广播	一级	编程管理，自动定时运行（允许手动干预）；具有音调调节环节；矩阵分区；分区强插；广播优先级排序；支持远程监控
	二级	自动定时运行（允许手动干预）；具有音调调节环节；分区管理；可强插
	三级	—

公共广播系统当然也应考量其电声指标（见表5—1—2），但《规范》认为，并不是所有电声指标都应该分等，尤其是不应以声压级的高低区分。而有关“音质”和“漏出声”等指标则需分等。“音质”指标的重点在语言传输指数（STIPA）和信噪比。

表5—1—2　　公共广播系统电声指标区分表

		应备声压级	声场不均匀度（室内）	漏出声衰减	系统设备信噪比	扩声系统语言传输指数	传输频率特性（室内）
业务广播	一级	≥83 dB（A）	≤10 dB（A）	≥15 dB（A）	≥70 dB（A）	≥0.55	160～6.3 kHz 0～10 dB（A）
	二级		≤12 dB（A）	≥12 dB（A）	≥65 dB（A）	≥0.45	250～4.0 kHz 0～12 dB（A）
	三级		—	—	—	≥0.40	250～4.0 kHz 0～14 dB（A）
背景广播	一级	≥80 dB（A）	≤10 dB（A）	≥15 dB（A）	≥70 dB（A）	—	160～6.3 kHz 0～10 dB（A）
	二级		≤12 dB（A）	≥12 dB（A）	≥65 dB（A）	—	250～4.0 kHz 0～12 dB（A）
	三级		—	—	—	—	—
紧急广播	一级	≥86 dB（A）	—	≥15 dB（A）	≥70 dB（A）	≥0.55	—
	二级		—	≥12 dB（A）	≥65 dB（A）	≥0.45	—
	三级		—	—	—	≥0.40	—

1. 按使用功能和性质分类

（1）业务性广播系统。这是以业务及行政管理为主的语言广播，用于办公楼、商业楼、

机关、院校、车站、码头、机场等场所，业务性广播通常都由主管部门管理。

（2）服务性广播系统。这是以欣赏背景音乐为主的带有服务性质的广播系统，常用于宾馆、酒店、银行、证券、公园、广场及大型公共活动等场所。

（3）紧急广播系统。这是用来满足在火灾等紧急事件时引导人员疏散等要求而设计的广播系统，通常这种广播系统都与上两种系统合并使用，合并设计时，首先应按紧急广播系统的要求来确定系统。

2. 按传输、信号处理方式分类

（1）传统公共广播系统。该系统是通过音频线把模拟功率信号传输到终端扬声器上的，机房的功率放大器到扬声器是采用高电平传输的，一般为100 V或70 V。其优点是线路损耗少、负载连接方便，只要把带降压变压器的扬声器并接在线路上即可。

（2）数字可寻址公共广播系统。真正意义上的数字可寻址公共广播系统的音频信号、控制信号和通信全在数位域进行，具有更远的传输距离和更好的传输效果，尤其是将音频信号和控制信号集中在一条两芯的双绞线上传输，不仅大大地节省了安装和布线成本，而且为将来的系统维护及系统工作的高可靠性提供了先决的优越条件。

（3）流媒体（IP）智能数字广播系统。该系统是基于互联网和局域网的纯数字化网络音频广播系统，区别于传统的模拟音频、调频、寻址和数控的广播系统，流媒体（IP）智能数字广播系统完全兼容现在的互联网和局域网，应用TCP/IP协议，无须另行布线，可利用现有的校园网或内部局域网；具有嵌入式的硬件终端，能够设置独立的IP地址，可通过多层交换机及主机任意控制每个终端的设置和播放，更可以在终端上选择所需的节目内容；由于采用了计算机技术，系统几乎可以兼容所有的音频格式；采用了IP技术，播放的节目内容可以没有任何限制，每个终端可以随心所欲地播放需要的节目内容。它能够完全取代基于模拟或数字的传统智能广播系统，真正实现基于互联网或局域网的IP音频广播功能，支持广播、直播、点播等方式，部分产品支持全双工双向对讲、终端演讲等功能，并且支持大范围的普及应用。

3. 按使用场所分类

（1）室外广播系统。该系统主要用于体育场、车站、公园、艺术广场、音乐喷泉等。它的特点是服务区域面积大、空间宽广，但背景噪声大。其声音传播以直达声为主；要求的声压级别高，如果周围有高楼大厦等反射物体，扬声器布局又不合理，声波经多次反射会形成超过50 ms以上的延迟，引起双重声或多重声，严重时会出现回声等问题，影响声音的清晰度和声像定位。室外系统的音响效果还受气候条件、风向和环境干扰等因素的影响。

（2）室内广播系统。该系统是应用最广泛的系统，应用场合包括各类影剧院、体育场、歌舞厅等。它的专业性很强，既能非语言扩声，又能供各类文艺演出使用，音质的质量很高。系统设计不仅要考虑电声技术问题，还要涉及建筑声学问题。房间的体形等因素对音质有较大影响。

三、公共广播系统的设备组成

不管哪一种公共广播系统，设备基本分5个部分：节目源设备、信号放大器和处理设备、传输线路、扬声器系统及辅助设备。

1. 节目源设备 （音源输入设备）

节目源设备种类较多，传统的设备如：CD播放机、收音机、数字调谐器、多媒体播放机等；智能的设备如：数字节目控制中心、校园广播播放机、数字音源播控机、数控MP3播放机；IP数字广播的设备如：IP网络数字服务器软件等。这些都是内置数字音源，并且可以对相关系统进行控制的设备。另外还有一些设备，如无线电广播、激光唱机和录音卡座等，此外还有传声器、电子乐器等。

常见的音源设备一般有：AM/FM调谐器、多媒体播放机、话筒及现场播音器。

2. 信号放大器和处理设备

该设备包括均衡器、前置放大器、功率放大器和各种控制器材及音响加工设备等。这部分设备的首要任务是信号放大，其次是信号的选择。调音台和前置放大器的作用和地位相似（当然调音台的功能和性能指标更高），它们的基本功能都是完成信号的选择和前置放大，此外还可以对音量和音响效果进行各种调整和控制。有时为了更好地进行频率均衡和音色美化，还另外单独投入均衡器。这部分设备是整个广播音响系统的“控制中心”。功率放大器将前置放大器或调音台送来的信号进行功率放大，再通过传输线去驱动扬声器放声。

常见的信号处理设备一般有：钟声发生器、前置放大器、节目控制器、功率放大器、矩阵分区器。

3. 传输线路

传输线路比较简单，按系统和传输方式的不同，一般分为4种：模拟音频线路、数字双绞线线路、流媒体（IP）数据网络线路、数控光纤线路。

在礼堂、剧场等场所，由于功率放大器与扬声器的距离不远，一般采用低阻大电流的直接馈送方式，传输线要求使用专用喇叭线；而对公共广播系统，由于服务区域广、距离长，为了减少传输线路引起的损耗，往往采用高压传输方式。由于传输电流小，故对传输线要求不高，一般采用普通音频线即可，属于模拟音频线路。

数字可寻址公共广播系统一般采用数字双绞线来进行传输，它将音频信号和控制信号集中在一条两芯的双绞线上传输，不仅大大地节省了安装和布线成本，而且为将来的系统维护及系统工作的高可靠性提供了先决的优越条件，具有更远的传输距离和更好的传输效果。

目前大多数学校、公司及其他公共场所均已布有流媒体（IP）数据网络线路（局域网线路），流媒体（IP）公共广播系统只需在此基础上将相关设备添加其中即可，不需再另行

布线。

由于在很多场所，如公园、小区等，公共广播区域面积较大、传输线路较远，传输一般选用数控光纤线路来进行，传输距离为 20 ~ 200 km，从而解决了以往的公共广播系统无法进行远距离传输的问题。

4. 扬声器系统 （音源输出设备）

扬声器系统要求与整个广播系统相匹配，同时其位置的选择也要切合实际。室内一般用天花喇叭、室内音柱、壁挂音箱或悬挂式音箱；室外可采用室外音柱、草坪专用音箱、号角等设备。

5. 辅助设备

为了满足不同客户的需求，在公共广播中通常需配备相应的辅助设备。例如，16 路电源时序器、10 路监听器、主/备功放切换器、10 路分区矩阵器等。

（1）电源时序器。电源时序器能够按照由前级设备到后级设备的顺序逐个启动电源，关闭供电电源时则按由后级到前级的顺序关闭各类用电设备，这样就能有效地统一管理和控制各类用电设备，避免了人为的操作失误，同时又可减低用电设备在开关瞬间对供电电网的冲击，也避免了感生电流对设备的冲击，确保了整个用电系统的稳定。

（2）10 路监听器。为了保证每个分区都能正常工作，一般都设置监听器。任意选通某分区的内置可调监听喇叭即可进行试听。

（3）主/备功放切换器。为了保证公共广播系统能可靠地工作，系统中一般都设置了后备功放，当主功率放大器出现故障时就需要及时将备用功放接入广播系统。当主功放出现故障时，可以采用手动方式切换到后备功放继续工作；也可设定为自动切换方式，即当主功放出现故障时，让后备功放自动转换接入，继续工作。此机器具备工作状态指示灯，可以清晰显示主功放或后备功放的工作状态。

（4）分区矩阵器。一般的公共广播系统都具备分区广播和分区寻呼功能，即可以向某些区域传送广播信号，或是切断某些区域的广播信号。这就需要配置分区矩阵器。每一个分区有一个指示灯，可以显示这一分区是否接通。有的还具备报警信号强制选通功能，即当出现火灾等紧急情况时可以强制选择接通某些分区的广播扬声器，播放报警信号。

四、公共广播系统的传输方式

近年来，信息技术的飞速发展使得公共广播系统的功能越来越多，智能化公共广播系统具有巨大的市场需求。当前，智能广播厂商纷纷推出不同功能和技术水平的智能广播产品，但从传输方式上基本可以划分为定压式传输广播、调频广播和数字网络广播三大类。

1. 定压传输方式

定压广播是最早的公共广播，基本工作原理是将音频信号直接放大，基于功率信号方式进行传输。为了降低信号在线路中的传输损耗，一般采用升压变压器将 4 ~ 16 Ω 匹配阻抗变换到 70 V 或者 100 V 定压方式进行传输，到终端（音箱）后通过变压器降压转换到 4 ~ 16 Ω 的匹配阻抗上驱动喇叭放音，传输距离从几十米到几百米不等。定压广播广泛应用在车站、码头、学校、商业与民用建筑的背景音乐中，并有不少厂家在此基础上开发出可与消防系统联动的紧急广播系统。

定压广播的主要优势在于技术成熟、结构简单、性能稳定、维护容易、终端设备价格便宜；但不足方面也比较明显，主要体现在以下两个方面：

（1）定压传输受线间变压器带宽、喇叭尺寸、电缆线径等因素影响，系统严格按照功率匹配与阻抗匹配的原则进行配置，可扩容性差，频率响应范围为 200 ~ 12 kHz，信号失真度较大（≤10%），声音质量一般。

（2）节目容量小，不能实现寻址控制。一条线缆只能传输一套节目，对于学校来说，外语听力训练要求多年级同步进行，传输一套节目远远不够。且无法满足同时广播和分区广播，无法实现点对点寻址广播。例如，定压广播无法做到只对某个班级或某几个班级进行分组广播，只能所有音箱同时广播。

目前，市场上定压广播控制主机的存储空间已经能够达到 1 000 M 的容量，并且具备定时选曲播放、定时选台播放和定时电源供电控制功能，可以基本满足学校日常铃声及音频类节目的播放要求，但无法满足外语听力教学训练与考试的要求。

众所周知，当需要传输的功率一定时，传输电压越高则传输的电流越小（$P = UI$，$U = IR$），传输损耗功率（$P = I^2R$，$P = U^2/R$，I 为电流，R 为线路电阻）也越小，传输距离也就越大。定压式广播系统正是基于此原理，采用较高的电压可将信号传输到较远的距离，对较远距离、较广区域进行广播。这种特性是将定压式广播系统用于校园，以作为校园背景音乐、公共广播系统、火灾事故广播的重要原因。一般来讲，采用定压输出的馈电线路，输出电压宜采用 70 V 或 100 V。

2. 调频广播

调频广播采用频率调制的办法，将音频信号搭载到高频载波上进行音频信号的传输，用高频载波的频率变化描述音频信号的变化。不同的载波频率可以同时搭载不同的音频节目，我国将 87 ~ 108 MHz 划分为调频广播的频段。现阶段我国城市广播、有线电视网络中的闭路广播都采用 FM 调频广播的方式。

调频广播分为无线调频传输和闭路调频传输两种方式，无线调频传输是通过调频发射机将调频信号发射到空间，在终端使用调频接收设备（收音机或调频音箱）进行接收。无线调频传输需占用空间频率资源，需要通过无线电管理部门批准，且容易受到外界干扰，可靠性相对较差。闭路调频传输采用与有线电视共缆传输的方式。

调频广播与定压广播相比具有较大的优势，主要体现在：

（1）频响宽、高音丰富、抗干扰能力强、失真小等，可进行立体声传输。调频广播的音频范围为 30 ~ 7 kHz，失真度≤0.7%。

（2）技术成熟，节目容量大。闭路调频广播基于有线电视的频率分割、频分复用的方式进行传输。有线电视技术经历了近20年的发展历史，技术十分成熟，配套器材价格十分低廉。我国在有线电视频率划分上，把87～108 MHz这一频段划分为调频广播频段，专门用于调频广播的传输。在这一频段内可以同时传输60多套调频广播节目，能够满足多分区同时分组广播的需要。

（3）兼容性、扩展性强。调频广播可以与有线电视信号在同轴网络中共缆传输，节目容量大、可扩展性好。需要增加节目时，只需要增加调频调制器即可，无须在布线结构上做任何变动。但由于调频广播基于弱信号的方式进行传输，接收设备必须是有源设备，即每个音箱及终端必须具有功率放大和外接电源部分。

（4）智能化程度高。调频广播的节目源基于MP3、WAV等数字格式，各个公司开发有配套的智能广播多路播出与控制软件，采用一台主控计算机即可同时播出多套音频节目，控制软件不仅能够按照年、月、周、日等多种模式设定播放列表自动定时、定点播放广播曲目，还具有设备控制、音量调节、输入/输出选择和紧急广播等功能。

表5—1—3给出了定压广播与调频广播的主要区别。

表5—1—3　　定压广播与调频广播的区别

定压广播	调频广播
布线烦琐，扩展麻烦	布线简单美观，易于扩展
更改重设区域麻烦，相当于重新布线	更改分区分组广播容易，不需改动网络布线，仅在软件中更改或添加即可
网络单一专用，不能重复利用	利用CATV网络共缆传输，利用率高
不能做到点对点控制	完全做到点对点寻址控制
传输距离不宜太远	可远距离传输
设备多，连线接头多，系统易出故障	设备集成度高，连线少，系统稳定
多路广播需音频矩阵切换	采用智能化多路广播软件，任意指定某个或某些终端广播任一节目
失真大，音质一般	失真小，采用高低音分频，音质好
单一接收	音箱具有多频点接收功能，易于升级

3. 数字网络广播

定压广播、调频广播都直接对模拟音频信号进行处理、放大、录制、传输或调制，频率范围是20～20 kHz。而数字网络广播是将连续的模拟音频信号经过模数转换（用于前端采集信号）和数模转换（用于终端还原信号），再使用专用软件或专用芯片对音频信号进行压缩、传输、解压、解码。网络音频广播的基本工作原理是，由一台IP网络广播控制主机、一套广播软件或服务器控制软件将音频文件以IP流的方式通过以太网，利用TCP/IP协议发送给远端网络终端，每台终端都包含一个固定的IP地址及网络模块、一个专业数字音频解码装置、功放控制单元。

数字网络广播从节目的制作到传输全部实现了数字化、网络化，具有信噪比高、音质好等特点，容易实现智能广播的节目定时、终端寻址、分组分区等功能，支持交互方式广播和远程 AOD（音频点播）。但是，这种广播方式必须采用“计算机 + 专用软件”（专用解压芯片）模式，每个终端必须拥有独立的 IP 地址，技术含量比较高，价格相对比较昂贵。

任务实施

通过使用互联网以及查阅专业图书资料等途径来了解公共广播系统的基础知识，并做好详细记录。学习内容如下：

一、了解公共广播系统的概念。建议搜索关键词为“公共广播系统”。

二、完成以上学习内容并做好详细记录，填入表 5—1—4。

表 5—1—4　　公共广播系统概念实训记录表

记录项目名称	记录的内容
公共广播系统的基本功能	
公共广播系统的基本组成	
常见节目源设备及其作用	
信号放大和处理设备及其作用	
扬声系统设备及其作用	
常见辅助设备及其作用	

任务评价

对了解和掌握公共广播系统的概念、系统设备软硬件组成等基本知识的情况，进行总结评价并填写实训评价表 5—1—5，给出本任务完成情况的实习成绩。

表 5—1—5　　公共广播系统学习评价表

	评价项目	配分	自我评价	小组评价	教师评价
职业能力	能否准确理解公共广播系统的基本功能	10			
	能否准确理解公共广播系统的基本组成	10			
	能否准确掌握常见节目源设备类型及其用途	15			
	能否准确掌握信号放大处理设备的类型及其用途	15			
	能否准确掌握辅助设备的类型及其作用	15			
	能否准确记录扬声系统设备型号及其用途	15			
通用能力	观察能力	5			
	动手能力	5			

续表

	评价项目	配分	自我评价	小组评价	教师评价
通用能力	团队合作能力	5			
	自我提高能力	5			
自我评价		综合评分	本人签名：		
小组评价		综合评分	项目（项目经理）签名：		
教师评价		综合评分	教师签名：		

任务二　了解公共广播系统的性能和参数

任务描述

观察公共广播系统实物，了解其性能和主要参数，选取节目源进行播放，并进行分区广播和管理广播操作。

基础知识

一、公共广播系统使用注意事项

1. 开机前应先开功放，再开音源，可避免开机时扬声器发出碰击声。

2. 如话筒和喇叭同处一室，请勿将两者放置过近，可避免引起刺耳的啸叫。

3. 开机后，缓慢调节音量旋钮，请勿直接开至最大，可避免造成声音失真和啸叫。

4. 如要关机，请先将功放音量调至最低，让机内自然风冷 2 ~ 5 min，再关掉电源，可避免功放内部线路过热损坏，延长功放使用寿命。

二、公共广播系统设备的基本组成

常见的公共广播一般由节目控制器、播放器（或数字调谐器）、功放、喇叭及一些辅助设备组成，见表 5—2—1。

表 5—2—1　　　　　　　　　　　　常见公共广播系统设备图表

产品名称	产品描述	图例
数字节目控制器	专业级处理芯片；128 × 64 分辨率带背光中文 LCD 显示；可对所有同系列产品进行电源控制；内置时钟；断电记忆功能；10 个可编程序，每个程序可编 50 个子程序，可编辑 7 天不同的内容	
电源时序器	16 路受控电源随意操作；特设自动紧急切断功能；支持自动开关机	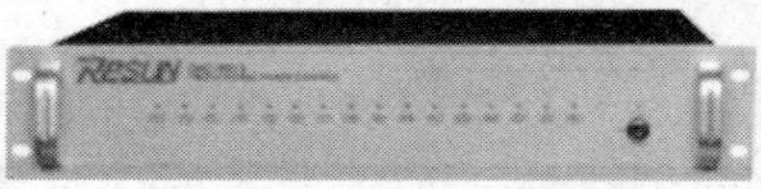
数字调谐器	内置高频头；SANYO 模块；石英锁相；AM/FM 自动搜索功能；自动记忆；可储存 20 个节目，开机记忆播放功能	
播放机	可播放 DVD/CD/VCD/MP3；开机自动播放功能	
6 路前置放大器	6 路信号话筒输入，可任意选择话筒信号输入；6 区寻呼功能；有消防接口输入	
监听器	70 ~ 100 V 10 通道输入；内置扬声器，音量可调节	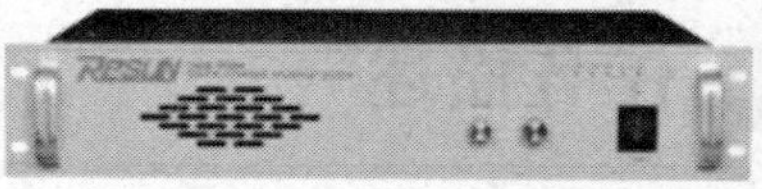
合并式功放	两路线路输入，三路 MIC 输入；分路音量控制，MIC1 优先功能；音乐高低音调节；智能过热保护；70 ~ 100 V，4 ~ 16 Ω，160 W	
10 路矩阵分区器	两路接入，10 路输出；可连接分区寻呼器实行分区寻呼功能	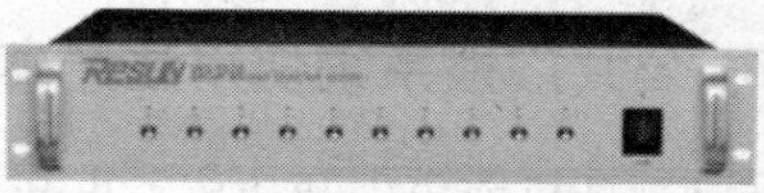
壁挂音箱	功率：10 W，电压：70 ~ 100 V，灵敏度：92 dB (A) 1 w/1 m，频响：130 ~ 16 kHz、±3 dB	
天花喇叭	功率：6 W，电压：70 ~ 100 V，灵敏度：91 dB (A) 1 w/1 m，频响：140 ~ 16 kHz、±3 dB	

续表

产品名称	产品描述	图例
室外音柱	功率：40 W，电压：70～100 V，灵敏度：95 dB（A）1 w/1 m，频响：100～16 kHz、±3 dB	DS-5001 DS-5002 DS-5003 DS-5004
话筒	阻抗：600 Ω，灵敏度：－62 dB（A），频响：59～12 kHz	

公共广播系统实物连接图如图 5—2—1 所示。

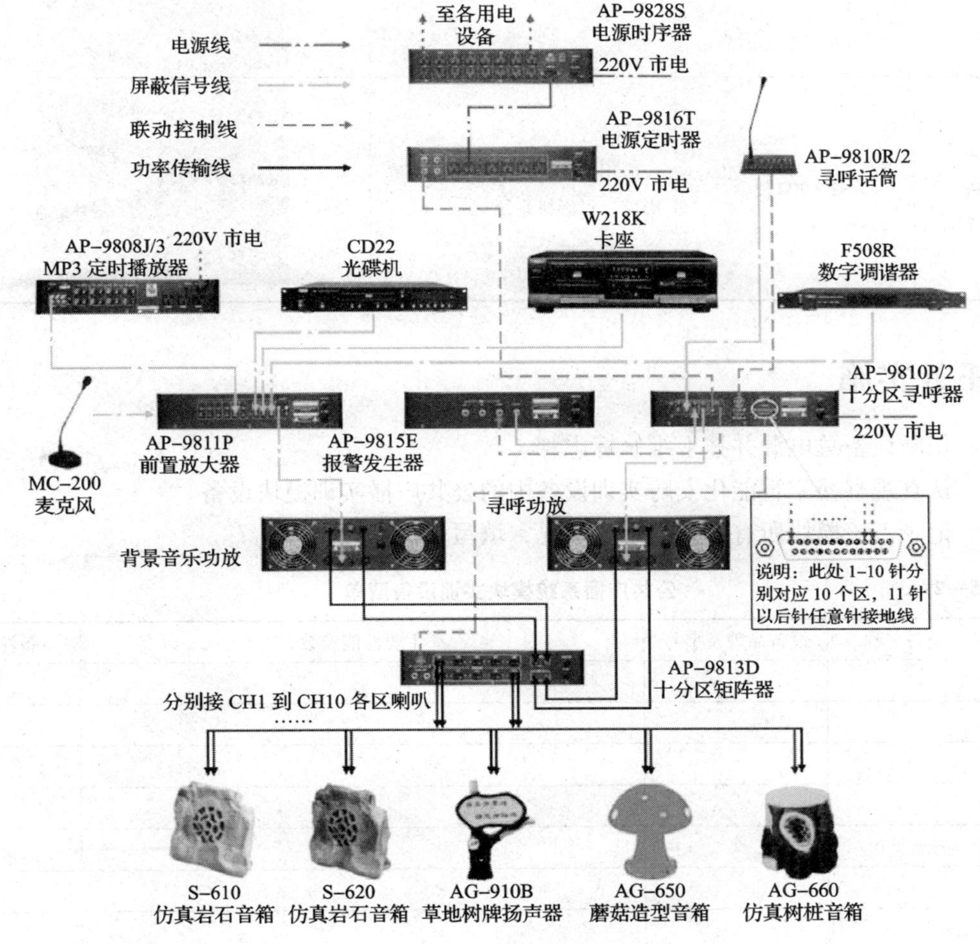

图 5—2—1　公共广播系统实物连接图

三、常见传输线缆

表 5—2—2 中是两种常见的传输线缆，广播线也称金银线、平等线，主要用于家庭音响系统的音箱线，但是用于公共广播系统容易造成高音不清晰等现象。

控制线是带屏蔽层的双绞护套传输电缆，这种电缆能够有效地防止广播电缆对同管（同线槽）敷设的其他电缆的辐射影响，更能加强电缆的抗拉伸性能。

随着双绞线方式电缆制造工艺的普及，越来越多的传输电缆采用双绞线方式。

表 5—2—2　　常见的传输线缆

线名	型号规格	主要参数	图例
控制线	RVVP2×1.0	二芯带屏蔽	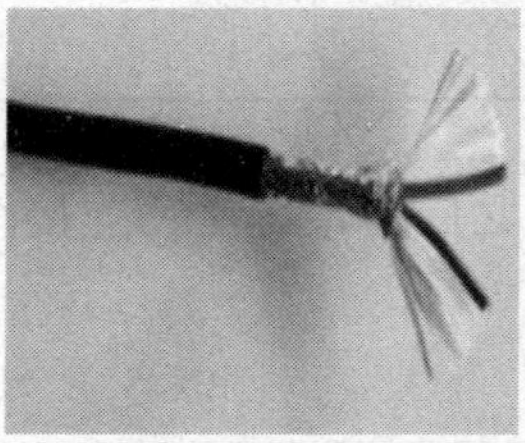
广播线（俗称“金银线”）	2×200 支	应用于语音广播线路、家庭影院、投影机系统	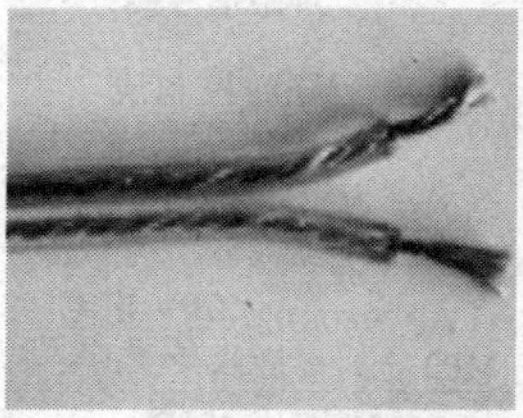

任务实施

一、切断设备总电源并挂上维修标志牌。

二、认真观察楼宇智能化安防实训设备中的公共广播实训模块设备。

三、记录下该模块所有设备的主要情况，填写表 5—2—3。

表 5—2—3　　公共广播系统模块实训设备清单

序号	设备名称	设备品牌及型号	主要性能参数	备注

四、观察设备之间的连接情况，记录下各设备之间线缆的种类和型号，测量并绘制出实训装置中的电气连接图。

五、在确认设备正常的情况下，接通计算机。分别选取 CD 播放机、收音机、MIC 等三类节目源设备，进行节目内容播放，同时进行监听。

六、进行分区广播操作。操作相应设备，使用不同的扬声器进行广播，同时进行监听。

七、进行管理广播操作。通过数码节目控制器进行编程实训。编写程序功能，要求 1 min 后，播放音乐。等待 1 min 后，观察是否有音乐播放。

八、整理现场，复原设备，填写设备使用记录，移交设备，实训结束。

任务评价

对了解和掌握的公共广播系统的概念、系统设备软硬件组成等基本知识的情况，进行总结评价并填写实训评价表 5—2—4，给出本任务完成情况的实习成绩。

表 5—2—4　　　　公共广播系统学习评价表

<table>
<tr><th></th><th>评价项目</th><th>配分</th><th>自我评价</th><th>小组评价</th><th>教师评价</th></tr>
<tr><td rowspan="6">职业能力</td><td>能否准确记录节目源设备类别以及型号，明白其用途</td><td>10</td><td></td><td></td><td></td></tr>
<tr><td>能否准确记录信号放大器和处理设备的型号，并明白其用途</td><td>10</td><td></td><td></td><td></td></tr>
<tr><td>能否正确写出线缆的类别及线缆的型号</td><td>5</td><td></td><td></td><td></td></tr>
<tr><td>能否正确理解设备之间的连接关系及绘制出正确的电气图</td><td>20</td><td></td><td></td><td></td></tr>
<tr><td>能否正确操作节目播放、分区播放功能</td><td>10</td><td></td><td></td><td></td></tr>
<tr><td>能否正确使用数字节目控制器，并编程管理节目播放</td><td>15</td><td></td><td></td><td></td></tr>
<tr><td rowspan="2">安全文明操作</td><td>安全操作（未切断总电源并挂上维修标志牌则该项任务不及格；违反一项操作规程则扣 5 分，违反两项则该项任务不及格）</td><td>5</td><td></td><td></td><td></td></tr>
<tr><td>现场整理与设备移交等（未移交设备以及未清理现场扣 5 分，现场清理不干净扣 2 分）</td><td>5</td><td></td><td></td><td></td></tr>
<tr><td rowspan="4">通用能力</td><td>观察能力</td><td>5</td><td></td><td></td><td></td></tr>
<tr><td>动手能力</td><td>5</td><td></td><td></td><td></td></tr>
<tr><td>团队合作能力</td><td>5</td><td></td><td></td><td></td></tr>
<tr><td>自我提高能力</td><td>5</td><td></td><td></td><td></td></tr>
<tr><td rowspan="2">自我评价</td><td rowspan="2"></td><td>综合评分</td><td colspan="3" rowspan="2">本人签名：</td></tr>
<tr><td></td></tr>
<tr><td rowspan="2">小组评价</td><td rowspan="2"></td><td>综合评分</td><td colspan="3" rowspan="2">组长（项目经理）签名：</td></tr>
<tr><td></td></tr>
<tr><td rowspan="2">教师评价</td><td rowspan="2"></td><td>综合评分</td><td colspan="3" rowspan="2">教师签名：</td></tr>
<tr><td></td></tr>
</table>

任务三　公共广播系统的设备选型及方案设计

任务描述

根据本项目案例的要求和所学知识，进行公共广播系统的设备选型以及方案设计。

基础知识

一、公共广播系统工程设计步骤

1. 明确系统要求

根据用户对公共广播系统基本功能、规模布局的要求和有关标准，在规范的规定以及用户初步预算等方面应考虑下列要求：

（1）确定广播服务区，即哪些场所需要广播。

（2）确定广播节目源的种类，即需要哪些节目源信号。

（3）紧急广播的要求与分区。

（4）广播机房（控制中心）的位置和布局。

（5）确定采用什么样的传输方式及系统。

2. 现场了解与测量

（1）对所要设计的公共广播系统进行现场了解和测量是非常必要的。对有关建筑物的建筑声学参数提出设计要求，最基本的参数是房间容积、混响时间、噪声声压级，对大型建筑来说这些指标在建筑设计和装修设计时都应考虑到，都应达到公共广播系统的要求。

（2）要求用户（建设方）提供公共广播系统范围内的建筑平面图、立面图（注明层数、层高）等，了解建筑物的特点以便于设计。系统的布局及布线图通常都在对方提供的平面图上添加。

3. 进行系统设计

（1）根据系统的要求进行声场设计，广播区域分区，确定扬声器的数量、型号、所需功率，进而确定功率放大器的型号和数量。

（2）根据系统功能的要求，选定节目源设备及相关的前级放大器或信号切换放大装置。

（3）画出系统方框图，要考虑信号流的安排，做好信号流的切换、优先权的安排，并根据用户需求配齐有关设备，如分区器、监听器、节目控制器、电源控制器、报警器等。

(4) 根据设备的组成情况，选择安装各种设备的机架及控制台（也可根据实际情况自行设计），设计或选择有关的安装附件。

(5) 确定控制中心室（广播音响机房）的位置，估算各种设备所需电源的容量，对机房的电源容量要求、设备的位置、信号接地等做出设计建议，经用户同意方可做出控制室的设备、机架、控制台的布局平面图。

(6) 根据各个分区的实际情况，确定管线的走向、型号以及有关的接线箱和接线盒。主要考虑民用照明、空调、动力和其他管线及土建的结构等有无矛盾，最后在建筑平面图上绘制管线图。

(7) 根据整个系统所选定的设备以及工程实施中所需要的线材、桥架等材料列出设备、材料清单和工程预算表。

二、公共广播声场设计的概念

公共广播系统设计通常都从声场开始（即扬声器的放置位置），然后再向后推进到功率放大器、声处理系统、控制设备，直至话筒和其他音源。这种逐步向后推进的设计步骤是十分必然的。因为声场设计是满足系统功能和音响效果的基础，它涉及扬声器系统的选型、扩声方案和信号途径等。只有确定扬声器系统才能进行功率放大器驱动功率的计算和驱动信号途径的确定，然后再根据驱动功率的分配方案进一步确定信号处理方案和调音台的选型等。

声场设计是公共广播系统的基础，涉及系统最终的音响效果，是非常复杂烦琐的工作。由于计算机技术的发展，现在可采用 EASE3.0 以上版本的声学软件工具进行计算，最终可获得满足预期要求的声场设计报告。声场设计过程可能需要反复多次才能达到要求，声场设计流程图如图 5—3—1 所示。

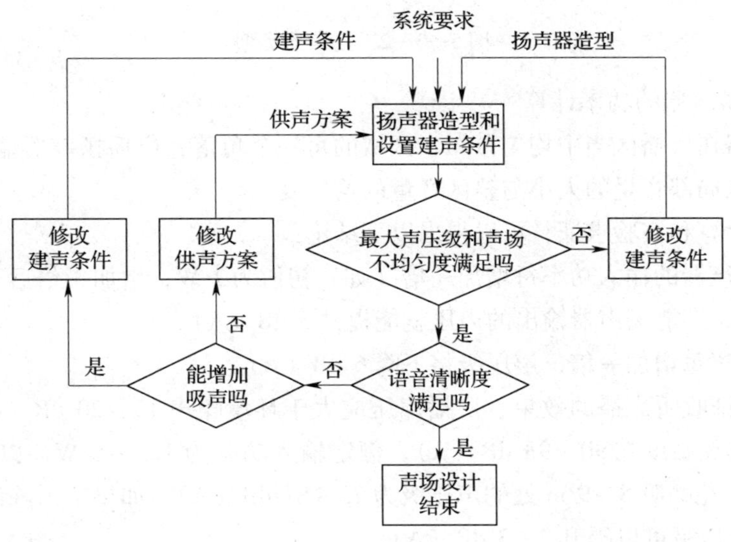

图 5—3—1　声场设计流程图

三、公共广播系统设备选择与配置原则

公共广播系统设备主要考虑音源输出设备（扬声器）、功率放大设备、线缆三个方面。

1. 扬声器的选择

（1）原则上还应视环境选用不同品种、规格的广播扬声器，广播扬声器的外形千奇百怪（见图5—3—2），有仿真的石头形、植物形、动物形、灯柱形等，又有户外音柱、号角、定向喇叭和户内的吊顶喇叭、挂墙喇叭、天花喇叭、床头喇叭等。外形设计多变化就是想把广播扬声器融入广播区域的环境中。因此，在广播扬声器外形选取的过程中，应当参照广播区的周围环境、建筑特点，从艺术的角度充分考虑扬声器的外形与环境的配合，在满足广播要求的情况下达到美化环境的目的。

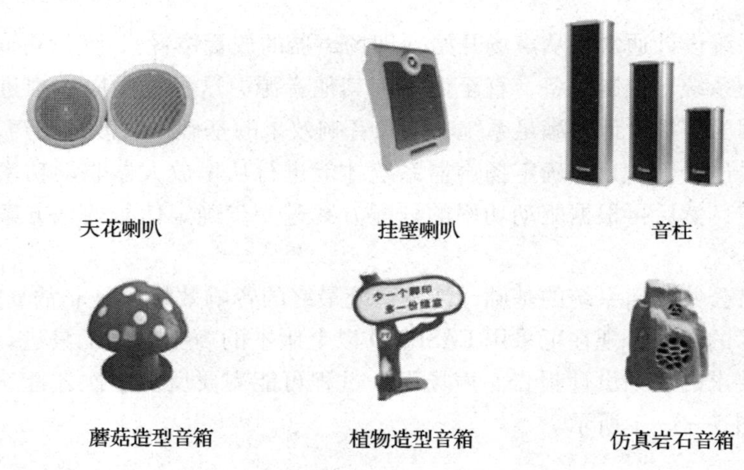

图5—3—2　扬声器类型

（2）广播扬声器的功率计算

广播扬声器在广播区当中均匀散布于区域的每一个角落，广播扬声器输入功率的大小，直接影响到该区局部音量的大小与整区音量的均匀度。

经过近似计算和实验求证，可以得出以下结论：

1）广播扬声器的输入功率每增加一倍（如：初值为1 W，增加一倍后为2 W，再增加一倍后为4 W），广播扬声器输出的声压就能提升3 dB（A）。

2）收听距离每增加一倍，声压级将下降6 dB（A）。

3）为了保证收听广播的效果，广播声压应大于环境噪声15～20 dB（A）以上。以天花喇叭为例，其灵敏度在90～93 dB（A），额定输入功率为1.5～6 W，以90 dB（A）/6 W计算，距离天花喇叭8～9 m处的声压级为75～81 dB（A），如果室内陈设布置能配合声场反射条件，声压级可以提升2～3 dB（A）。

用户可以参照以上几点结论，结合实际情况，选择适合该区的广播输入功率。

2. 广播功率放大器的选择

广播系统中的功率放大器不同于普通的 HI-FI 功率放大器。一般的 HI-FI 功率放大器与扬声器之间必须做到功率匹配和阻抗匹配。而广播功率放大器为了减小音频信号在远距传输时传输线上的损耗，音频信号的幅度都会放大得很高，所以广播功率放大器也叫定压功率放大器。音频电压规格有 70 V、100 V、120 V、240 V。为了减少线损，音频信号的传输距离越远，传输的功率越大，音频的传输电压就越高。国内比较常见的音频电压是 100 V。广播功率放大器的输出音频电压应与扬声器的输入电压互相匹配。

定压式功率放大器与负载的配合，理论上只要大于或等于扬声器额定功率即可，但由于定压广播系统传输距离较长，考虑到线路的损耗和可靠性，实际使用时与功率放大器配备都必须留有一定的余量。一般情况下，按 $P \geqslant 1.25P_o$（P 为功率放大器的输出功率，P_o为该功率放大器所连接的扬声器总功率）进行配置，也可按以下公式计算：

$$P = K_1 K_2 \sum_{i=1}^{n} P_{oi}$$

式中　P——功率放大器输出的总电功率，W；

$P_{oi} = K_i P_i$，表示每分路同时广播时的最大电功率，其中：

P_i——第 i 支路用户设备的额定功率，W；

K_i——第 i 支路的同时需要系数（服务性广播时，如客房节目应每套 K_i取 0.2～0.4；背景音乐系统 K_i取 0.5～0.6；业务性广播时，K_i取 0.7～0.8；火灾事故广播时，K_i取 1.0）；

K_1——线路衰耗补偿系数（线路衰耗 1 dB 时取 1.26；线路衰耗 2 dB 时取 1.58）；

K_2——老化系数，一般取 1.2～1.4。

功率放大器除按 $P \geqslant 1.25P_o$进行配置外，还应按分区情况进行分区控制。另外，对火灾事故广播应按最大区域中扬声器计算功率总和的 1.5 倍配备备用功放。

3. 线缆的选择

（1）广播线缆种类的选择。在广播系统工程施工过程中，人们往往将注意力集中在相关的器材配套上面，而忽略了对广播传输电缆的选择。其实，对于一个广播系统工程来说，要获得令人满意的音响效果，除了应配备高质量的广播器材（功率放大器、扬声器等）以外，广播传输电缆的好坏在一定程度上也影响着声音的质量。

1）金银线。目前，在广播系统工程施工过程中，家庭音响系统使用“音箱线”模式，“音箱线”为区别正负极性而将包裹着铜线的透明塑料染成金、银两种颜色，俗称“金银线”。“金银线”的规格则是根据内部包裹的铜丝数量来定的，“音箱线”主要应用于家庭音响系统，一般情况下使用长度仅为 3～5 m，因此在选配时应尽量选择粗一点，材质好一点的音箱线，以提高信号传输速率和降低传输损耗。

2）平行线。常见的音箱线一般均为平行线，即透明塑料包裹着的两股铜线平行布置。根据电磁学原理，任何两根平行线之间存在着线间寄生电容，而线间寄生电容的存在将会造成传输信号中高频成分旁路，线路越长，线间寄生电容的影响越大。因此，远距离传输广播信号不适宜选用平行线，否则容易造成高音不清晰等现象的发生。

3）双绞线。双绞线可以有效地克服线间寄生电容的影响，因而双绞线方式在计算机网络用线、高级音响线材中得以广泛采用。随着双绞线方式电缆制造工艺的普及，越来越多的传输电缆采用了双绞线。所以，公共广播系统远距离传输广播信号也应选用双绞方式广播电缆线。在双绞广播电缆线外层再包裹一层塑料外套，对内部双绞线能够起到更进一步的保护作用，可以避免在施工工程中线槽、桥架割伤、短路内部芯线，这就是双绞护套广播电缆线。因此，推荐公共广播系统使用双绞护套广播电缆线。

4）附带屏蔽层的双绞护套传输电缆。带屏蔽层的双绞护套传输电缆适用于大型公共广播系统。由于屏蔽网的屏蔽作用，这种电缆能够有效地防止广播电缆对同管（同线槽）敷设的其他电缆的辐射影响，更能加强电缆的抗拉伸性能，尤其适用于高层楼宇弱电竖井内部敷设和室外长距离敷设。

（2）广播系统线缆线径的选择

在公共广播系统中，广播传输电缆除了应选用双绞线以外，对其线径也有一定的要求。理论上讲，线径越粗，线路传输损耗越小。因此，距离越远，所需要的电缆线径越粗；电压越高，线径可以越小；同时，跟使用的环境也有一定的关系，具体选择方法见表5—3—1。

定压式传输至少需要的导线截面积计算公式如下：

$$S(\text{mm}^2) \geqslant (0.37 \times L \times P)/U^2$$

其中，L 为导线长度，单位 m；U 为传输两端电压，单位 V；P 为传输功率，单位 W。

表5—3—1　　　　公共广播系统传输电缆选择参考

信号传输距离	电缆名称	电缆参数
0～500 m（垂直敷设）	带屏蔽双绞护套电缆	$2\times1.5\ \text{mm}^2$
0～500 m（水平敷设）	双绞护套电缆	$2\times1.5\ \text{mm}^2$
0～300 m（水平敷设）	双绞护套电缆	$2\times1.0\ \text{mm}^2$
500～1 000 m（垂直敷设）	带屏蔽双绞护套电缆	$2\times2.5\ \text{mm}^2$
500～1 000 m（水平敷设或室外敷设）	带屏蔽双绞护套电缆	$2\times2.0\ \text{mm}^2$
1 000～2 000 m（水平敷设或室外敷设）	带屏蔽双绞护套电缆	$2\times2.5\ \text{mm}^2$
2 000～3 000 m（水平敷设或室外敷设）	带屏蔽双绞护套电缆	$2\times4.0\ \text{mm}^2$
大于3 000 m	选择更粗的电缆或者改用光纤传输	

任务实施

一、学生分成若干项目小组，以小组为单位，选出项目经理，由项目经理依据各成员的特点对人员进行分工，指定现场安全员、现场工程师、现场质量管理师、现场材料员、项目业务人员等。

二、由项目经理领导小组成员与业主（教师）进行沟通，了解业主的需求，填写客户需求表5—3—2。

表5—3—2　　公共广播系统客户需求表

项目名称	内容
业主需求描述	（如：扬声设备的分布、各分布点与管理中心的距离、设备投入的大致预算等）
任务情景解决思路描述	（如：达到的广播功能、信号传输方式、预选扬声器的类型等）

三、根据本项目案例提供的材料以及客户的需求情况，模拟进行实地勘察，绘制实地建筑平面图。

四、根据本项目案例的平面图样，确定系统类型（定压式室外公共广播系统），绘制系统结构图。

五、根据案例的实际需求情况，如各扬声器的功率大小、距离等，预算前端系统（扬声器）配置，选配前端设备见表5—3—3。

表5—3—3　　前端系统配置表

编号	产品名称	产品型号	单位	数量	预算单价	预算小计	备注

六、根据各扬声器和控制中心的位置和距离，预算传输系统配置，选配传输系统设备和线材见表5—3—4。

表5—3—4　　传输系统配置表

编号	产品名称	产品型号	单位	数量	预算单价	预算小计	备注

七、根据系统类型、信息点数等要求预算后端系统设备配置，选配控制系统设备见表5—3—5。

表 5—3—5　　控制系统配置表

编号	产品名称	产品型号	单位	数量	预算单价	预算小计	备注

八、根据实训条件用表格形式列出所需要的设备材料清单。

表 5—3—6　　设备材料清单

编号	产品名称	产品型号	单位	数量	预算单价	预算小计	备注

九、运用相关工程绘图软件，根据勘测数据，在原来的平面示意图基础上，绘制设备的位置布置图。

十、根据所掌握的知识以及现场情况，再结合施工图，编制总任务工程材料清单，做出预算表见表 5—3—7。

表 5—3—7　　公共广播系统预算表

类型	规格说明	品牌型号	数量	单位	预算单价	预算小计	备注
设备清单							
控制台							
多媒体播放机							
调谐器							
矩阵分区器							
监听器							
数字节目控制器							
时序控制器							
前置放大器							
功率放大器							
扬声器							
KBG 金属管							
PVC 管							
PVC 线槽							
广播线							
电源线							

续表

类型	规格说明	品牌型号	数量	单位	预算单价	预算小计	备注
控制线							
其他耗件							
工程实施费用							
管道安装费							
布线施工费							
调试安装费							
税金							
工程总造价							

十一、根据本项目案例业主的要求以及上述步骤完成的实地勘察、设备选型、系统预算等工作成果，再补充相关资料，进行公共广播系统设计方案的编写。

任务评价

对本项目案例实地勘察、设备选型与系统预算等任务的完成情况进行总结并填写评价表5—3—8，给出本任务完成情况的实习成绩。

表5—3—8　　　公共广播系统设备选型设计评价表

评价项目		配分	自我评价	小组评价	教师评价
职业能力	能否与业主沟通清楚	10			
	建筑平面图的绘制效果	10			
	前端设备的选型与预算	10			
	后端设备的选型与预算	10			
	辅助材料的选型与预算	5			
	编制总任务工程材料清单	10			
	系统概述的编写	10			
	施工计划的编写	10			
	方案的排版质量	5			
通用能力	观察能力	5			
	动手能力	5			
	团队合作能力	5			
	自我提高能力	5			

续表

<table>
<tr><th colspan="2">评价项目</th><th>配分</th><th>自我评价</th><th>小组评价</th><th>教师评价</th></tr>
<tr><td rowspan="2">自我评价</td><td rowspan="2"></td><td>综合评分</td><td colspan="3" rowspan="2">本人签名：</td></tr>
<tr><td></td></tr>
<tr><td rowspan="2">小组评价</td><td rowspan="2"></td><td>综合评分</td><td colspan="3" rowspan="2">组长（项目经理）签名：</td></tr>
<tr><td></td></tr>
<tr><td rowspan="2">教师评价</td><td rowspan="2"></td><td>综合评分</td><td colspan="3" rowspan="2">教师签名：</td></tr>
<tr><td></td></tr>
</table>

任务四　公共广播系统的安装及调试

任务描述

根据任务三编制的方案，在实训模拟墙上模拟进行公共广播系统设备的安装、线路安装、设备连接以及系统调试。

基础知识

公共广播设备通常安装在专用的广播机房中，有时也可能安装在消防控制室内，便于多种控制操作。公共广播设备通常都适合安装在标准的 19 in（约合 483 mm）的机柜上，下面以此为例来叙述安装的步骤和要点。

一、机柜和广播设备的安装

1. 按机柜说明书组装好机柜。

2. 广播设备按信号流程从上到下装在机柜上，广播功放等较重的设备应放在机柜的最底层。安装好之后的顺序通常是：最上面是音源，往下接着是信号修饰设备和前置放大器，然后是监听器、功率分区器、强插电源、电话接口、消防接口等设备，再下来就是电源时序控制器和主备功放切换器，最下面安装广播功放。广播功放离机柜的底部有时留有 2U（2 单元）的空闲空间，便于线路穿过和空气对流。（“U”是“Unit”的简称，译为“单元”，是专业电子设备设计高度的国际标准。1U 为 1. 75 in，约合 44. 4 mm。）

3. 很多工程人员在安装设备时顺序刚好相反，从机柜的最底部逐步向上安装设备，这是为了保证机柜上安装不完的空当留在最上面，这样会美观一些。有经验的工程人员往往在安装设备时将机柜倒下，机柜的正面（面向广播值机人员的垂直面）朝上放置，安装好

设备后再将机柜直立起来，这种经验值得吸取。

4. 安装过程要小心，注意不要碰花机柜或广播设备的表面；并要保证结构稳固，如要将承载设备的托条或托盘紧固在机柜上（拧紧其螺钉），这一点在安装广播功放等较重设备时特别重要，是一些工程人员经常疏忽的事。

5. 设备安装完毕后，收拾现场，将所有说明书、附件和包装都分别存放好。

二、线路的连接

连接线路在整个设备安装过程中显得十分重要。一方面，要保证连接逻辑的正确性；另一方面，则要保证连接的可靠性，这一点要给予足够的重视，连接不好经常导致接触不良、噪声大等现象。

1. 连接前的注意事项

（1）连接线路前应务必确保一切电源设备及插头处于关闭或断开状态，并将所有的音量控制旋钮调至最低，防止开机后大电流烧坏功放。

（2）务必确保一切连线按图形正确连接，并正确接入正负两极，切勿将连线接错或接反，否则会引起系统工作不正常或损坏。

（3）机器堆放的次序及原则

1）通常情况下，将功放放在机柜最下层。

2）为方便接插其他用电设备的电源插头，应将电源时序器放置于机柜中间。

3）音源设备放置于机柜最上层。

4）其他设备可根据操作方便的需要和使用频率等来自行定位堆放。

2. 连接线路过程中的注意事项

（1）使用优质的接插件和线材。如要现场制作线材，在焊接接插件时必须保证电烙铁有足够的功率和热量；要准备专用的线材制作工具，这样才能保证线材的可靠性。

（2）优化布线结构，应尽量缩短电缆的长度。

（3）装好的接插件要用手试拔插一下，看松紧是否合适。

（4）数字电缆、模拟电缆、音箱电缆、电源线等电缆要明确分开布置；弱信号线一定要与强信号线分开。

（5）给所有的电缆贴上标记以防忘记。

（6）将电缆分门别类进行捆扎，使其稳固并美观。

三、公共广播系统的调试

设备安装好并接好线后，便要对系统进行初步调试了。调试过程和要点通常如下：

1. 暂时先不打开广播功放的电源，逐台打开其他设备的电源，并检查有无不通电、过热或冒烟等异常现象。如果没有，则进一步检查它们的功能是否基本可用。可让音源播放节目，观察信号修饰处理设备（信号压缩、扩展设备、均衡器、前置放大器等）是否有信号指示，如果都有，则表示这些设备基本正常。将节目信号流过的设备的音量分别调到饱和输出的 7 成左右，这样就能基本保证节目信号的质量和系统的信噪比。之后检查一下分区器、监听器等设备的功能，并将分区器的全部分区关闭。

2. 将上述设备的开关、旋钮打到相应的位置，注意音量要适当。

3. 关闭广播功放的音量，并打开其电源，稍等待一下，观察有无不通电、过热或冒烟等异常现象。之后逐步开大音量，通过观察信号指示灯检查功放是否有输出。之后逐个地打开相应的分区，并检查所有分区是否有声音播放出来。最后将功放音量调到合适的位置。

4. 若设备经过这些测试都正常，则主要工作已完成，最后应再详细测试一下设备和系统的细节功能。

5. 进行较长时间的设备通电老化，如至少 60 min 以上。老化过程中必须有人值守观察，并每隔几分钟检查一次升温情况。

任务实施

一、设备安装

切断设备总电源并挂上维修标志牌。按照图 5—4—1 所示的实训模块设备布置图进行设备安装。包括各种扬声器的安装、线缆在模拟墙的布置、后端管理设备在控制台里面的安装。

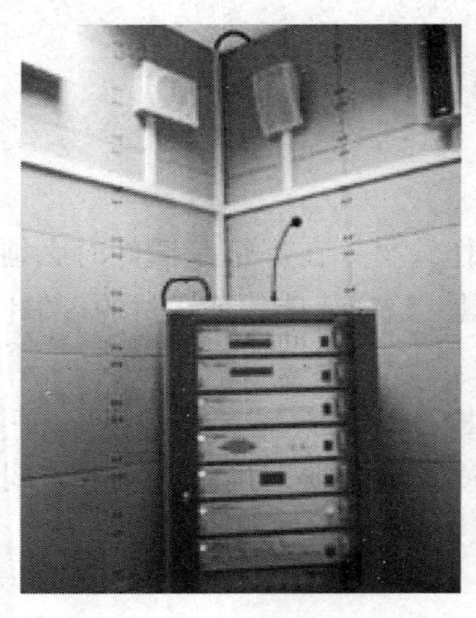

图 5—4—1　实训设备安装示意图

二、设备连接

在设备未通电的前提下，根据项目四任务一中测绘出的设备连接图，连接各设备。包括管理处理设备等后端设备之间的连接、音源设备与后端设备之间的连接。

三、检查

用目视与仪表仔细检查设备之间是否完好连接，保证设备间无断线和短路现象。系统连好，尝试通电检查，仔细观察设备有无冒烟、异味等现象，如果出现异常，则马上断电检查；如无异常，则进入系统调试。

四、系统调试

1. 将数字节目控制器编程为完全开放状态。

2. 给设备供电，观察电源时序器前面板供电端口指示灯是否正常亮起，如果有某个端口指示灯不亮，先检查该端口对应设备的连接线路。

3. 分别测试CD播放机、数字调谐器、话筒等三个音源设备播音是否正常，同时测试安装在模拟墙上的扬声设备播放是否正常。如果播放不正常，应检查对应设备的连接线路。

4. 在播音状态下（如用CD播放机进行播放），调整合并式功放的声道钮及音量钮，测试播放音乐的变化情况，以判断功放的功能是否正常。如果音乐播放状况没有任何变化，应检查功放的连接线路。

5. 在播音状态下，打开监听器，测试前端扬声设备播音情况的监听效果。

6. 把话筒的连接线直接插入前置放大器的各个端口，同时对着话筒说话，测试播音是否正常。如果插入所有端口均无发音，应检查放大器的连接线路；如果部分无发音，应检查放大器是否存在设备故障。

7. 进行分区广播测试，在矩阵分区器的前面板，打开各区域开关，测试是否能分区广播。如果某区域播音不正常，应检查该区域的连接线路。

五、工程实训验收

1. 如果在检查过程中发现问题，则需要填写问题记录表5—4—1并进行整改。

表5—4—1　　验收检查问题记录表　　编号：

检查问题记录	问题原因及整改措施	完成时间	备注

2. 填写施工项目验收报告表5—4—2。

表5—4—2　　施工项目验收报告表　　编号：

工程名称			
建设单位		联系人	
地址		电话	

续表

施工单位			联系人	
地址			电话	
项目负责人			施工周期	
工程概况				
现存问题			完成时间	
改进措施				
验收结果	主观评价	客观测试	施工质量	材料移交
验收结论				
施工单位			建设单位	
负责人签字			负责人签字	
日期			日期	

六、整理现场

通电验收检查后，整理现场，复原设备，填写设备使用记录，移交设备，实训结束。

任务评价

对模拟进行公共广播系统设备安装以及系统调试的情况进行总结，填写评价表5—4—3，给出本任务完成情况的实习成绩。

表5—4—3　　公共广播系统安装与调试实训评价表

评价项目		配分	自我评价	小组评价	教师评价
职业能力	后端设备的安装	10			
	传输设备的安装	10			
	前端设备的安装	10			
	安装是否符合国家技术标准与规范	15			
	线路及整体安装效果	10			
	安装调试综合效果	15			
安全文明操作	安全操作（未切断总电源并挂上维修标志牌则该项任务不及格；违反一项操作规程则扣5分，违反两项则该项任务不及格）	5			
	现场整理与设备移交等（未移交设备以及未清理现场扣5分，现场清理不干净扣2分）	5			
通用能力	观察能力	5			
	动手能力	5			
	团队合作能力	5			
	自我提高能力	5			

续表

评价项目		配分	自我评价	小组评价	教师评价
自我评价		综合评分	本人签名：		
小组评价		综合评分	组长（项目经理）签名：		
教师评价		综合评分	教师签名：		

任务五 系统常见问题分析及故障排除

任务描述

在一个公共广播系统进入调试阶段、试运行阶段以及交付使用后，有可能出现各种不正常现象。本任务要求讨论并分析可能的故障，观察实际故障现象，检查故障设备，分析实际故障原因并排除。

基础知识

一、公共广播系统故障检查方法

在公共广播系统初步调试或运行时出现故障后，通常应按节目信号流程，找到出故障的设备，并进行简单的维修处理。如设备故障比较复杂，或厂家保修并且不允许用户自行修理，则应直接送回厂家修理。下面介绍简单的维修处理方法。

1. 直观检查法

直观检查法即断开电源后立即进行检查，不用仪器、仪表，调动视觉、听觉、嗅觉、触觉等多种感官，进行判断。这种检查方法虽然准确性较差，但速度快，直观检查法尤其适用于电源故障的检查。

（1）一看。观察机器或部件及其外部结构。看按键开关、接口、指示灯有无松动，线路板接线有无脱落，有无虚焊、变色、裂痕、爆裂等现象，熔断器有无烧断、打火、冒烟、变形、未卡住等问题。

（2）二听。轻轻翻动机器或部件，听听有无零件散落或螺钉脱落的情况，是否有碰击声。做连续翻转时有无不正常的“吱吱”声或“啪啪”的打火声（通电时）。如果有这些现象，故障可能出现在这些地方。

（3）三闻。用鼻子闻闻有无烧焦气味，找到气味来源，故障可能出自放出异味的地方。

（4）四摸。用手摸摸变压器外壳（断电后进行），不要触及接线端子，因为有时因充电电容存在，电压甚高，可能危及安全。感觉一下设备是否超过正常温度、功率管有无过热或冰凉不热现象。如果有这些现象，问题可能出现在这些地方。

2. 试探法

试探法是针对怀疑部分的电路采用比较、分割、替代、模拟等试探手段，寻找故障所在，然后排除。具体方法如下：

（1）比较。找一台与故障机型号完全相同的机器，测量相对应部分的电压、电阻、电流参数，再加以比较，找到故障所在。

（2）分割。将某部分电路与其他部分脱开，接上外加电源，注入信号，进行判断。

（3）替代。用好的元件替代怀疑元件，或将左、右声道部件对换，尤其对于集成电路块可以这样进行。如果部件对换之后机器恢复正常，则说明该部件存在问题。

（4）模拟。温度模拟：采用电吹风加热，或用酒精降温，进行温度性能检查。振动模拟：使用细的塑料绝缘棒轻击某些部件，查看电路工作状况，可以发现某些虚焊现象，从而找到故障所在。这种方法一般由技术熟练者进行，否则容易出现故障加重的现象。

3. 静态参数测量法

静态参数的测量需持有厂家生产设备的维修手册。利用万用表测量电路各个部分的电流、电压、电阻值，看是否与标准值相符合。

（1）电阻测量。应使用万用表的 $R\times100$ 或 1 k 欧姆挡，不要使用 $R\times10$ k 挡，因为在这挡上电表内接了 9 V 电池，不适合晶体管测量，容易损坏晶体管。应在断电的情况下测量，若有充电电容存在，必须用绝缘的螺钉起锥充分放电后进行。测量线路中电阻必须焊开一端，否则测量不准确。

（2）电压测量。在进行此测量的过程中要考虑万用表内阻对测量值的影响。静态测量值与动态测量值（加入信号时）不相同，这一点应当注意。测量静态时各晶体管管脚、电阻、电容端电压是否与标准值一致，以判断管子是否损坏。

（3）电流测量。采用直接测量时，应将电流表串入电路中检查电流大小。采用间接测量时，应测量器件两端电压，用电阻值去除电压值，便得到电流值大小。

除静态参数测量外，还可以使用动态检查法，即利用信号源和示波器，注入信号直接检查，从而对电路进行判断。这种方法直接、准确，并且不容易损坏元器件，还可以对电路和机械结构进行调整和校对。

二、公共广播系统的使用和维护

1. 注意机器的使用条件

（1）避免在温度极低或极高的环境中使用机器，避免阳光直接照射机器的表面。避免在潮湿的环境中使用机器，以免机内元器件过早失效或机器过早生锈。避免在灰尘以及震动环境中使用。

（2）在使用前必须确定当地的电源电压与本机要求相符。

（3）在机器的四周应留有足够的空隙，以利于机器散热。对于功率放大器，应特别注意保持散热通道的畅通。

2. 机器使用过程中的注意事项

（1）在使用过程中，应注意开机、关机的顺序。开机时，应先开音源等前置设备，再开功率放大器；关机时，应先关功率放大器，再关音源等前置设备。音响设备若有音量旋钮，开机关机前，应把音量旋钮关至最小处。这样做的目的是减轻开机、关机时对音响的冲击。

（2）严禁带电拔、插信号插头。

3. 注意机器的保养

（1）不要使用挥发性溶液如汽油、酒精等清洗机器表面；清洁机器要用软布擦拭，而且清洁机器外壳时要先拔掉电源。

（2）机器一般是不防水的，万一浸了水，要待水分干透后才能开机工作。

（3）不要在机器上放置重物，以免机器变形。

任务实施

一、由项目经理领导小组成员讨论公共广播系统可能出现的故障现象，并分析可能的故障原因，也可通过查询互联网进行了解，认真填写表 5—5—1。

表 5—5—1　　公共广播系统故障分析表

序号	可能出现的故障现象	可能的故障原因	对应的解决方法	备注

二、根据讨论的故障种类，针对出现的故障现象或人为设置的故障，练习故障的排除。并将故障排除的情况填写至表 5—5—2。

表 5—5—2　　公共广播系统故障排除表

序号	故障现象	检测方法	解决步骤	处理结果

任务评价

对公共广播系统可能产生的故障原因进行分析并完成相关排除故障任务后，进行总结，填写评价表 5—5—3，给出本任务完成情况的实习成绩。

表 5—5—3　　公共广播系统故障分析与排除故障实训评价表

评价项目		配分	自我评价	同学评价	教师评价
职业能力	能否准确地说出公共广播系统可能产生的故障现象	15			
	能否准确地分析出故障产生的原因	15			
	能否采用合理、正确的方法进行故障排除	20			
	能否合理、正确地使用工具进行操作	20			
安全文明操作	安全操作（未切断总电源并挂上维修标志牌则该项任务不及格；违反一项操作规程则扣 5 分，违反两项则该项任务不及格）	5			
	现场整理与设备移交等（未移交设备以及未清理现场扣 5 分，现场清理不干净扣 2 分）	5			
通用能力	观察能力	5			
	动手能力	5			
	团队合作能力	5			
	自我提高能力	5			
自我评价		综合评分	本人签名：		
小组评价		综合评分	组长（项目）经理签名：		
教师评价		综合评分	教师签名：		

项目六　智能卡与一卡通系统

在智能建筑工程中应用的一卡通系统，目前已经覆盖了人员身份识别、员工考勤、电子门禁、出入口控制、电梯控制、员工内部消费管理、人事档案、图书资料卡和保健卡管理、电话收费管理、会议电子签到、巡更管理和停车场管理等功能。楼宇智能化的一卡通就是以智能卡技术为核心，以计算机和通信技术为手段，将大厦内的各项设施连接成为一个有机的整体，用户通过一张智能卡便可完成通常的某些控制操作以及资金结算，如用智能卡开启房门、用智能卡停车、收费、保安的巡更工作，甚至可以进行就餐、购物、娱乐服务等各项活动。

学习目标

通过本项目学到的知识，了解智能卡的应用范围和领域及一卡通系统在日常工作和生活中的作用，并能理解电子巡更系统、停车场管理系统的工作原理。

任务一　了解智能卡与一卡通系统

任务描述

了解智能卡的概念、主要类型及用途，一卡通系统的组成、主要类型及用途，并做好相关记录。

基础知识

一、智能卡的基本知识

1. 什么是智能卡

在当今这个信息时代，“智能卡”（Smart Card，见图6—1—1）这个词在日常生活中已随处可见，然而这个词在一定意义上是模糊的。智能卡又被称为IC卡、聪明卡、灵巧卡、智慧卡（Intelligent Card）、微电路卡（Microcircuit Card）、微芯片卡（Microchip Card）等。国际标准化组织使用术语IC（Integrated Card），即“集成电路卡”来涵盖所有在一个符合ISO定义的塑料卡片内封装了一个集成电路的器件，IC卡的外形尺寸是85.6 mm×53.98 mm×0.76 mm，与银行所使用的磁卡相同。当然，IC也可封装为标签、纽扣、钥匙、饰物等特殊形状。

图 6—1—1　常见 IC 卡外观图

2. 智能卡的分类

（1）按镶嵌芯片的不同来分类

1）存储卡。卡内芯片为电可擦除可编程只读存储器 EEPROM（Electrically Erasable Programmable Read - only Memory），以及地址译码电路和指令译码电路。为了能把它封装在 0. 76 mm 的塑料卡基中，特制成 0. 3 mm 的薄型结构。存储卡属于被动型卡，通常采用同步通信方式。这种卡片存储方便、使用简单、价格便宜，在很多场合可以替代磁卡。但该类 IC 卡不具备保密功能，因而一般用于存放不需要保密的信息，例如，医疗上用的急救卡、餐饮业用的客户菜单卡。常见的存储卡有 ATMEL 公司的 AT24C16、AT24C64 等。

2）逻辑加密卡。该类卡片除了具有存储卡的 EEPROM 外，还带有加密逻辑电路，每次读/写卡之前要先进行密码验证。如果连续几次密码验证错误，卡片将会自锁，成为死卡。从数据管理、密码校验和识别方面来说，逻辑加密卡也是一种被动型卡，采用同步方式进行通信。该类卡片存储量相对较小，价格相对便宜，适用于有一定保密要求的场合，如食堂就餐卡、电话卡、公共事业收费卡。常见的逻辑加密卡有 SIEMENS 公司的 SLE4442、SLE4428，ATMEL 公司的 AT88SC1608 等。

3）CPU 卡。该类芯片内部包含微处理器单元（CPU）、存储单元（RAM、ROM 和 EEPROM）和输入/输出接口单元。其中，RAM 用于存放运算过程中的中间数据，ROM 中固化有片内操作系统 COS（Chip Operating System），而 EEPROM 用于存放持卡人的个人信息以及发行单位的有关信息。CPU 管理信息的加/解密和传输，严格防范非法访问卡内信息，发现数次非法访问，将锁死相应的信息区（也可用高一级命令解锁）。CPU 卡的容量有大有小，价格比逻辑加密卡要高。但 CPU 卡的良好处理能力和上佳的保密性能，使其成为 IC 卡发展的主要方向。CPU 卡适用于保密性要求特别高的场合，如金融卡、军事密令传递卡等。国际上比较著名的 CPU 卡提供商有 Gemplus、G&D、Schlumberger 等。

虽然通常将所有 IC 卡都称作智能卡，但严格地讲，只有 CPU 卡才真正具有智能特征，

即只有 CPU 卡才是真正意义上的“智能卡”。

(2) 从信息交换界面的不同来分

1) 接触式 IC 卡。该类卡（见图 6—1—2）通过 IC 卡读写设备的触点与卡片上的触点接触后进行数据的读写。国际标准 ISO 7816 对此类卡的机械特性、电气特性等进行了严格的规定。

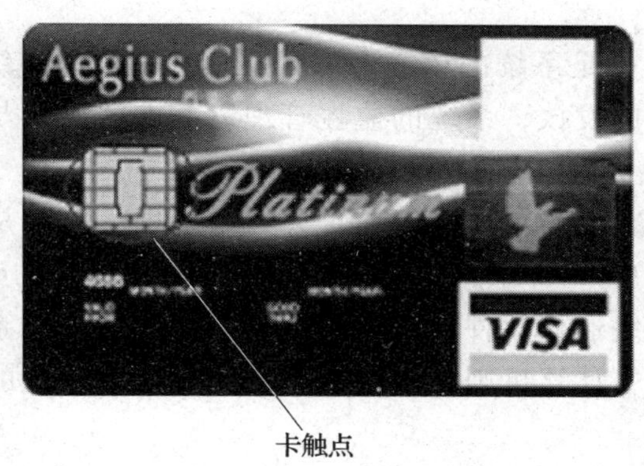

图 6—1—2　接触式卡的外观

2) 非接触式 IC 卡。该类卡与 IC 卡设备无电路接触，而是通过非接触式的读写技术进行读写（如光或无线技术）。其内嵌芯片除了 CPU、逻辑单元、存储单元外，还增加了射频收发电路。国际标准 ISO 10536 系列阐述了对非接触式 IC 卡的规定。该类卡一般用在使用频繁、信息量相对较少、可靠性要求较高的场合。

3) 双界面卡。该卡将接触式 IC 卡与非接触式 IC 卡组合到一张卡片中，操作独立，但可以共用 CPU 和存储空间。

(3) 根据应用领域的不同分类

根据应用领域的不同可将智能卡分为金融卡和非金融卡（即银行卡和非银行卡）。金融卡又分为信用卡和现金卡。前者用于消费支付时，可按预先设定的额度透支资金，后者可用做电子钱包和电子存折，但不得透支。而非金融卡的涉及范围极广，实际上囊括了金融卡之外的所有领域，如门禁卡、组织代码卡、医疗卡、保险卡、IC 卡身份证、电子标签等。

3. 智能卡应用系统的基本组成及各组成部分的功能

一个标准的智能卡应用系统最基本的构件为：智能卡、智能卡接口设备（智能卡）以及用来处理数据的后台计算存储设备，如图 6—1—3 所示。

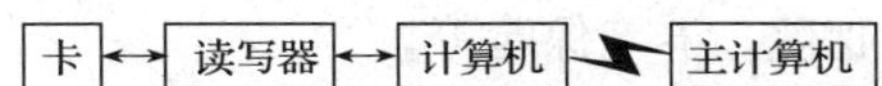

图 6—1—3　标准智能卡应用系统的最基本构成

(1) 智能卡（ICC、IC Card）。智能卡即由持卡人掌管，记录有持卡人的特征代码、文件资料的便携式信息载体。

（2）接口设备（IFD、InterFace Device）。接口设备即通常所说的IC卡读写器，是卡与计算机进行信息交换的桥梁，而且常常是IC卡的能量来源。其核心通常为工作可靠的工业控制单片机，如Intel的51系列等。IFD与IC卡间遵循ISO/IEC国际标准的通信协议，通过自身的机械卡座或射频（RF）、红外等无线信道，以接触或非接触方式对卡进行读写，并通过RS－232串行接口等以实时或非实时方式与计算机进行通信，实现卡与计算机间信息的上传下送。

（3）计算机。计算机是系统的核心，可完成信息的汇总、统计、计算、处理，报表的生成、输出和指令的发放，系统的监控管理以及卡的发行与挂失，黑名单的建立等。

（4）网络与计算机。在金融服务等相对大的系统中，网络是使前端计算机与上级控制/授权/服务/管理中心，即中央计算机（主计算机）连接的必备条件。其借助通信线路、设备和完善的网络通信软件，将地理位置不同的各个子系统，有机地连接为一个功能完备的大系统；主计算机则是对此大系统实施监控管理的核心，是重大决策管理要素的源头。

综上所述，智能卡应用工程融微电子与芯片技术、单片机应用技术、数据库管理技术、网络技术、安全技术、射频识别技术、嵌入式操作系统以及数字印刷技术等于一身，是一个综合性的高新技术产业。

4. 智能卡的应用概况与发展前景

随着智能卡技术的发展，智能卡目前已在移动通信和公用电话、交通管理、社会保险、人口管理、企事业内部管理、税务、石油、公用事业收费等方面得到了广泛的应用。此外，随着金融卡的全面推广，智能卡在金融领域的应用也正在逐步增加。

目前，智能卡的主要应用领域包括：

（1）电信。如IC卡公用电话、移动电话SIM卡（用户识别模块）。

（2）交通。如公交一卡通（如出租车、公共汽车、轮渡、地铁）、道路泊车自动收费、路桥收费、自动加油管理系统、驾驶员违章处理。

（3）智能建筑。如IC卡门锁及门禁系统、停车收费管理、智能小区一卡通。

（4）校园一卡通。如食堂、考勤、门禁、上网、图书馆、学籍管理、校内消费、实验室设备管理、校医院电子医疗卡等。

（5）公用事业。如预收水、电、气表所示费用及收费一卡通。

（6）个人身份认证。如城市流动人口管理（IC卡暂住证）、IC卡身份证。

（7）社会保险。如医疗保险、养老保险等。

（8）工商税务。如税务自动申报、工商企业监管等。

（9）金融。如信用卡（Credit Card）、扣款卡（现金卡或电子存折）、电子钱包（Electronic Purse）、Mondex Card、POS、ATM等。

（10）电子标签。如车辆识别、防伪、仓储管理、生产管理、集装箱管理、汽车钥

匙等。

（11）网络安全认证。如密码钥匙等。

二、一卡通的基本知识

1. 一卡通系统的概念

以楼宇智能化一卡通系统为例，一卡通系统以智能卡技术为核心，以计算机和通信技术为手段，将大厦内的各项设施连接成为一个有机的整体，用户通过一张智能卡便可完成通常的某些控制操作以及资金结算，如用智能卡开启房门、停车、收费，保安的巡更工作，甚至可以进行就餐、购物、娱乐服务等各项活动，其应用如图 6—1—4 所示。整个系统可根据需要对各部门进行监控管理和决策，各局部系统和终端可自动将收集到的信息整理归纳，以供系统查询、汇总、统计、管理和决策。在智能建筑工程中应用的一卡通系统，目前已经覆盖了人员身份识别、员工考勤、电子门禁、出入口控制、电梯控制、车辆进出管理、员工内部消费管理、人事档案、图书资料卡和保健卡管理、电话收费管理、会议电子签到与表决和保安巡更管理等方面。在安全防范系统中，一卡通系统主要应用在身份识别的对讲门禁系统、停车场管理系统、保安使用的电子巡更系统中。

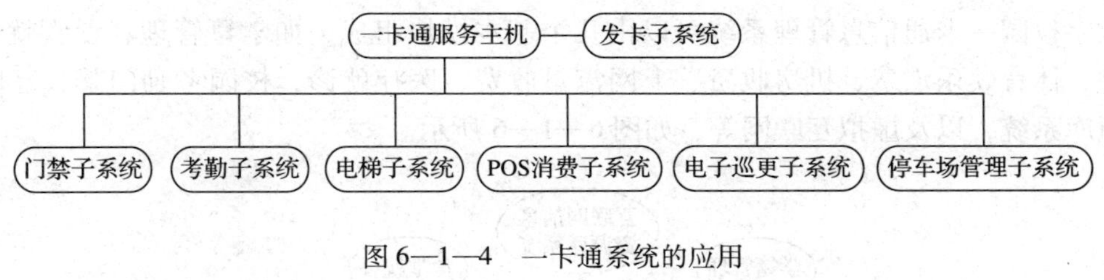

图 6—1—4　一卡通系统的应用

2. 数字社区的一卡通系统

“数字社区”就是通过计算机技术、通信和网络技术、自动控制技术和智能卡技术将管理、服务的提供者与每个住户相连接的社区。数字化社区概念的实现，将使人们生活、居住的社区变得更加智能化。

根据国家要求，小康住宅小区电气设计在总体上应满足以下要求：高度的安全性、舒适的生活环境、便利的通信方式、综合的信息服务、家庭电器智能化等。根据上述功能要求，数字社区应包括社区机电设备自动化系统、消防报警（含煤气、天然气泄漏报警）系统、保安监控系统、可视对讲系统、停车场管理系统、三表远程计费系统、社区消费结算系统、信息网络服务系统、社区物业管理系统等，如图 6—1—5 所示。其中部分系统是社区实现智能化的硬件设备和保障，但从实际的使用和对用户的便利来说，其核心应该是数字社区的一卡通，即用户通过一张 IC 卡便可完成通常的资金结算和某些控制操作等。

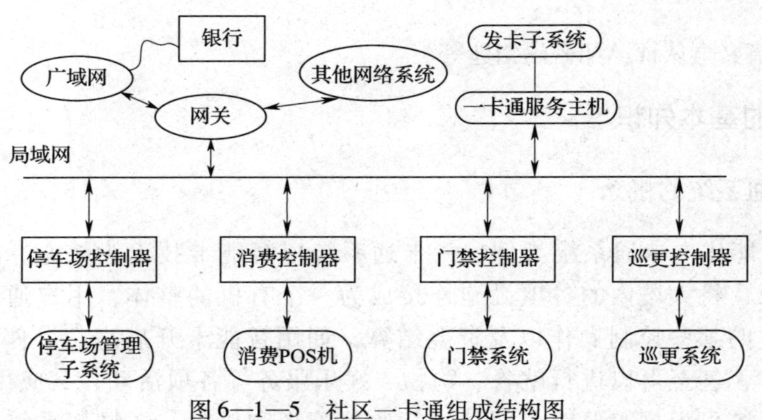

图 6—1—5　社区一卡通组成结构图

3. 数字校园一卡通系统

数字校园一卡通系统是数字化校园的基础工程，是数字化校园中有机的、重要的组成部分，它为数字化校园提供了全面的数据采集平台，结合学校的管理信息系统和网络，可形成全校范围的数字空间和共享环境，为学校管理人员提供具有开放性、灵活性、面向学校的应用服务管理平台，是管理科学化的必要前提和基本途径。以数字校园一卡通系统为平台，可实现“一卡在手，走遍校园”，必将满足学校数字化建设的需求。

数字校园一卡通信息管理系统可以由几个基本模块组成，如学籍管理、食堂就餐、商店购物、体育娱乐消费、机房收费、上网流量收费、医疗就诊、校园考勤门禁、互联网信息资源库系统，以及虚拟互联网等，如图 6—1—6 所示。

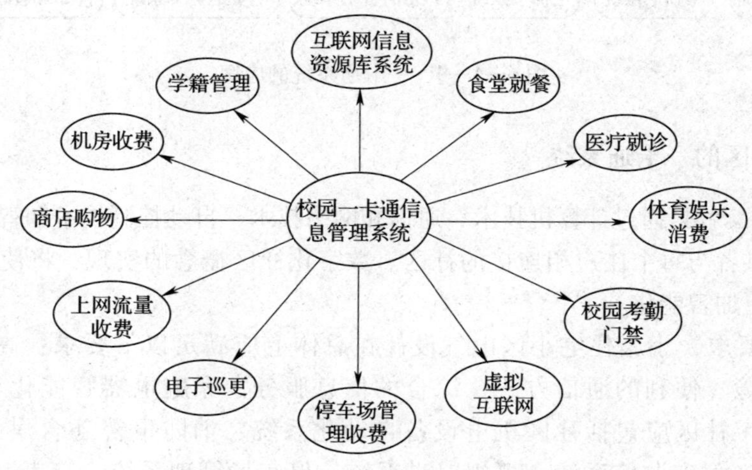

图 6—1—6　校园一卡通组成结构图

任务实施

通过使用互联网以及查阅专业图书资料等途径来了解智能卡与一卡通系统的基础知识，

并做好详细记录。

一、了解智能卡的概念，建议搜索关键词为“智能卡”。

二、了解一卡通系统的组成、主要类型及用途，建议搜索关键词为“一卡通系统”。

三、根据学习到的知识，填写表6—1—1。

表6—1—1　　智能卡与一卡通系统实训记录表

记录项目名称	记录的内容
智能卡的概念	
智能卡的主要类型及用途	
一卡通系统的组成	
一卡通系统的主要类型及用途	

任务评价

对了解和掌握智能卡与一卡通系统的概念、组成、用途等基本知识的情况，进行总结评价并填写表6—1—2，给出本任务完成情况的实习成绩。

表6—1—2　　智能卡与一卡通系统学习评价表

<table>
<tr><th colspan="2">评价项目</th><th>配分</th><th>自我评价</th><th>小组评价</th><th>教师评价</th></tr>
<tr><td rowspan="4">职业能力</td><td>能否准确理解智能卡的概念</td><td>20</td><td></td><td></td><td></td></tr>
<tr><td>能否准确了解智能卡的主要类型及用途</td><td>20</td><td></td><td></td><td></td></tr>
<tr><td>能否准确理解一卡通系统的组成</td><td>20</td><td></td><td></td><td></td></tr>
<tr><td>能否准确了解一卡通系统的主要类型及用途</td><td>20</td><td></td><td></td><td></td></tr>
<tr><td rowspan="4">通用能力</td><td>观察能力</td><td>5</td><td></td><td></td><td></td></tr>
<tr><td>动手能力</td><td>5</td><td></td><td></td><td></td></tr>
<tr><td>团队合作能力</td><td>5</td><td></td><td></td><td></td></tr>
<tr><td>自我提高能力</td><td>5</td><td></td><td></td><td></td></tr>
<tr><td rowspan="2">自我评价</td><td rowspan="2"></td><td>综合评分</td><td colspan="3" rowspan="2">本人签名：</td></tr>
<tr><td></td></tr>
<tr><td rowspan="2">小组评价</td><td rowspan="2"></td><td>综合评分</td><td colspan="3" rowspan="2">组长（项目经理签名）：</td></tr>
<tr><td></td></tr>
<tr><td rowspan="2">教师评价</td><td rowspan="2"></td><td>综合评分</td><td colspan="3" rowspan="2">教师签名：</td></tr>
<tr><td></td></tr>
</table>

任务二　了解电子巡更系统

任务描述

1. 查阅相关资料，了解电子巡更系统的概念、基本组成、基本设备的组成与功能。
2. 观察电子巡更系统实物，并进行简单的操作，了解其性能、主要参数和线路设置。

基础知识

一、电子巡更系统的基本概念

电子巡更系统通过先进的移动自动识别技术，自动将巡逻人员在巡更巡检工作中的时间、地点及情况准确地记录下来。它是一种对巡逻人员巡更巡检工作进行科学化、规范化管理的全新产品，是治安管理中一种人防与技防科学整合的管理方案。任何一种有时限、频次管理要求的场合都可以应用到它。

二、电子巡更管理系统的组成

电子巡更管理系统由以下 4 部分组成（如图 6—2—1 所示）。

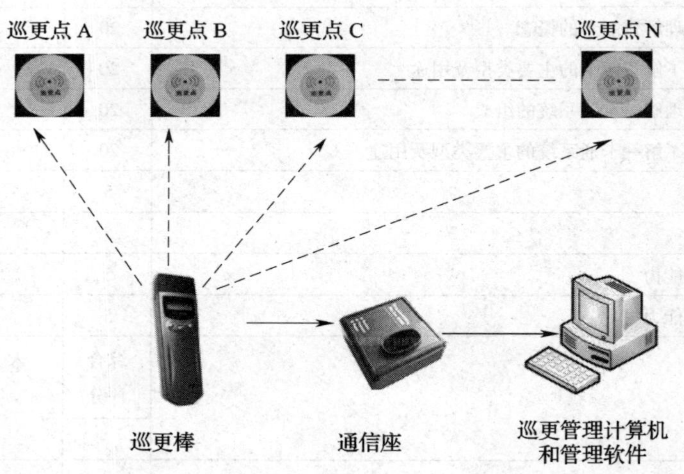

图 6—2—1　电子巡更管理系统图

1. 巡更器

巡更器又叫数据采集器、巡更棒，由巡逻人员在巡更巡检工作中随身携带，用于将到达每个巡更点的时间及情况记录下来。

2. 巡更点

巡更点又叫信息标识器、信息钮，是安置在巡逻路线上需要巡更巡检地点的电子标志，主要用于存储该点的地理位置信息。

3. 通信座

通信座又叫数据下载转换器，用来将巡更器中存储的巡更数据下载到计算机上。

4. 管理软件

管理软件是用于管理整个电子巡更系统的软件，可设置巡查管理计划，计划应包括以下要素：巡查员、巡查点、应到巡查时间、巡查次序、允许时间误差。还可对巡查记录进行统计，并与巡查计划对照，生成统计报表。

系统还配备了若干个身份识别钮，给每个巡更人员配发一个；巡查之前先到管理中心领取巡更棒，用身份识别钮进行登记。身份识别钮主要用于储存巡更人员的信息。

三、电子巡更系统的工作程序

电子巡更系统的工作程序如下：在确定的巡更线路上设定合理数量的检测点，并安装巡检信息钮（信息钮无须连线，且防水、防磁、防震，数据存储安全，适合各种环境安装）。巡更人员巡逻时，手持巡更机（或称为巡更棒）到达各检测点后，在信息钮上触碰一次，巡更机便读取信息钮数据。完成整个巡逻任务后，回到监控中心，管理人员通过软件把手持巡更机（棒）内存储的信息传回到计算机，利用巡更软件，对巡更数据进行分析并生成报表，以备查验，如图 6—2—1 所示。

四、常见电子巡更系统设备（见表 6—2—1）

表 6—2—1　　常见电子巡更系统设备

产品名称	产品描述	图例
巡更棒	尺寸：148 mm×40 mm×20 mm；重量：200 g；材料：合金；电源：4.8 V； 功能：应用背光处理技术，由双锂电支持，在 60 mA 的工作电流下，可连续读取 100 万次以上；内存 128 KB，可记录 2 000 条信息	
信息钮	为 ID－EM 钮，以工程塑料封装存储芯片，防水、防震、坚固耐用，并内置不可修改的 ID 码，可隐蔽安装	

续表

产品名称	产品描述	图例
通信座	功能：与计算机通过 RS－232 进行串口通信，在 9 600 bps 的速率下进行信息传送，采用 6 V 直流电源供电	
软件	电子巡更管理软件安装于计算机上，用于设定巡逻计划、保存巡逻记录，并根据计划对记录进行分析，从而获得正常、漏检、误点等统计报表	

任务实施

一、了解电子巡更系统的概念

对电子巡更系统基础知识的了解可以通过使用互联网以及查阅专业图书资料等其他途径来实现。学习内容如下：

1. 了解电子巡更系统的概念与运用。建议搜索关键词为“电子巡更系统”。
2. 了解电子巡更系统的设备组成以及相关设备，并做好详细记录，填写表 6—2—2。

表 6—2—2　　电子巡更系统实训记录表

记录项目名称	记录的内容
电子巡更系统的概念	
电子巡更系统的基本功能	
电子巡更系统的基本组成	
巡更棒、通信座、信息钮的作用	
电子巡更管理软件的功能与使用方法	

二、了解电子巡更系统实物

1. 在楼宇安防系统实训室，切断设备总电源并挂上维修标志牌。
2. 观察安防实训设备中的电子巡更实训模块设备，记录该模块设备的组成，并根据掌握的知识，填写表 6—2—3。

表 6—2—3　　电子巡更系统模块实训设备清单

序号	设备名称	实训设备型号	主要性能参数	备注
1	巡更棒			
2	信息钮			
3	通信座			
4	软件			

3．用巡更棒触碰信息钮，观察反应，然后把巡更棒安装到通信座上，将通信座与管理计算机连接，导入巡更数据，观察刚才巡更棒触碰信息钮时记录的信息。

4．操作管理计算机上的巡更软件，设置系统的参数，模拟实现巡更系统线路的设置。

5．通电验收检查后，整理现场，复原设备，填写设备使用记录，移交设备，实训结束。

三、案例讨论

某职业学校总务处想安装一套电子巡更系统。根据需求，学校要对每天晚上值日教师对学生宿舍的巡查情况进行管理。陈工带领售前工程师实地勘察并与客户沟通后，了解了学生宿舍楼的情况：学校有两幢男生宿舍楼、一幢女生宿舍楼，每幢楼都是六层。每层楼的建筑结构一样。某工程师绘制宿舍楼的平面图如图 6—2—2 所示。

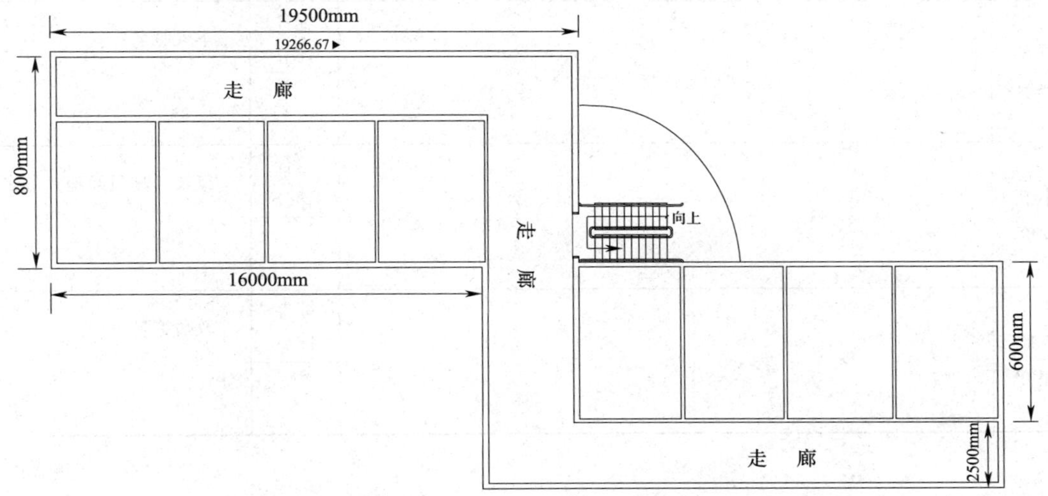

图 6—2—2　电子巡更系统案例平面结构图

学校提出的要求是：检查值日教师是否巡查到位，反馈值日教师巡查到每层每间的情况。讨论此案例中电子巡更系统方案的设计。

任务评价

对了解和掌握电子巡更系统的概念、系统设备软硬件组成等基本知识的情况进行总结评价，填写实训评价表 6—2—4，给出本任务完成情况的实训成绩。

表 6—2—4　　电子巡更系统学习评价表

评价项目		配分	自我评价	小组评价	教师评价
职业能力	能否准确理解电子巡更系统的概念	10			
	能否准确理解电子巡更系统的基本功能与设备组成	15			
	能否准确记录信息钮设备型号，明白其用途	10			
	能否准确记录巡更棒设备型号，明白其用途	10			
	能否准确记录通信座设备型号，明白其用途	10			
	能否正确理解设备之间的工作关系	15			
	能否基本上学会操作电子巡更系统软件	10			
通用能力	观察能力	5			
	动手能力	5			
	团队合作能力	5			
	自我提高能力	5			
自我评价		综合评分	本人签名：		
小组评价		综合评分	组长（项目经理）签名：		
教师评价		综合评分	教师签名：		

任务三　了解停车场管理系统

任务描述

1. 查阅相关资料，了解停车场管理系统的概念、用途及设备组成。

2. 观察停车场管理系统实物，了解各设备的性能和参数；进行车辆模拟进出操作，了解设备的运行情况和参数设置方法。

基础知识

一、停车场管理系统的基本功能

停车场管理系统实质上是一个以非接触式 IC 卡或 ID 智能卡为车辆出入停车场凭证，并用计算机对车辆的收费、车位检索、保安等进行全方位智能门禁管理的系统。一方面，它有门禁控制系统的属性，凭证对车辆进行放行、拒绝、记录、报警等控制功能；另一方面，它有停车场的管理属性，为车库驻车提供快捷方便的行车引导、车位管理、收费管理等功能，其组成如图 6—3—1 所示。

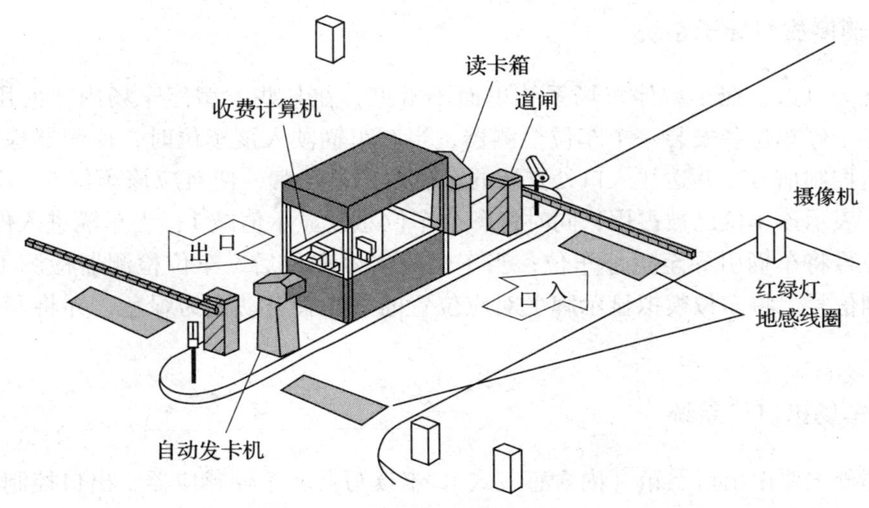

图 6—3—1　停车场系统组成图

1. 在智能停车场管理系统中，持有月租卡等固定性卡的车主在出入停车场时，经车辆检测器（地感线圈）检测到车辆后，将非接触式 ID 卡在出入口控制机的读卡区掠过，读卡器读卡并判断该卡的有效性，同时将读卡信息发送到管理计算机和收银计算机处，计算机自动显示对应该卡的车型和车牌，且将此信息记录存档，同时开启道闸给予放行。

2. 临时停车的车主在车辆检测器检测到车辆后，按自动出卡机上的按键，取出一张临时 ID 卡，系统完成读卡、启动枪式摄像机摄像、计算机存档后放行。在出场时，车主在出口控制机上的读卡器处读卡，计算机上显示出该车的进场时间、停车费用，同时进行车辆图像的对比，在收费并确认自动收卡器收卡后，道闸自动升起放行车辆。

3. 停车场管理系统具有强大的计算机网络数据处理功能，管理处的计算机能对整个系统的各项参数进行修改设定，能够采集各收银处计算机的数据资料，对发卡系统发放的各类智能卡进行管理，且能够打印统计报表。

二、停车场管理系统的基本组成

基本的停车场管理系统由入口子系统、车辆停放引导子系统、出口子系统、收费管理子系统和视频监控子系统组成。可以根据停车场的规模和实际需要，对上述数字系统进行拆减，但是至少应有入口子系统、出口子系统和收费管理子系统三个子系统。

1. 停车场入口子系统

入口子系统主要由入口票箱（内含感应式读卡器、出卡机、车辆传感器、入口控制板、对讲分机）、挡车器、地感线圈车辆检测线圈及彩色摄像机组成。

2. 车辆停放引导子系统

此系统为可选，在小型停车场系统里面不常见，在某些大型停车场内才使用此系统。停车场内每个停车位各安装一个车位检测器，当有车辆驶入该车位时，检测器检测到车辆后发出一组控制信号，并送往入口处安装的车位模拟显示牌，使对应该车位的 LED 发光管变为红色，表示该车位已被占用，同时将剩余车位总数显示值减 1；当车辆进入停车场后，可根据空位号将车辆引导至空停车位；当车辆驶出停车位后，车位检测器检测不到车辆，即发出控制信号，将车位模拟显示牌上对应位置的发光管自动变为绿色，并将剩余车位总数加 1。

3. 停车场出口子系统

出口部分主要由出口票箱（内含感应式 IC 卡读写器、车辆感应器、出口控制板、对讲分机）、自动道闸、车辆检测线圈及彩色摄像机组成。

4. 收费管理子系统

收费管理子系统由收费管理计算机（内配图像捕捉卡）、IC 卡台式读写器、报表打印机、对讲主机系统及收费显示屏组成。

5. 视频监控子系统

此系统为可选，在小型停车场系统里面不常见，在某些大型停车场内才使用此系统。为及时了解停车场的内部情况，对停车场进行统一管理，防止发生意外事件，可在停车场安装电视监控系统。可在停车场主要通道安装定焦彩色黑白自动转换摄像机，白天为彩色摄像机，夜晚照度不足时自动转为黑白摄像机。另外，可将停车位划为若干个防区，每个防区各安装定焦低照度摄像机，以对所有停车位进行监视。视频监控子系统的另一个功能是对进入停车场的车辆进行拍照，在同一个卡出场时，系统调出此卡对应的入场拍照档案进行对比。

三、出入口管理子系统工作流程

1. 车辆进场工作流程　(见图 6—3—2)

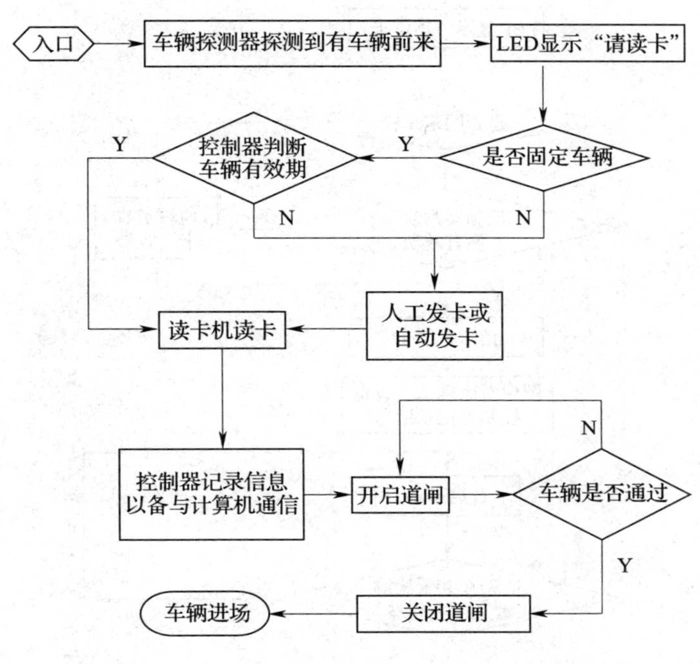

图 6—3—2　车辆进场工作流程图

车辆进场工作流程说明如下:

(1) 持固定卡的车辆进场工作流程:①司机将车辆驶至入口控制机旁，车辆感应器感应到车辆前来。②值班室计算机自动显示该车辆图像。③司机人工读卡。若卡有效，则发出开闸信号。④道闸自动升起，同时该车辆图像被存入计算机中。⑤司机开车入场。⑥进场后车辆感应器同时感应到车辆进场，道闸自动关闭。

(2) 临时泊车者的车辆进场工作流程:①司机将车辆驶至入口控制机前，感应器感应到车辆前来。②计算机显示该车辆图像，入口控制机“取卡”灯亮，并给出文字、语音提示“请按取卡键”。③司机按动位于入口控制机盘面的“取卡”按钮取卡。④计算机读卡后，入口控制机文字、语音提示“请取卡”，车辆的图像也被存入计算机。⑤司机取卡后，道闸杆自动开启，司机开车入场。⑥进场后车辆感应器同时感应到车辆进场，道闸自动关闭。

2. 车辆出场工作流程　(见图 6—3—3)

车辆出场工作流程说明如下:

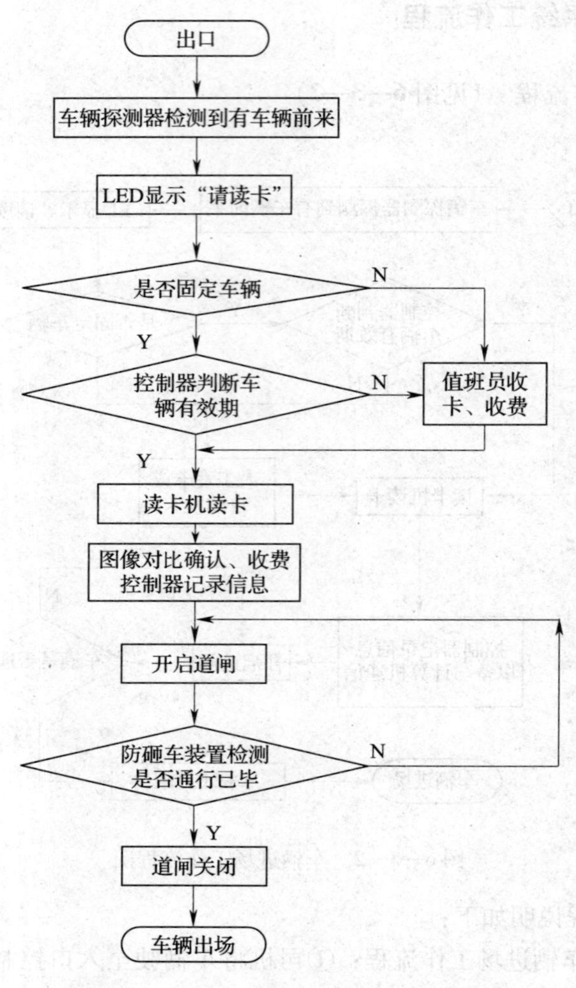

图 6—3—3　车辆出场工作流程图

（1）持固定卡的车辆出场工作流程：①司机将车辆驶至车辆场出场读卡机旁，车辆图像显示于计算机上。②司机人工读 ID 卡（射频卡可离几米处被自动读取）。③计算机自动记录并调出该车辆的入场图像。③值班员确认或者计算机自动确认后，发出开闸信号，并存储该车辆出场图像。④道闸杆自动升起，司机开车离场。⑤出场后车辆感应器同时感应到车辆出场，道闸自动关闭。

（2）临时泊车者的车辆出场工作流程：①司机将车辆驶至车辆出场收费处旁，车辆图像显示于计算机上。②司机将票卡交给值班员。③值班员读卡后，收费计算机根据收费程序自动计费。④计费结果自动显示在计算机显示屏及 LED 屏幕上，并给出语音提示，同时调出该车辆的进场图像供值班员比较。⑤司机付款，计算机自动记录收款金额，值班员按下确认键后发出开闸信号，并存储该车的出场图像。⑥道闸杆自动开启，车辆出场。⑦出场后车辆感应器同时感应到车辆出场，道闸自动关闭。

四、停车场收费系统软件常见功能

1. 软件界面(见图 6—3—4)

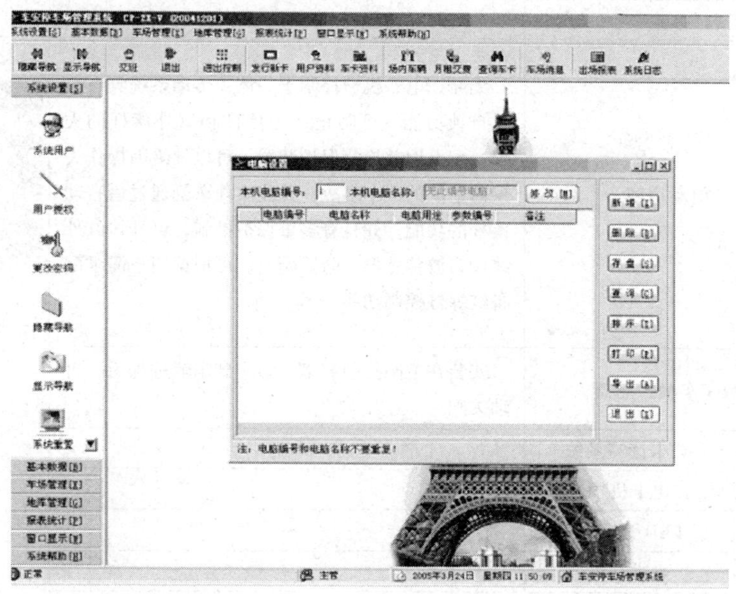

图 6—3—4　软件界面图

2. 基本功能

(1) 常用卡管理。固定车主使用常用卡确定有效期限（可精确到分、秒），在确认的时限内可随意进出车场，否则不能进入车场，常用卡资料包括卡号、车号、有效时间等。常用卡实行按月交费，到期后软件和中文电子显示屏上将提示该卡已到期，请办理续期和交款手续。

(2) 临时车收费。系统还可以增加临时车收费功能。临时车离开停车场时，控制器能自动检测到临时卡，并提示应交纳一定的费用。临时车必须在交完一定的费用后，经保安确认，才能离开停车场。道闸开启时，MP4NET 数字录像机抓拍下该车辆的照片文件，并存储在计算机里。

(3) 图像捕捉对比。具体功能包括：

1) 图像的图幅大小和清晰度、颜色等参数可自行设置。

2) 车辆图像可供有关人员随时查阅。

3) 图像的总存储量应根据硬盘容量大小而定，至少可保证留有一周以上的车辆出入图像（10 000 幅）备查。

(4) 查询、更改资料。系统可查询各种相关资料，如常用卡资料清单、被锁常用卡清单、操作人员密码清单、临时卡清单等。

五、常见停车场管理系统设备（见表6—3—1）

表6—3—1　　常见停车场管理系统设备

设备名称			产品描述	图例
停车场入口子系统	电动道闸		集光、电、机械控制于一体；传动系统具有双重自锁功能，可防止人为抬杆和意外落杆的失误；配上地感检测保护装置，可以杜绝因操作失误而造成的砸车事故，并能实现车辆通过后自动落杆的功能；并且有多重保护措施，可挂接红外线压力波传感器，防止砸车；可根据用户需求配备红绿灯控制功能	
	数字车辆检测器		安装在道闸控制箱里，感应到车辆进场后，自动关闸	
	入口控制机	IC卡读写系统	—	
		出卡机构	—	
		LED显示屏	—	
		对讲分机	—	
		语音系统	—	
		数字车辆检测器	安装在入口控制箱里；感应到车辆准备入场时，出卡机构才处于出卡状态	
		机箱及附件		
停车场出口子系统	电动道闸			
	数字车辆检测器		安装在道闸控制箱里面，感应到车辆进场后，道闸自动关闸	
	出口控制机	IC卡读写系统	—	
		LED显示屏	—	
		对讲分机	—	
		机箱及附件	—	
中心收费管理子系统	停车场收费服务器		含图像处理卡、收费管理软件	
	独立式读写器		右图为读写器，对ID卡进行充值等操作	
	对讲主机		—	
视频监控子系统			含摄像机、聚光灯等视频监控系统中必需的一些构件，其功能主要有出入口图像对比，也可接入整个停车场内的视频监控系统	

任务实施

一、了解停车场管理系统的概念

对停车场管理系统基础知识的了解可以通过使用互联网以及查阅专业图书资料等其他途径来实现。学习内容如下：

1．了解停车场管理系统的概念与用途，建议搜索关键词为“停车场管理系统”。

2．了解停车场管理系统的设备组成以及相关设备的功能，并做好详细记录，填入表6—3—2。

表 6—3—2　　停车场管理系统实训记录表

序号	设备名称	功　能
1	停车场控制器	
2	自动吐卡机	
3	远程遥控	
4	远距离 IC 卡读取感应器	
5	感应卡	
6	自动道闸	
7	车辆感应器	
8	地感线圈	
9	通信适配器	
10	摄像机	
11	数字录像机	
12	传输设备	
13	停车场系统管理软件	

二、了解停车场管理系统实物

1．在安防实训室，切断设备总电源并挂上维修标志牌。

2．认真观察安防实训设备中的停车场管理系统模块。

3．记录下所有设备的主要情况，填入表 6—3—3。

表 6—3—3　　停车场管理系统设备对照表

序号	设备名称	设备名称	设备品牌及型号	主要性能参数	备注
1	停车场入口子系统				
2	停车场出口子系统				
3	收费管理子系统				
4	视频监控子系统				

注：因有些设备集成在各子系统里面，应尽可能摘抄一些可见的子系统里面各组成设备的型号。

4. 遥控电动车，按照停车场管理系统的工作原理，模拟车辆的进出，观察整个设备的运行情况。

5. 操作管理计算机上的停车场软件，设置系统的参数。

6. 整理现场，复原设备，填写设备使用记录，移交设备，实训结束。

任务评价

对了解和掌握停车场管理系统的概念、系统设备软硬件组成等基本知识的情况进行总结评价并填写实训评价表6—3—4，给出本任务完成情况的实训成绩。

表 6—3—4　　停车场管理系统实训评价表

<table>
<tr><th colspan="2">评价项目</th><th>配分</th><th>自我评价</th><th>小组评价</th><th>教师评价</th></tr>
<tr><td rowspan="6">职业能力</td><td>能否准确理解停车场管理系统的概念</td><td>10</td><td></td><td></td><td></td></tr>
<tr><td>能否准确理解停车场入口子系统的设备组成</td><td>15</td><td></td><td></td><td></td></tr>
<tr><td>能否准确理解停车场出口子系统的设备组成</td><td>15</td><td></td><td></td><td></td></tr>
<tr><td>能否准确理解收费子系统的设备组成</td><td>10</td><td></td><td></td><td></td></tr>
<tr><td>能否正确理解各子系统之间的工作关系</td><td>15</td><td></td><td></td><td></td></tr>
<tr><td>基本上学会操作停车场管理软件</td><td>15</td><td></td><td></td><td></td></tr>
<tr><td rowspan="4">通用能力</td><td>观察能力</td><td>5</td><td></td><td></td><td></td></tr>
<tr><td>动手能力</td><td>5</td><td></td><td></td><td></td></tr>
<tr><td>团队合作能力</td><td>5</td><td></td><td></td><td></td></tr>
<tr><td>自我提高能力</td><td>5</td><td></td><td></td><td></td></tr>
<tr><td>自我评价</td><td></td><td>综合评分</td><td colspan="3">本人签名：</td></tr>
<tr><td>小组评价</td><td></td><td>综合评分</td><td colspan="3">组长（项目经理）签名：</td></tr>
<tr><td>教师评价</td><td></td><td>综合评分</td><td colspan="3">教师签名：</td></tr>
</table>

项目七　安全防范系统集成设计

通过学习安全防范系统的七大子系统，掌握与了解了楼宇安防系统每个独立子系统的系统组成、设计方案的编写以及系统的安装调试，但对每个子系统的相互关系知之甚少。本项目主要是学习安全防范系统各子系统之间的相互关系、集成、联动，以及安全防范系统的综合设计。

案例

某学校是一所新建的学校，现准备给整个校园设计并安装安全防范系统。校园平面图如图7—0—1所示。学校对安全防范系统的要求如下：①设计视频监控系统、入侵报警系统、对讲门禁系统以及公共广播系统，并将上述4个系统联成一个网络，系统数据集中管理。②整个系统控制中心设在学校大门口的门卫室。③实现立体防护、层次清楚，做到整个校园没有死角。

学习目标

能根据本项目学习到的知识，给某一居住单元、小区或者学校设计并安装一套安全防范系统，包括设备的选型、系统设计方案的编写，并能进行系统的安装和调试。

任务一　了解子系统之间的关联

任务描述

实地考察某单位的安全防范系统，在观察系统构成及设备安装位置的同时，了解各个子系统之间的关系及工作原理，思考是否有更合理的系统配置方案，并做好相关记录。

任务实施

实地考察某单位的安全防范系统，并填写表7—1—1。

表7—1—1　　安全防范系统基础知识实训记录表

记录项目的名称	记录的内容
考察单位安防系统的构成	
单位安防系统各个子系统间的关系及工作原理	
考察后，结合所学知识提出改进方案	

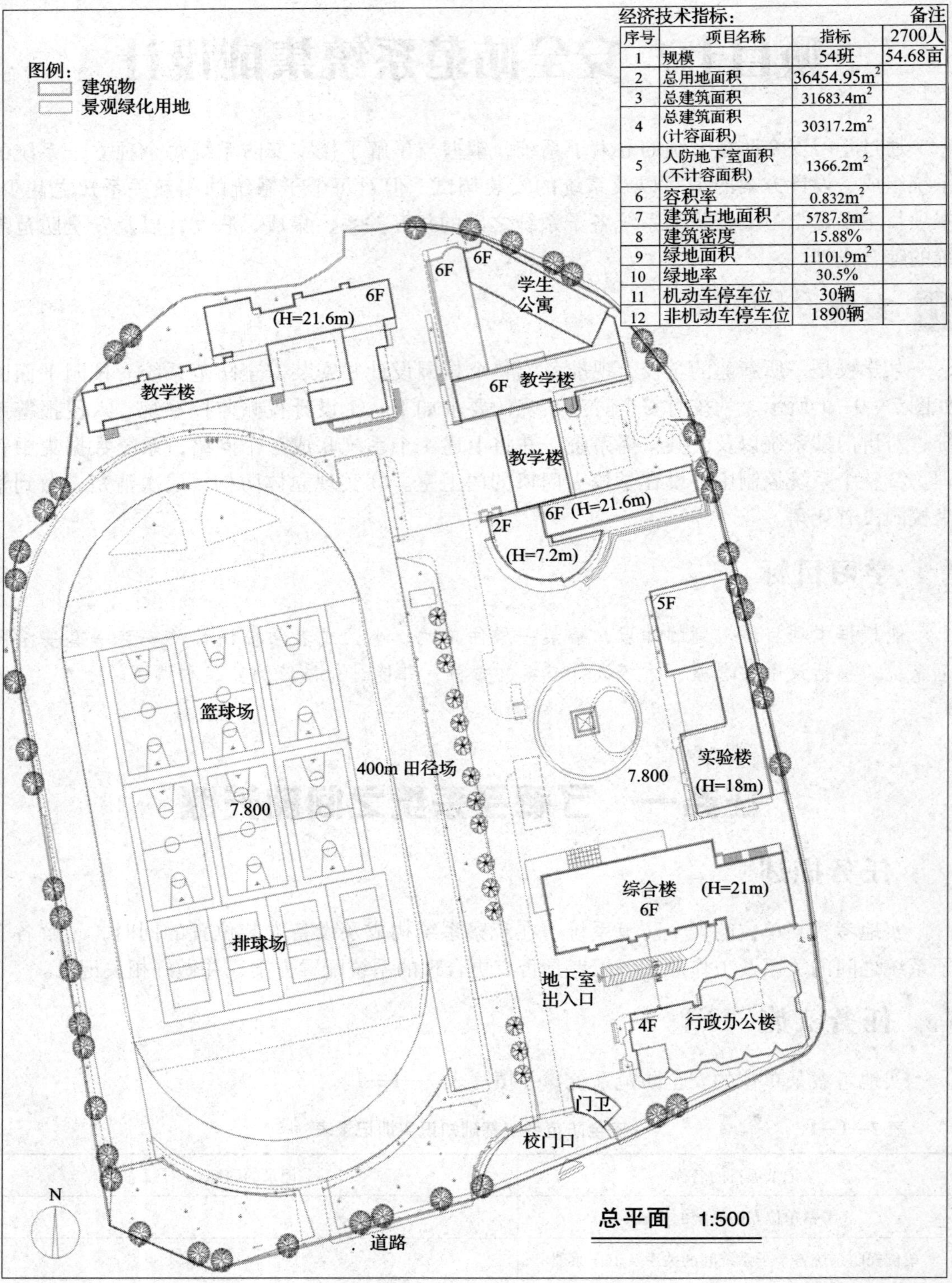

经济技术指标：

序号	项目名称	指标	备注
			2700人
1	规模	54班	54.68亩
2	总用地面积	36454.95m^2	
3	总建筑面积	31683.4m^2	
4	总建筑面积（计容面积）	30317.2m^2	
5	人防地下室面积（不计容面积）	1366.2m^2	
6	容积率	0.832m^2	
7	建筑占地面积	5787.8m^2	
8	建筑密度	15.88%	
9	绿地面积	11101.9m^2	
10	绿地率	30.5%	
11	机动车停车位	30辆	
12	非机动车停车位	1890辆	

图例：
建筑物
景观绿化用地

6F
(H=21.6m)
教学楼
6F
6F
学生
公寓
6F 教学楼
教学楼
2F
(H=7.2m)
6F (H=21.6m)
5F
篮球场
400m 田径场
7.800
7.800
实验楼
(H=18m)
排球场
综合楼 (H=21m)
6F
地下室
出入口
4F 行政办公楼
门卫
校门口
N
道路
总平面 1:500

图7—0—1 案例五建筑平面图

任务评价

对掌握安全防范系统基本知识的情况进行总结评价，填写实训评价表7—1—2，给出本任务完成情况的实习成绩。

表7—1—2 安全防范系统基础知识实训评价表

	评价项目	配分	自我评价	小组评价	教师评价
职业能力	能否准确了解考察单位安防系统的构成	10			
	能否准确了解考察单位安防系统的物理划分区域	10			
	能否准确理解单位安防系统各个子系统间的关系及工作原理	20			
	能否结合考察的实际情况，提出合理的改进方案	20			
通用能力	观察能力	10			
	动手能力	10			
	团队合作能力	10			
	自我提高能力	10			
自我评价		综合评分	本人签名：		
小组评价		综合评分	组长（项目经理）签名：		
教师评价		综合评分	教师签名：		

任务二　分类总结子系统的设备

任务描述

在前面的项目中，分别学习过安全防范系统各子系统的设备组成。本任务要求根据所学的分类方法对各子系统的设备进行分类总结。

任务实施

对安防设备的不同分类方式进行总结，认真填写表7—2—1、表7—2—2。

表7—2—1　　**各子系统设备按组成分类**

类别	系统名称	组成设备内容	备注
前端设备	视频监控系统		
	入侵报警系统		
	楼宇对讲系统		
	电子门禁系统		
	公共广播系统		
	电子巡更系统		
	停车场管理系统		
传输设备	视频监控系统		
	入侵报警系统		
	楼宇对讲系统		
	电子门禁系统		
	公共广播系统		
	电子巡更系统		
	停车场管理系统		
后端设备	视频监控系统		
	入侵报警系统		
	楼宇对讲系统		
	电子门禁系统		
	公共广播系统		
	电子巡更系统		
	停车场管理系统		

表 7—2—2　　各子系统设备按物理结构分类

类别	系统名称	组成设备内容	备注
表现层设备	视频监控系统		
	入侵报警系统		
	楼宇对讲系统		
	电子门禁系统		
	公共广播系统		
	电子巡更系统		
	停车场管理系统		
控制层设备	视频监控系统		
	入侵报警系统		
	楼宇对讲系统		
	电子门禁系统		
	公共广播系统		
	电子巡更系统		
	停车场管理系统		
处理层设备	视频监控系统		
	入侵报警系统		
	楼宇对讲系统		
	电子门禁系统		
	公共广播系统		
	电子巡更系统		
	停车场管理系统		
传输层设备	视频监控系统		
	入侵报警系统		
	楼宇对讲系统		
	电子门禁系统		
	公共广播系统		
	电子巡更系统		
	停车场管理系统		

续表

类别	系统名称	组成设备内容	备注
执行层设备	视频监控系统		
	入侵报警系统		
	楼宇对讲系统		
	电子门禁系统		
	公共广播系统		
	电子巡更系统		
	停车场管理系统		
支撑层设备	视频监控系统		
	入侵报警系统		
	楼宇对讲系统		
	电子门禁系统		
	公共广播系统		
	电子巡更系统		
	停车场管理系统		
采集层设备	视频监控系统		
	入侵报警系统		
	楼宇对讲系统		
	电子门禁系统		
	公共广播系统		
	电子巡更系统		
	停车场管理系统		

任务评价

对任务的完成情况进行总结评价，填写实训评价表7—2—3，给出本任务完成情况的实训成绩。

表7—2—3　　子系统设备分类总结实训评价表

	评价项目	配分	自我评价	小组评价	教师评价
职业能力	能否准确将安防各子系统设备按组成分类	30			
	能否准确将安防各子系统设备按物理结构分类	30			
通用能力	观察能力	10			
	动手能力	10			
	团队合作能力	10			
	自我提高能力	10			

续表

	评价项目	配分	自我评价	小组评价	教师评价
自我评价		综合评分	本人签名：		
教师评价		综合评分	组长（项目经理）签名：		
小组评价		综合评分	教师签名：		

任务三　设计安全防范系统的集成方式

任务描述

在前面的项目中分别学习了安全防范的各子系统，然而在实际工程中，各个子系统既区分又集成，相互之间具有独立性，又相互联系。只有当它们集成在一起，才能形成完整的安全防范系统。本任务要求讨论并绘制安全防范系统的分层次设防图，再根据具体要求设计安全防范系统的集成方式。

基础知识

一、安全防范系统的规划与设计

大型和复杂的安全防范系统由于有成百上千台的摄像机、报警探测装置、门禁控制设备等硬件，还有对被监控区域进行规划布局、盲区分析、系统集成等的众多软件，因此非常有必要以系统工程的方法来进行规划和设计，也只有这样才能达到较为理想的最终效果。

安全防范系统追求的目标是以多种技术手段来确定建筑物本身及运行的安全，尽量减少监控的死角和探测的盲区。它所受到的约束条件包括拟投入的资金多少、允许的建设周期、系统运行和管理人员的素质及文化业务水平、对系统的维护及支援响应的能力等。系统工程拟订的方案就是在此众多约束条件下寻求目标函数的极值和最优化。

要确保监控对象的安全，不能指望通过各种设备的堆积来实现，而是要通过对系统的调查分析、比较测算，甚至是采取仿模拟等途径来构建可靠、合理、适用、有可扩展性的系统，此即系统设计的可靠性、可使用性、可维护性三原则。

为了使安全防范系统切实有效，对重要的防护目标宜采用层次设防的措施，如图7—3—1所示。

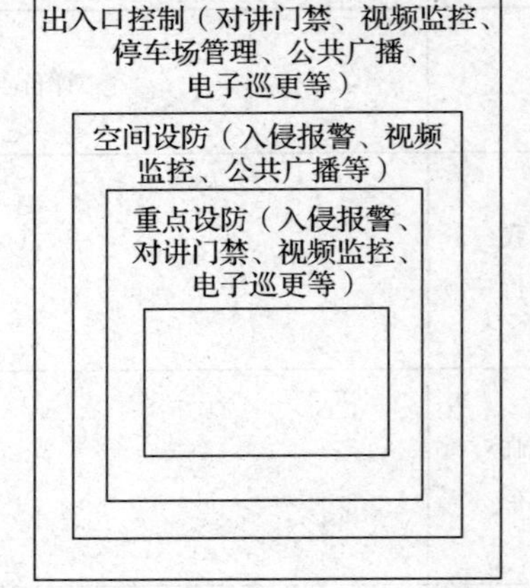

图 7—3—1　安防系统层次设防图

由外向里的防护层次是：

第一层为周界防范报警设施。在围墙或栅栏上加装“电子篱笆”，一旦有人非法穿越或破坏，则实时发出报警信号；在围墙或栅栏上加装视频监控系统可作为报警的复核手段和报警事件的记录装置使用。加装电子巡更系统，系统地安排安保人员巡逻，可实现人防制度化。

第二层为出入口控制系统。在建筑物大门等人员可以出入的场所加装可受控制的锁具或出入控制装置，对易被击碎的窗户玻璃可装破碎报警探测器，对汽车的进出则有停车场管理系统，加装视频监控系统作为复核手段和报警事件的记录装置使用，巡更系统也可实现人防制度化。

第三层为空间设防。在楼内布置各种能够探测人体移动的探测器，如红外、微波或超声探测器。为减少误报，可采用双鉴探测器，最好采用摄像机的视频移动探测功能。

第四层为重点防范措施。可采用卡片复合密码方式或指纹、掌纹、脸面等生物识别技术，以确保楼内重点场所和房间的绝对安全，可以安装报警探测器、视频摄像机、电子巡更系统等。

公共广播系统可以在每个区域存在，在发生突发事件时，可通知该区域人员及时撤离。

二、安全防范系统的集成方式

安防系统集成，是指以搭建组织机构内的安全防范管理平台为目的，利用综合布线技术、通信技术、网络互联技术等将相关安防子系统设备、软件进行集成设计，把相关子系统通过网络接入安防控制中心的综合管理平台软件，通过中心平台的管理软件，使整个安全防范系统在管理上形成高度统一。系统集成框架如图 7—3—2 所示，系统集成示意图如图 7—3—3 所示。

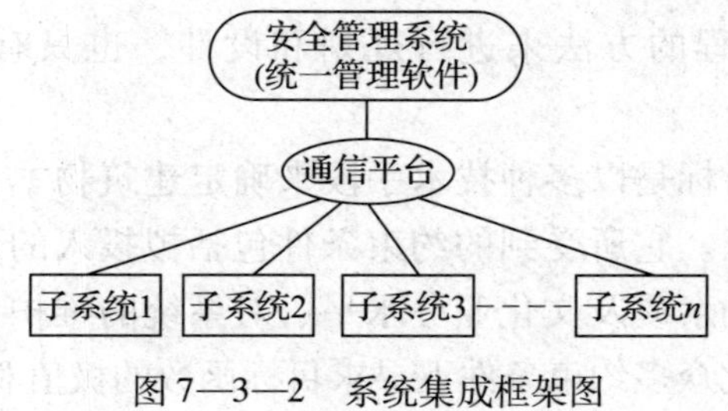

图 7—3—2　系统集成框架图

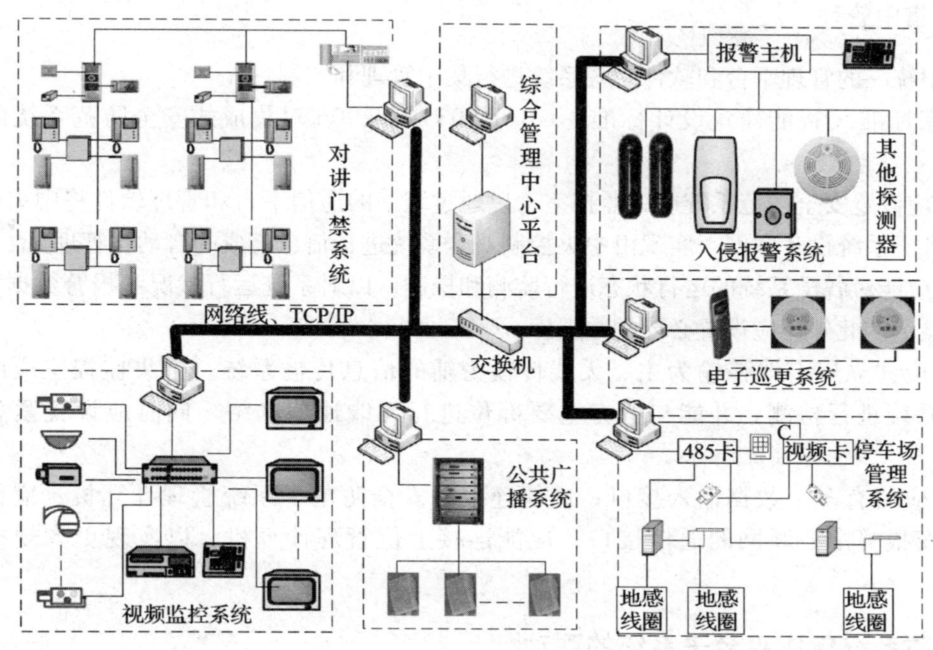

图 7—3—3　安全防范系统集成示意图

系统集成最大的特点是通过某种网络平台及软件连接上位管理计算机或外部安全防范报警中心的计算机，实现实时的联动管理控制。集成设计的方式主要有：

1. 一体化

通过将各个独立的系统集成到一个统一的计算机平台上，包括硬件集成、功能集成、网络集成、软件界面集成、技术与管理集成，实现各系统之间的资源共享和信息互通。

2. 功能联动

实现各子系统之间的功能联动，如报警后与相关视频图像的自动切换。

3. 资源共享

除了可以在统一的平台上实现统一的监测与控制外，每个系统的终端都能调用各系统的信息，实现资源共享。

4. 协议统一

各个系统采用开放的通信协议或统一的通信协议，还要求各个系统资源库的格式统一，以便实现相互通信。

5. 集中管理

采用统一的管理平台和软件对各系统进行集中管理和控制。

国家标准《智能建筑设计标准》GB/T 50314—2006 对集成式安全防范系统的规定如下：

1. 应设置安全防范系统中央监控室，以通过统一的通信平台和管理软件将中央监控室设备与各子系统设备联网，实现由中央控制对全系统进行信息集成的自动化管理。

2. 应能对各子系统的运行状态进行监测和控制，以对系统运行状况和报警数据等进行记录和显示。此外还应设置必要的数据库。

3. 应建立以有线传输为主、无线传输为辅的信息传输系统。中央监控室应能对信息传输系统进行检测，并能与所有重要部位进行无线通信联络。同时应设置紧急报警装置。

4. 应留有多个数据输入接口；应能连接各安全防范子系统管理计算机；应留有向外部公安报警中心联网的通信接口；应能连接上位管理计算机，以实现更大规模的系统集成。

三、安防系统集成平台子系统的联动

1. 多系统集成的意义

安全防范各子系统的应用越来越广泛，发挥了技防的作用，为社会的稳定和繁荣做出了贡献，而随着应用的普及和深入，这些系统开始带来很多问题，集中体现在两个方面：一是各安防子系统相互独立、缺乏联动，发生紧急事件时，不能高效发挥预警联防的作用；二是各个安防子系统独立管理，管理与维护效率低下。随着计算机信息化技术在安防领域的全面普及，安防多系统集成开始获得了实质性的进展，很多行业都开始规划此类应用。如监所行业（包括监狱、劳教、看守所）、平安城市、小区物业等，其基于安防综合管理概念实现的安防多系统集成走得最远、应用也最为广泛。安防多系统整合集成与统一管理已成为新一代安防行业的共识，安防综合管理的概念在各行业也随之普及开来。

2. 多系统集成的架构

安防综合管理的核心就是通过多个安防系统的集成实现两个方面的目的：一方面实现多个安防系统的全面整合与统一管理，简化管理流程，提升管理效率；另一方面通过视频监控与各安防子系统的联动整合，提升系统的整体综合防范能力。

多系统集成的架构通常由综合管理平台软件中心、综合管理客户端软件以及视频监控、智能分析、报警、门禁、巡更、对讲、公共广播、停车场管理等子系统组成。综合管理平台是系统的核心，负责所有安防子系统的统一接入与集中管理，并实现视频监控与其他安防业务的整合联动。综合管理客户端为用户提供统一的登录、操作以及管理界面。实现集

成后，所有子系统都可以通过一个统一的入口进行配置和管理，无须单独登录不同的子系统。

3. 常见多系统的集成联动方式

实现多个安防子系统集成的最终目的是提高综合防范能力，而提高综合防范能力的主要手段是通过视频监控子系统与其他各安防子系统的整合联动，来提高安防系统的预警联防能力。常见的多系统集成联动方式包括：

（1）报警与视频监控的联动。一旦发生报警，视频监控子系统自动发出声光电警示、切换报警点图像上监控墙、进行图像抓拍、启动录像存储，同时弹出综合管理平台软件预先编辑好的告警处理预案，提示下一步处理流程。

（2）门禁与视频监控的联动。人员进出门禁，将自动抓拍现场图像，启动录像存储，及时记录人员进出的信息，抓拍的刷卡人员照片会与管理信息系统中的合法人员信息进行比对，确认其合法性。对于非法入侵事件，还可通过门禁系统发出的报警信息触发监控系统的一系列告警联动操作。

（3）巡更与视频监控的联动。如在规定时间内未有巡更记录，则可以通过巡更系统的报警信息触发监控系统的一系列联动操作。

（4）公共广播与视频监控的联动。当视频监控系统或报警系统检测到意外情况发生时，如火灾、骚乱等突发情况，综合管理客户端会自动弹出相应预案，根据预案自动或手动将预录的一段文字输出到公共广播子系统进行播放，实现通知作用。

（5）停车场管理系统与视频监控的联动。停车场管理系统中的入口子系统、出口子系统一般都安装有视频监控系统，主要用于车辆的进出登记比对，起到防盗的作用。另外在大型停车场安装有大量的视频监控系统，不仅用于车辆比对防盗，更重要的是能起到停车位导航的作用。

四、平安城市基本知识

“平安城市”是一个超大型、综合性非常强的管理系统，不仅需要满足治安管理、城市管理、交通管理、应急指挥等需求，而且还要兼顾灾难事故预警、安全生产监控等方面对图像监控的需求，同时还要考虑报警、门禁等配套系统的集成以及与公共广播系统的联动。

“平安城市”的作用是通过三防系统（技防系统、物防系统、人防系统）建设城市的平安和谐。一个完整的安全技术防范系统，是由技防系统、物防系统、人防系统和管理系统4个系统相互配合、相互作用来完成安全防范的综合体。安全技术防范系统主要有入侵报警系统、电视监控系统、出入口控制系统、电子巡查系统、停车场管理系统、防爆安全检查系统等。

“平安城市”项目涵盖社会的众多领域，有民用街区、商业建筑、银行、邮局、道路监控、校园，也包含流动人员、机动车辆、警务人员、移动物体、船只等。针对重要场所，如机场、码头、油库、电厂、水厂、桥梁、大坝、河道、地铁，需要建立全方位的立体防护。针对不同的目标群体，可提供报警、视频、联动等多种组合方式。将110/119/122报警指挥调度、GPS车辆反劫防盗、远程可视图像传输、远程智能电话报警及地理信息系统（GIS）等有机地连接在一起，实现火灾实时联动报警、犯罪现场远程可视化及定位监控、同步指挥调度，从而有效地实现信息高速化，实现城市安防从“事后控制”向“事前预防”的转变，提升城市的安全程度和人民生活的舒适程度。

“平安城市”利用平安城市综合管理信息公共服务平台，包括城市内视频监控系统、数字化城市管理系统、道路交通等多个系统，利用市区级数据交换平台实现资源共享。系统前端数据通过视频监控系统采集并传输到市、区监督指挥调度中心。监督指挥调度中心管理平台由数据库服务器、存储服务器、管理服务器、报警服务器、调度控制服务器、流媒体服务器、Web服务器、显示服务器和其他应用服务器组成。硬件中除服务器外，还包括各种监控终端、安防产品、为了增加网络覆盖而增加的网络产品、基层组织监控用的计算机设备等，这些产品的需求随着平安城市系统覆盖范围的增加而快速增长。而软件解决方案除操作系统、数据库等系统软件外，还包括各种监控管理平台、流媒体软件、监控软件、智能交通系统、电子警察系统等。

任务实施

一、如图7—3—4所示，设想小李从校门外走到学校的财务室，一路上，他会遇到什么样的安全防范子系统呢？分组讨论这一问题，并根据小李遇到的安全防范子系统，绘制安全防范系统的分层次设防图。

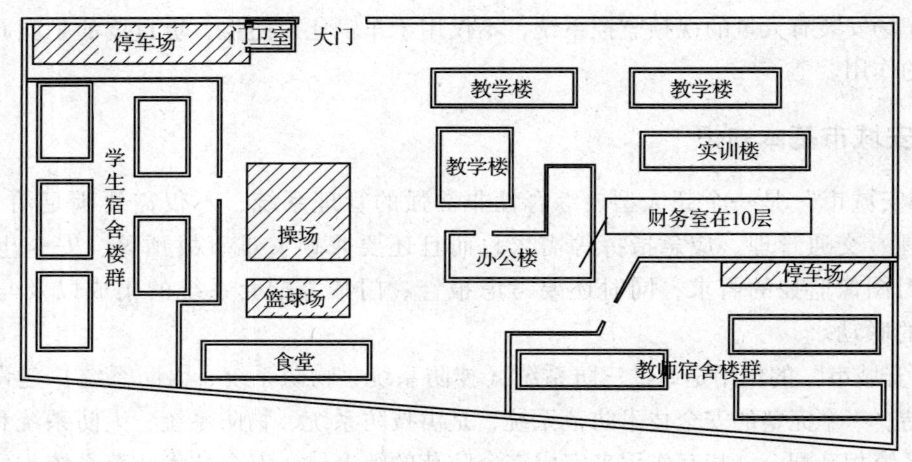

图7—3—4 分组讨论案例平面图

二、要为如图7—3—4所示的校园设计安装一套安全防范系统，包括视频监控系统、入侵报警系统、楼宇对讲系统、电子门禁系统、公共广播系统、电子巡更系统、停车场管

理系统等，并在大门口的门卫室建立一个安防控制中心，所有子系统接入到此中心。分组讨论怎样实现上述安全防范系统各子系统的集成，并绘制系统集成图。

任务评价

对任务的完成情况进行总结评价填写实训评价表7—3—1，给出本任务完成情况的实训成绩。

表7—3—1 了解安全防范系统集成概念实训评价表

评价项目		配分	自我评价	小组评价	教师评价
职业能力	能否准确回答步骤一安防子系统的问题	20			
	能否绘制步骤一中系统的安防层次图	10			
	能否准确回答步骤二中系统的集成方式	10			
	能否绘制步骤一中系统的集成示意图	20			
	能否理解安全防范系统整体设计的层次	10			
	能否理解安全防范系统整体集成的方式	10			
通用能力	观察能力	5			
	动手能力	5			
	团队合作能力	5			
	自我提高能力	5			
自我评价		综合评分	本人签名：		
教师评价		综合评分	组长（项目经理）签名：		
小组评价		综合评分	教师签名：		

任务四　校园安全防范系统项目设计

任务描述

利用所学知识，对本项目案例的安全防范系统进行综合设计。

任务实施

本校园安防系统要求由视频监控系统、入侵报警系统、对讲门禁系统以及公共广播系统组成。因此，各组在设计本校园安防系统时，可先拆成4个子系统，在完成各个子系统的方案设计后，再集成校园安防系统的总体设计。

一、学生分成若干项目小组，以小组为单位，进行本校园安防系统的设计。

二、由各个小组的项目经理领导小组成员与业主（教师）进行沟通，了解业主的需求，填写表7—4—1。

表7—4—1　　客户需求表

项目名称	内　容
需求描述	（校园安防系统的需求阐述）
任务解决思路描述	（校园安防系统任务解决思路描述）

三、根据案例五提供的材料以及学校的需求情况，进行实地勘察，分区域绘制实地平面示意图。

四、根据实际需求情况，确定各子系统所需设备种类与数量。

五、运用相关工程绘图软件，根据勘测数据，在平面示意图基础上，绘制设备，尤其是要绘制前端设备的布置。

六、编制子系统工程材料清单，填写表7—4—2的系统预算表。

表7—4—2　　系统预算表

类型	规格说明	品牌型号	数量	单位	预算单价	预算小计	合计	备注
设备清单								

续表

类型	规格说明	品牌型号	数量	单位	预算单价	预算小计	合计	备注
工程实施清单								

七、各小组将各子系统的任务解决方案进行系统的合并，完善校园安全防范系统综合设计的解决方案。方案包括：

（1）用户需求整合；

（2）校园平面图整合；

（3）设备平面布置图整合；

（4）设备预算表整合（见表7—4—3）；

（5）施工计划与售后计划整合；

（6）整体审核方案。

表7—4—3　　方案预算表

类型	规格说明	品牌型号	数量	单位	预算单价	预算小计	合计	备注
设备清单								
1. 控制中心设备清单								
2. 视频监控系统设备清单								
3. 入侵报警系统设备清单								
4. 对讲门禁系统设备清单								
5. 公共广播系统设备清单								
施工清单								
1. 税金								
2. 工程总造价								

任务评价

对完成的综合设计方案，进行总结评价，填写评价表7—4—4，给出本任务完成情况的实习成绩。

表7—4—4　　系统综合设计方案编制评价表

<table>
<tr><th colspan="2">评价项目</th><th>配分</th><th>自我评价</th><th>小组评价</th><th>教师评价</th></tr>
<tr><td rowspan="8">职业能力</td><td>能否与业主沟通清楚</td><td>10</td><td></td><td></td><td></td></tr>
<tr><td>建筑平面图绘制的效果</td><td>10</td><td></td><td></td><td></td></tr>
<tr><td>设备的选型与预算</td><td>10</td><td></td><td></td><td></td></tr>
<tr><td>编制总任务工程材料清单</td><td>10</td><td></td><td></td><td></td></tr>
<tr><td>系统概述的编写</td><td>10</td><td></td><td></td><td></td></tr>
<tr><td>施工计划的编写</td><td>10</td><td></td><td></td><td></td></tr>
<tr><td>方案的书写步骤</td><td>10</td><td></td><td></td><td></td></tr>
<tr><td>方案的排版质量</td><td>10</td><td></td><td></td><td></td></tr>
<tr><td rowspan="4">通用能力</td><td>观察能力</td><td>5</td><td></td><td></td><td></td></tr>
<tr><td>动手能力</td><td>5</td><td></td><td></td><td></td></tr>
<tr><td>团队合作能力</td><td>5</td><td></td><td></td><td></td></tr>
<tr><td>自我提高能力</td><td>5</td><td></td><td></td><td></td></tr>
<tr><td rowspan="2">自我评价</td><td rowspan="2"></td><td>综合评分</td><td colspan="3" rowspan="2">本人签名：</td></tr>
<tr><td></td></tr>
<tr><td rowspan="2">小组评价</td><td rowspan="2"></td><td>综合评分</td><td colspan="3" rowspan="2">组长（项目经理）签名：</td></tr>
<tr><td></td></tr>
<tr><td rowspan="2">教师评价</td><td rowspan="2"></td><td>综合评分</td><td colspan="3" rowspan="2">教师签名：</td></tr>
<tr><td></td></tr>
</table>

附录

“凯旋城”智能化建筑系统设计方案

第一篇 设计方案

第二篇 功 能 表

第三篇 预 算 表

第一篇　设计方案

前　言

智能建筑已经在世界各地蓬勃发展并已成为21世纪建筑业的发展主流。近几年来，随着计算机的普及和信息产业的发展、人们对居住环境要求的不断提高，“智能化”的概念也被引入了住宅小区和家庭建设中。

智能小区与智能住宅在20世纪80年代中期起源于美国，并在美国得到了迅猛的发展。继美国之后，日本、欧洲、东南亚等国家和地区的智能建筑也得到了飞速的发展。在我国，智能小区与智能住宅是在近几年才发展起来的，并且发展速度很快。

智能小区和智能住宅是随着现代科学技术的迅猛发展，特别是计算机技术、通信技术、网络技术、信息技术、自动化控制技术、办公自动化技术的普及和应用而发展起来的。智能小区和智能住宅是将家庭中各种与信息相关的通信设备、家用电器设备和家庭安保装置通过家庭总线技术连接到一个家庭智能化系统上，进行集中的或异地的监视、控制和家庭事务性管理，并保持这些家庭设施与装置环境和谐与协调的系统。建设智能小区与智能住宅的主要目的是提高人们的居住质量，给人们带来多元信息和安全、舒适、健康、便利、节能、令人愉悦的生活环境。

0.1　工程概况

凯旋城地处＊＊市中心开发区的庞大组团区域，位于市政府前侧，东侧邻近＊＊＊山水景观组团、＊＊＊东路，南临＊＊＊，西临＊＊＊房产项目用地，总规划用地面积约为＊＊＊亩。优良的自然条件提供了舒适宜人的居住环境。凯旋城总用地面积79 726.0 m^2，建设用地面积21 390.9 m^2，容积率为＊＊＊，建筑密度为＊＊＊，总建筑面积223 230 m^2，由12幢27层以上高层和一幢星级酒店单体及4幢沿街裙房构成。小区建筑为现代风格，建筑色调简洁明快。由于环境因素的影响和改善，在水平方向上考虑将高档点式私家花园大户型住宅设置在南面景观最开阔的位置，同时为区内居中位置的高层住宅提供更多的景观面，形成住宅档次与环境价值的合理配置，有利于明确销售价格定位。整个小区规划设计完善，社区内有会所、商场、娱乐场所、健身房、休闲花园、停车场等公共配套设施，为贵族高尚住宅社区。

为了体现小区的档次和定位，智能化的配备成为高尚住宅小区重要组成的一部分，给小区合理提供一个先进、科技、安全、便捷、舒适的智能化系统，结合社区其他配套设施，使小区的居住环境更加完善。在先进及科技方面，以目前行业里最为成熟先进的智能化技术（TCP/IP）进行整体的智能化系统规划，既保证系统的稳定运行，也满足了系统以后的无限升级，方便维护。在安全方面，以“外紧内松”为原则，既防范了外界对小区的安全

侵入，同时也保证了小区业主的生活隐私。在便捷方面，考虑到科技“以人为本的原则”，在小区智能化的建设中以人性化为原则，在带给业主便捷生活的同时也使其感觉到操作简单。在舒适方面，业主在生活中将感受到“科技与众不同”的体验，既针对了业主的不同要求，也发挥了科技对环境的渲染作用。为了让业主体验到“白金五星级”的社区生活，为凯旋城量身定制了以下智能化系统设计方案：

一、综合安全防范管理系统

- 周界报警系统
- 闭路电视监控系统
- 电子巡更系统
- 网络型智能楼宇系统
- 门禁管理系统

二、智能物业信息管理系统

- 停车场管理系统
- IC 卡智能消费管理系统
- 一卡通系统
- 电梯三方通话系统
- 背景音乐及公共广播系统
- LED 电子公告屏
- 物业管理平台

三、通信系统（由当地运营商、广电部门深化设计）

- 宽带及电话布线系统
- 有线电视系统
- 智能系统机房建设、供电、接地

0.2 设计思想

一个完善的智能化小区，具有便捷、安全、舒适、高档的生活环境。确保每一个住户的生命财产安全，是本系统最大的意义，创造一个住宅的理想空间是设计本系统的目的所在。

0.2.1 安全防范功能设计

安全是生活的第一需求，目前居民生命和财产最大的威胁是人为引起的破坏，如盗窃、抢劫、凶杀等。安全防范系统就是要通过有效的预防措施对这些不安全因素进行防范，为小区居民创造一个安心、平静的居住环境。因此，在小区智能化建设实施中第一目标就是提高小区的整体安全防范能力。

随着国家安居工程建设步伐的加大，小区安全防范正逐渐引起百姓的重视，从家用防撬锁、防护栏、防盗安全门的不断普及，到综合安全服务系统的应用，都说明了百姓的安全意识有了很大提高，但是由于受到经济实力和安防知识的制约，目前技防设施普及程度尚不平衡，防范手段还处于落后的状态。许多用户在做完居室装修后，除对阳台进行封装和加装防盗门窗外，大部分住宅的窗栏是一种被动防范设施。发生火灾、煤气泄漏等紧急事件时，有时反而成为逃生的障碍，所以改变传统的“家庭铁窗式安防模式”势在必行。

目前，小区安防智能化系统的技术已经日渐成熟，系统的建设体制也相对稳定。一般建设系统主要包括周界防越报警、闭路电视监控、联网对讲、家庭安防报警、电子巡更管理、一卡通等系统，但项目的地理位置、人文特点、户型结构等方面的差异，使得系统建设具有不同的侧重点，建设的投资也各不相同。

由于凯旋城以高层住宅为主，由于小区分布以围式合闭，所以采用“外紧内松，集中管理”的模式来建设整个社区的安防管理系统，以加强对住宅楼外部的安防建设，尽量将对住户不利因素抵御在小区或住宅楼外部区域。

0.2.2 整体建筑设计理念

智能社区的“智能”本质体现在：建筑物能“知道”建筑内所发生的一切；能“确定”并“采取”最有效的措施维护社区安全。为了使智能建筑名副其实，除有必要引入人工智能、专家系统、智能控制等技术外，还要注重小区的智能化个性特色。

作为智能小区的一个组成部分，凯旋城智能系统必须融入整个小区的环境和建筑之中，以体现整个小区的特点。智能与建筑的融合、与整个小区规划设计理念和要求的融合，是这个智能系统设计成败的关键。因此，在设计上，将注重建筑的环境和外观，如公共设施配套体系、独特的多重景观体系、风格典雅的建筑体系和生态环保体系等方面，加强与“智能”的联系。例如：背景音乐系统应根据不同的场景进行多元化设计，营造区域风格。在安防系统中，利用多重逻辑设计，防止或减少误报，以保证系统安全可靠。在楼宇“智能化”中，优化系统的功能配置，合理选择智能设备，使“智能化”趋向于“傻瓜化”，注重其操作方便性和经济实用性。小区的公共智能化设备尽量采用隐蔽式安装，需要外露安装的设备，在安装位置、设备外形上应能与周围的景观相融合。

0.2.3 设计范围及设计概况

一、综合安全防范管理系统

1. 周界报警系统

该系统主要由前端主动红外对射探测器与中心报警主机组成。在周界围墙及一层店面顶板上安装主动式红外对射探测器，对射探测器由发射端与接收端组成，利用总线报警技术，经调制后形成两束红外线，构成一个保护区域。如果有人企图跨越被保护区域，则两束红外线被同时遮挡，接收端输出报警信号，触发报警主机报警。中心报警主机将会显示前端的报警防区，提示安保人员及时处理警情。同时，该防区的单防区模块将与闪灯、周

界闭路电视监控系统联动，闪灯对非法攀越者起到威慑作用，闭路电视监控系统将拍下现场情况，进行存储记录。

2. 闭路电视监控系统

在小区各出入口、小区周界、主要景观区、楼栋出入口、电梯轿厢、地下车库等，根据不同的防护区域，设置不同的摄像机，进行24小时连续录像记录。管理人员还可以通过经授权的账号及密码通过远程IE浏览查看现场情况。业主可通过管理中心给予授权的账号及密码通过远程IE浏览监控情况，在家里就可以观看小区的景观。

3. 电子巡更系统

该系统由巡更点、巡更器及管理计算机组成。在安保巡更路线上设置巡更点，巡更人员手持巡更机到各个巡更点采集数据。巡更结束后，通过通信线将巡更手持机与计算机连接，将数据转存到计算机中。其巡逻路径、巡逻时间可根据小区物业管理规定实时改变，大大方便了管理人员对安保人员的巡更情况进行分析和考核。

4. 网络型智能楼宇系统

该系统采用网络TCP/IP组网模式，以可视对讲带家庭安防报警系统并可扩展家电控制模块的方式进行设计，采用数据共享的统一技术平台，在小区的人行出入口处设置带触摸屏的单元门口机（壁挂于保安室内），实现来访客人与住户的对讲，从而进行身份识别，在小区的外围入口处构建一道防线。在楼栋单元梯口设置落地式的可视触摸大型门口主机，美观大方，可对来访客人进行二次身份确认。同时，在住户家中安装带防区报警的室内彩色液晶屏分机，彩色液晶屏美观大方，显示画面清晰，集对讲、安防、多媒体功能于一体，可扩充家电控制功能。

同时，系统具有免费的户户通话功能，可与大门口、单元梯口、管理中心进行可视对讲；具有强大的信息发布、图像存储、语音提示、语音留言等功能。

家庭安防系统具有多路防区，标配厨房煤气泄漏探测器、主卧紧急按钮，其余防区由业主自由扩展。

系统具有超强的扩展功能及便利的安装功能：留有家电接口，用户在二次装修时可自由选配，并可升级成智能终端机。通过远程功能可对家中的电动窗帘、空调、灯光、厨房电器等进行控制；可查看信息留言，编辑铃声、图片、图像；可进行一些管理预约、社区配送、出租车预订等贴心服务，还可通过智能终端实现CCTV监视功能，查看小区内公共区域的开放监控场景。

5. 门禁管理系统

（1）门禁管理系统。在社区大门口、楼栋出入口、地下室、一层消防通道以及社区主要管理用房设置门禁系统，杜绝了外来人员的随意进出，只有经过授权的人群才可以进出，提高了安全防范系数。业主凭授权的IC卡可自由出入小区，为了对社区进行更有效的管理，临时访客不设临时卡，临时访客需在大门口呼叫业主，由业主确认身份后，再由安保人员开门让其进入社区；到达单元梯口，需在单元梯口机上再次呼叫业主确认，由业主通过户内分机开门，同时联动电梯呼梯动作，给予信号，呼叫电梯。

（2）电梯门禁系统。在一层电梯厅以及地下室电梯厅设置门禁系统，业主持卡便可实现呼梯功能，无须按按键，电梯便会自动开门。合法授权者可呼梯，无授权人员无法呼梯。访客不设临时卡，可通过单元梯口的对讲系统呼叫住户，进行二次身份确认，由业主开门，同时实现呼梯功能。在设定的时间内，访客可开启电梯按键，乘坐电梯。若超出时间，电梯按钮将恢复到原来的锁定状态。因一层的消防通道也设置了门禁，故访客也无法从消防通道上楼，只能再次呼叫业主，由业主再次开门。

二、智能物业信息管理系统

1. 停车场管理系统

该系统在小区出入口及地下车库出入口的过道各设置一进一出车辆分离设备，内部业主将授权后的远距离 IC 卡在出入口控制机上感应识别后均可实现车辆全自动识别进出。临时访客通过在入口自动出卡机取卡（IC 卡）进场，出场时交卡；收费人员根据计费器自动存档以备查询。进场与出场时系统还可对车辆进行图像抓拍，具有图像对比功能、车牌显示功能、管理人员权限管理等功能。

2. IC 卡智能消费管理系统

该系统在会所、物业处设置消费管理终端（POS），由计算机系统、收费管理软件、智能卡设备、打印机和其他辅助设备组成，可设置多种消费模式。系统采用非接触式 IC 卡作为消费凭证，将收费管理与计算机技术有机地结合在一起，业主在社区内的所有消费都可以通过专用 IC 卡来完成，实现了货币电子化，减少了不必要的现金流动，解决了传统的票据清点、现金找零和账目清算等繁杂和易出错的问题，大大提高了效率，同时也防止了一些非法分子的不良行为，更为业主节约了宝贵的时间。

3. 一卡通管理平台

该平台通过网络连接一个数据库，通过一个综合性的软件，采用严格的分级授权管理技术、操作口令和智能卡验证网络权限设计，进行双重认证，有效地避免了非法越级操作，各级的管理通过客户的要求来定义，可灵活进行管理门禁卡挂失、添加新卡、解卡等操作，实现 IC 卡统一管理及在一张卡上实现多种功能，如查询、收费、开门等功能，从而实现整个社区真正的“一卡通”。

4. 电梯三方通话系统

该系统用于电梯内，使乘客能与管理中心和电梯机房进行三方通话。当电梯出现故障，乘客向管理中心求助，以方便保卫人员及时进行施救，有效地避免了乘客困梯的恐惧，同时保卫人员可通过电梯轿厢的监控系统及时了解困梯人员的即时状态。

5. 背景音乐及公共广播系统

该系统在小区内部的各个公共通道的绿化带及一层侯梯厅内布置扬声器，通过管理中心控制设备，对整个小区进行日常背景音乐放送和小区广播通知，并可有分区地选择放送功能。

6. LED 电子公告屏

LED 电子公告屏用于发布各种公告信息、物业通知、节假日祝福语、业主生日祝福语

点播等信息，为业主提供方便、快捷、丰富的信息，取代了传统式的黑板公告栏。

7．物业管理平台

该平台配置了房产资源管理、客户关系管理、工程设备管理、仓库物品管理、安防巡更系统管理、绿化保洁管理、行政人事管理、业委会管理、停车场管理、今日工作、领导查询、自定义报表、合同管理、系统设置等模块，使管理者只要在一个应用平台上即可实现对整个小区的文化、日常生活、消费、各智能化系统等进行统一、高效、有序的管理。

三、通信系统

1．宽带及电话布线系统

该系统对电话、网络系统进行合理布线，方便升级，并进行有序的管理，保证系统功能的稳定运行。系统在户内设置家庭多媒体箱，可实现网络资源共享，在室内不同的地点可同时上网；电话采用保密措施，可实现不同地点接打电话、呼叫转接电话功能，用户使用电话保密模块时，室内同号码的其他分机听不到。

2．有线电视系统

小区有线电视系统与当地有线电视网连接，采用光纤到区块的方式，一个光纤节点接500个左右输出端，输出端电平为（68 ±4）dB。

同时，该系统利用户内家庭多媒体箱，可实现电视信号均衡分配到各个房间。

3．智能系统机房建设、供电、接地

该系统主要是为社区管理中心机房提供良好的运行环境和可靠的电源，使社区智能化系统更安全、可靠地运行。

0.3　智能化系统的特点

一、 实用性和先进性

系统设置既强调先进性也注重实用化，同时应注意系统设置的经济效益，达到综合平衡。本项目智能化系统应按先进型智能小区的标准设计。

二、 集成性和可扩展性

系统设计应遵循全面规划和分部实施的原则，应考虑全面周到，注意预留和预埋到位，并留有充分的冗余量，以适应将来改造的需要。应充分考虑所涉及的各个子系统的集成和信息共享，保证系统总体结构的先进性、合理性、可扩展性和兼容性，以集成不同厂商、不同类型的先进产品，使整个智能化系统可以随着技术的发展和进步不断得到充实和提高。

三、 标准化和结构化

除了系统的设计依照国家的有关标准外，还需根据本项目系统总体结构的要求使各个子系统结构化和标准化，并综合体现出当今的先进技术。

四、 便利性

系统应能够适应多功能、外向型的要求，讲究便利性和舒适性，达到提高工作效率、节约人力和能源的目的；对于来自本项目内外的各种类型的信息予以收集、处理、存储、传输、检索，为住户提供最有效的、人性化的信息服务和一个高效、舒适、便利、安全的生活环境。

五、 经济性

在实现先进性、可靠性的前提下，系统还需要达到功能和经济的优化设计。

0.4 智能化系统的设计依据

一、 智能化系统设计理念

以严谨、专业化的设计，确保系统的功能完善。智能化系统是一个综合性系统，在系统设计和建设初期应着手参考各方面的标准与规范，并要进行现场实地勘察，与开发商充分沟通；设计时结合现场情况和开发商要求，按照行业规范，标准、严谨、专业地实现系统的预期功能。

人性化、傻瓜型的操作系统具有良好的操作界面，各种设备的控制、操作应简单明了，使系统管理人员可以轻松地进行操作，以确保系统的使用率。

系统扩展、升级能力必须考虑今后发展的需要，因而必须具有在系统产品系列、容量与处理能力等方面的扩充与换代的可能。这种扩充不仅充分保护了原有投资，而且具有较高的综合性能价格比。

系统采用成熟的技术与可靠的器材，一方面反映系统所具有的先进水平，另一方面又具有强大的发展潜力。应当充分利用现代最新的技术、最可靠的成果，以便该系统在尽可能长的时间内与社会发展相适应。

系统应与环境协调一致。设计时应充分考虑小区风格，必须对各方面的因素统筹考虑，以构成一个有机的智能化系统，使系统设施和小区的其他设施融为一体。

二、 方案设计相关标准、 规范

- 《智能建筑设计标准》　GB/T 50314—2006
- 《民用建筑电气设计规范》　JGJ 16—2008
- 《民用闭路监视电视系统工程技术规范》　GB 50198—2011
- 《建筑设计防火规范》　GB 50016—2006
- 《综合布线系统工程设计规范》　GB 50311—2007
- 《综合布线系统工程验收规范》　GB 50312—2007
- 《中华人民共和国安全防范行业标准》　GN/T 74—94

- 《民用爆炸物品储存库治安防范要求》　　　GA 837—2009
- 其他相关规范

第一部分　综合安全防范管理系统

第一章　入侵报警系统

1.1　系统概述

现代人追求环境的美化，希望居住在一个田园式的环保小区而不是铁丝网与高墙中，为此，许多开发商采用通透式栅栏配合绿化来改善小区的外貌与形象。但是这种方式却带来了保卫安全的难度，小区安保要求一旦有非法入侵者，小区必须能立即有所反应。现代科学技术的发展和应用解决了这个矛盾，采用红外对射探测器并配合相应的联动设备可以有效地防止外来入侵，并能立即发出声光多种报警，从而有效地起到保卫与震慑的作用。

周界报警系统是在小区的围栏上设置主动红外对射探测器，防止入侵者由围墙或低层阳台翻入小区，以保证小区内居民的生活安全。当有人员非法越过防范区域时，探测器立即发出报警信息，系统通过总线将信息传至管理中心，管理中心通过电子地图直观了解报警地点，同时启动监控系统进行摄像及录像（夜间同时启动周界闪灯），管理中心根据具体情况及时处警。

凯旋城的周界报警系统是一个警情探测、中心监控和相关系统、设备的有机集成系统。

1.2　系统需求分析

根据凯旋城四周具体情况为：除部分为围墙外，其余均为店面。为建立小区外围的第一道防范系统，应在围墙上安装红外对射探测器，并在小区外围商店一层顶上设置楼宇防攀爬系统，以便对非法攀越行为进行报警。系统采用先进的总线式信号传输网络，通过“单防区模块”对信号进行编码，再通过总线传输到中心计算机，可将周界防护区域划分为若干个防区，便于警情发生时，安保人员能较准确地知道警情发生的位置。同时，在这些分区设置彩色红外感光摄像机和周界闪灯辅助监控。系统警情通过管理中心电子地图显示，以准确定位警情；同时联动监控设备进行警情二次确认，夜间将同时启动闪灯起到照度补充作用。

1.3　系统结构

系统组成如附图 1 所示。

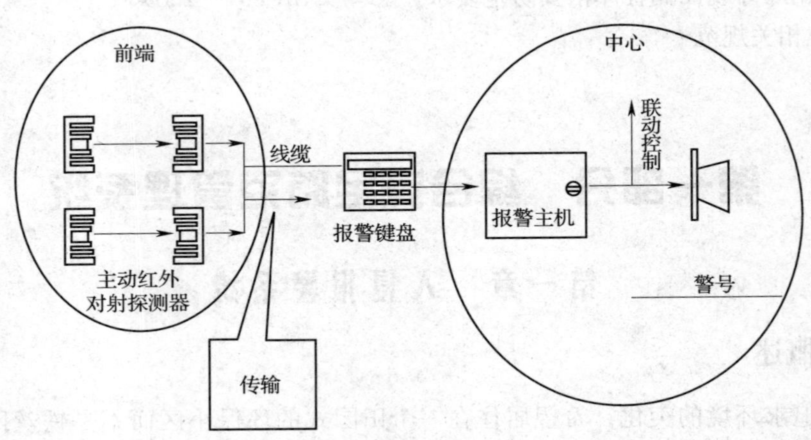

附图 1　周界报警系统组成

由附图 1 图可见，周界防越报警系统由前端、传输、中心三个部分组成，以下将就这三部分分别进行阐述。

1．前端部分

前端部分由周界报警探测器组成，凯旋城的周界防护采用主动红外对射探测器。

主动红外对射探测器由一个发射端和一个接收端组成。发射端发射经调制后的两束红外线，这两束红外线构成了探测器的保护区域。如果有人企图跨越被保护区域，则两条红外线被同时遮挡，接收端接收输出报警信号，触发报警主机报警。如果有飞禽（如小鸟、鸽子）飞过被保护区域，由于其体积较小，仅能遮挡一条红外射线，则发射端认为正常，不向报警主机报警。

红外线光源经过调制是为了防止太阳光、灯光等外界光源的干扰，也可防止有人恶意使用红外灯干扰探测器工作。

2．传输部分

各种报警信息利用单防区模块进行信号采集编码，再由两芯屏蔽通信总线将信号传输到控制中心的报警主机上。整个报警系统采用独立开发的通信编码格式，并为其进行了适当的加密，从而保证整个系统通信的安全与可靠，防止恶意的复制与侦测，从而保证小区周界报警信号有效，并快速地传输到小区的报警中心。

3．管理中心

管理中心由控制主机、键盘和计算机等组成。通过键盘对前端设备进行布/撤防，在布防期间，若发生非法入侵，键盘显示具体报警点，同时键盘和警号开始报警，发出声光告警，提醒值班人员注意，电子地图弹出处警防区地图。

4．联动部分

联动部分通过继电器输出模块连接报警输出，接通灯光联动设备可用于夜间触发闪光灯开启，同时将各个防区的报警输入同时提供给闭路电视监控系统，闭路电视监控系统根据报警区域位置进行相应区域摄像录像，并且相应的图像会自动在监控中心的监视器上弹

出；同时进行报警中心报警状态、报警时间记录。

1.4 系统特点

1. 低误报率

周界报警探测器由主动式红外对射探测器组成，不但长距离瞄准精度高，更具有较高稳定性和极低误报率的特点，对室外环境工作表现出极强的适应性。

2. 稳定的信号采集与传输

采用先进的通信传输网络，直接将信号传输到安保中心计算机，具有传输距离远、系统扩展余地大的优点。

3. 闭路电视、周界射灯和周界报警的配合

根据小区实际情况，仅仅设置周界报警系统是不够的，因为一旦周界探测器报警，安保人员赶到报警地点需要一定的时间；即使赶到，非法人员可能早已远离报警地点。故有必要联动设置闭路电视监控系统，这样既能及时了解报警点的实际情况，并做出相应的处理，也能识别一些误报。夜间，当防范区域发生警情时，相应防区的闪灯亮起，发出报警信号，同时启动闭路监控系统，摄像机可灵活监视现场情况。

4. 反应迅速

接警时间较短，报警控制器检测到报警信号后，在0.5 s内即可将报警信息上报到控制中心。

5. 系统安装运行、维护成本低，操作简单，使用寿命长。

第二章 闭路电视监控系统

2.1 系统概述

闭路电视监控系统是智能小区中必不可少的系统之一。凯旋城作为一个集居住、休闲及商业于一体的综合性社区，来往的人员层次多、成分复杂。因此不仅要对外部人员进行防范，还要对内部人员加强管理，同时对重要的出入口、主干道以及场所进行特殊的保护。闭路电视监控系统一方面可以起到上述保护作用，另一方面还能在减少人员配备的同时充分发挥机器始终如一的优越性。

鉴于上述原因，以客户的要求为出发点，依据国家规范，以经验为基础，为凯旋城的安保监控系统设计了一套合适的闭路电视监控系统。

2.2 系统需求分析

2.2.1 系统防护范围

1. 小区出入口（车行和人行）

由于小区大门是车辆和行人来往进出的主要通道，考虑到夜间可能会出现照度不足的情况，无法清楚识别来往人员及车牌号码，因此对此处均采用彩色红外感光摄像机进行监控，实时记录小区车辆和行人来往的情况。

2. 小区周界

小区周界围墙四周夜间也比较黑暗，普通摄像机夜间将无法正常工作，故设置彩色红外感光摄像机和红外对射探测器进行联动，实行24小时警戒和监控并录像，严密监视围墙，防止非法人员进入小区。

3. 小区干道及中心花园

由于小区的中心花园是小区业主及儿童活动的主要场所，保证他们的人身安全更为重要，所以在此均采用彩色低照度摄像机。

4. 各楼栋出入口

为了监视各个楼栋人员的出入情况，且考虑与整体建筑外观配合，不破坏建筑美观，在楼栋出入口选用外观与性能较好的彩色红外一体机。

5. 电梯轿厢

由于电梯轿厢的空间比较小，而且在平时多为住户使用，为了避免摄像机影响轿厢的美观，并给住户带来心理压抑，同时考虑到电梯出故障时，轿厢光照不足，设计采用隐蔽效果较好的电梯专用飞碟型彩色红外摄像机。

6. 地下室停车场

地下室停车场是小区所有机动车辆主要的集中停放地点，其安全防护措施尤为重要。停车场出入口配置高清晰度摄像机，对进出地下停车场车辆的牌号进行录制。停车场内部采用红外低照度摄像机，在车库各个通道进行全面监视，防止不法分子对车辆进行破坏和盗窃。

2.2.2 摄像机布置原则

摄像机的布置以监视尽可能大的范围为原则，并考虑应与整体建筑融为一体，同时也要保护业主的隐私，所以在小区内部尽量少用或不用多倍数变焦的云台摄像机，多采用广角定焦的摄像机，使重点部位在摄像机的监视范围之中，监视人员的流通情况，以最大限度地保障业主的人身安全。

2.2.3 系统功能分析

系统能每时每刻不间断地监视小区周边、社区出入口、楼栋出入口、地下车库出入口及地下室、电梯轿厢、中心广场及绿化地带，其覆盖面积宽，实时性强，以保证有效地监控。

系统根据不同场所采用普通型和球形摄像机相结合的方式以便满足小区各项功能，并做到隐蔽美观、环境融为一体的效果。

系统具有完善的通信接口，易于和其他系统联网，并留有可扩充端口。对重要的场所，可以加装报警装置和报警联动装置，报警装置能自动启动监控系统，自动打开相应区域的灯光，自动进入录像模式等，以加强有效的防范功能。

2.3　系统结构

闭路电视监控系统由监控系统和报警系统组成。其中监控系统包括前端设备、传输部分、控制部分、图像处理部分和外部设备。其示意图如附图2所示。以上系统结构可实现集中管理的模式，总管理中心具有软件操作及手动操作功能，前端较远的摄像机采用视频光端机或视频及控制信号光端机实现视频机控制信号远距离传输。在小区周界、停车场、电梯轿厢、小区出入口及中心广场设置前端摄像机，将图像传送到管理中心。

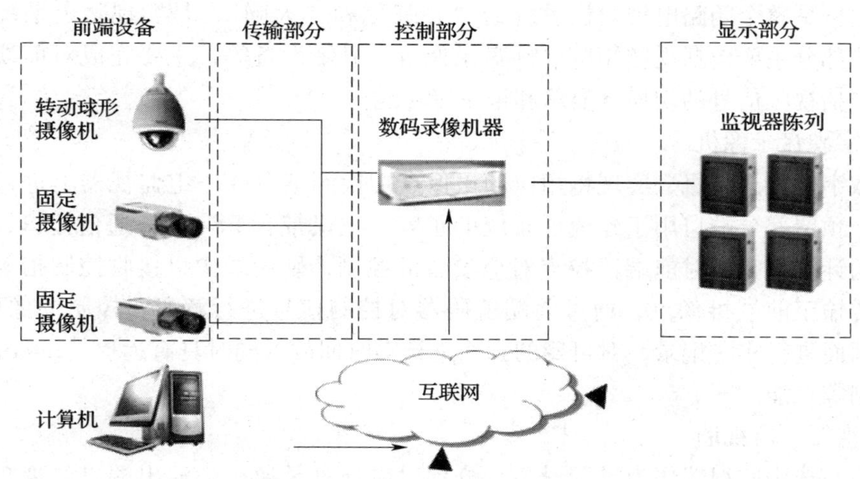

附图2　闭路电视监控系统组成

2.3.1　前端部分

前端设备包括各类摄像机、镜头及防护罩。

1. 摄像机

摄像机用来摄取前端的图像，设置的监控点分布在室外，配合小区整体的安全防范，以获取更多的信息量（如人员的活动情况等）。在摄像机选型方面选用日夜型高清晰度摄像机、日夜型一体化摄像机。同时考虑到现场的应用环境，尤其是夜间时现场光源不足，需要进行补光；为了保证画面的清晰度，在选用产品时应考虑其照度、水平分辨率、信噪比等性能指标是否能够达到要求。

2. 镜头

在凯旋城的出入口、地下室停车场及小区周界、公共活动场所等主要是进行对固定目标的监视，因此均选用定焦自动光圈镜头。

3. 防护罩

防护罩是为了保证摄像机和镜头有良好工作环境的辅助性装置，它将摄像机和镜头包含在其中，使其避免因为恶劣环境的影响而使摄像机不能正常地工作。为了配合小区整体建筑环境，在小区出入口和中心花园的防护罩选用球形防护罩，其余处的监控点采用固定安装，并配备矩形防护罩。

2.3.2 中间传输部分

由于小区的监控中心就设在小区内，传输距离比较近，因此本监控系统视频信号采用同轴电缆的视频基带传输方式（采用 SYV－75－5 型电缆）。

2.3.3 控制部分

控制部分是整个闭路电视监控系统的“心脏”和“大脑”，是实现整个系统功能的指挥中心。该部分主要包括视频矩阵、硬盘录像机、显示设备等，主要完成对前端传输信号的处理，包括视频信号的切换、显示和记录等功能。

1. 数字硬盘录像机

选用数字硬盘录像机，实现将相应的摄像点切换到某台或一组监视器上进行显示的功能。其中，预留部分端口用于建成后系统的扩容，主机带有 RS－232 通信接口，由安装有控制软件的计算机完成对前端监控点对应设备的控制；硬盘录像机接收控制指令，负责将控制信号传输至前端摄像点，通过前端解码器对控制信号进行解码，控制摄像机的动作；对监视的画面进行实时记录，对可疑的画面进行实时回放，同时具有远程（Internet）传输、浏览、控制等功能。

2. 监视器、监视墙

控制中心选用监视器作为显示设备，分别对应硬盘录像机各输出端口的视频输出；同时，控制中心设置一面监视墙，由多台监视器组成，通过视频矩阵环形输出控制，能够更直观地查看各监控点的实时画面。

2.4 系统功能

1. 通信功能

系统采用先进的数字图像压缩（H.264）处理技术，为外部提供的数据通过图像、局域网实现共享及集中管理，传输速度快，图像质量好。

2. 图像监控

监控中心可任意选择查看远端的摄像机图像或进行自动的巡检监测。

3. 与周界报警系统联动报警

系统可接收报警信号，联动附近的摄像机进行现场监控及录像。

在社区周界处设置监控点，对应周界防越报警系统的各个防区，在报警时可准确联动相对应防区的监控点。

将周界红外对射探测器通过报警线路与硬盘录像机的报警端连接，同时将硬盘录像机的报警输出端与声光报警设备连接，同时将报警信号接入视频服务器的 I/O 口。当周界报警系统报警时，硬盘录像机自动将报警区域的图像全屏切换显示，并进行报警输出，发出声光提示。

4. 记录查询

系统具有完备的数据记录查询机制及各种打印报表输出功能。

5. 通信链路检测

监控主机与管理主机具有线路的自动检测、线路故障报警及链路自动恢复功能。

6. 远程 IE 浏览

远程 IE 浏览功能使管理人员在办公室内可以任意调看小区情况，并通过数字硬盘录像机记录、保存下来，同时通过视频服务器将图像远传到互联网以实现远程实时监控。由于保存下来的数据为数字信号，因此可以任意传输、调看，故小区的业主可根据需要，向管理人员申请账号，获得景观摄像机的使用权限，在家中浏览整个社区的景观情况。

7. 人员管理

为了保证系统的安全性，系统可设定操作人员和操作权限，如：管理人员有独立的账号和密码，可随时增加或删除其他操作人员，并更改其他操作人员的权限。其他操作人员只具有经授权的权限，无法对其他权限进行更改和删除。

第三章 电子巡更系统

3.1 系统概述

在技防的基础上辅以必要的人防，加强人们的安全防范意识，对于小区来说主要是对安保人员巡查工作的管理，才能最大限度地发挥技防系统的作用。因此通过配置安保巡逻管理系统，可实现“人防”和“技防”的有机结合。

3.2 系统需求分析

目前电子巡更管理系统主要包含两种方式：在线式和离线式。

1. 在线式

前端巡更点与中心之间采用有线连接，中心管理人员能实时了解安保人员所到巡更点的位置，信息反应迅速。其缺点是系统需分布，施工工程安装上较为不便，同时不利于系统后期巡更点的扩展、移位及维修。

2. 离线式

巡更点无须布线，多采用粘贴或钻控固定安装，施工工期短。整个系统无须搭配专用计算机，便于系统的扩充、修改，系统造价低廉。其缺点是中心管理人员无法实时掌握安保人员的巡逻状况。

经比较以上两种方式的优缺点，为进一步保证设计更贴近小区建成后物业管理的需要，本设计方案中设置的巡更点数量或安装位置需与物业部门进行最终协商确定，因此采用离线式产品，以方便巡更点的移位或增加。

3.3 系统设计思想

根据凯旋城总体平面图，电子巡更系统的设计包括以下几方面：

1. 主要针对安保人员的巡查工作进行管理。

2. 中心集中显示、存储安保人员的巡查情况。

3. 保证方便性、便捷性、高效性、实时性。

根据凯旋城总体平面图，电子巡更系统的巡更点设置区域如下：

1. 公共活动区域、绿地。

2. 各公共通道、技防盲区。

3. 小区周界、店面等公共区域。

凯旋城电子巡更系统主要是加强对安保人员日常巡逻工作的管理。系统在住宅楼、公共区域及公共建筑、安防盲区、小区周界、店面等重要区域设置巡更点，根据安全防范的不同需求进行合理的巡更路线设置，安保人员根据规定的时间、路线进行巡查工作，管理人员通过系统软件实现对安保人员工作情况的查看及有序的管理。

3.4 系统结构

附图3所示为电子巡更系统结构。

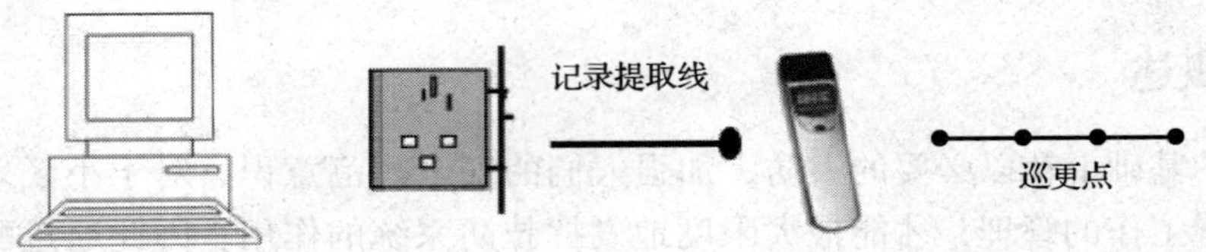

附图3 电子巡更系统结构

1. 巡更点的设置

巡更点的信息纽扣采用粘贴安装，主要设置在住宅楼区、公共建筑、公共活动场所、公共通道、店面通道等处。根据巡更点分布及区域防护要求的不同，设置巡逻线路及巡更点的个数。

2. 巡更方式

安保人员携带数据采集器进行巡逻，到达巡更点时将采集器贴近安装在巡更点处的信息纽扣即可，采集器将自动读取并存储信息。安保人员在巡逻完毕后将采集器送回管理中心。

3. 管理中心

中心管理计算机在接收到前端传送来的信息后，软件将自动提示处安保人员到达的时间，同时能对安保人员的日常巡查状况进行统计、汇总，并生成报表打印输出。

3.5 系统功能

1. 实现对安保巡逻工作的有序管理，合理分配人力。

2. 帮助管理人员全面掌握安保人员的巡查状况。

3. 安装使用简便，便于系统的扩容及操作者的使用。

4. Windows 操作系统便于管理者的使用。

第四章 网络型智能楼宇系统

4.1 系统概述

智能化社区是住宅建设中提高居住质量的又一个新的技术延伸。随着社会的发展和人们生活水平的提高，人们对居住的要求已经提高到一个全新的层次，绿色、健康、安全、舒适、休闲、方便、快捷、与外部保持信息交流的通畅、优质的物业管理和社区服务已成为人们追求的目标。一个高档优美的生活社区应具有以下特征：安全、宁静、整洁、舒适、方便，回归自然的环境和优秀的人文环境。

以往的视频信号与报警信号均采用传统的总线制传输，当大量的信号在总线上传输时会引起严重的网络塞车现象，用户发送的请求和报警信号有可能漏报甚至误报。同时，RS-485 总线还存在布线上的不便，在物业管理方面增多了维护内容。为了避免以上现象，采用基于 TCP/IP 可视联网技术的全数字化语音和视频的同步双向可视以及对讲设计。该系统架构灵活、扩展自由、兼容性好、信号畅通，并且可以就近入网，无须重复布线，具有传统可视对讲系统无法比拟的优越性；采用数据共享的统一技术平台，集成度高、功能强大，可由小到大、由里到外、分层次地构成家庭生活服务、小区管理、社区服务等完整的智能化家庭生活和工作服务体系。

4.2 系统需求分析

该小区是由商业店面和 6 栋高层住宅楼构成，根据小区的实际情况作如下分析。

采用可视对讲带家庭安防报警系统并可扩展家电控制模块的方式进行身份识别，在小区外围入口处构建一道防线。在楼栋单元梯口设置落地式的可视大门口主机，美观大方，可对访客再次进行身份确认，显示画面清晰。可外接报警探测器（标配煤气泄漏探测器与紧急按钮，其余的防区供业主日后自由扩展）。每个店面可根据需要，并考虑到控制整个工程的成本，只预留报警系统的管线，设备由用户日后自由选配。整个系统采用 TCP/IP 网络传输，业主在二次装修时可根据需要进行家电控制接口扩展。

4.3 系统分析

1. 联网可视对讲

通过小区楼宇对讲联网系统，来访者进入小区门口及单元门口时，可设计通过小区围墙机及单元门主机呼通所要访问的住户家中的室内分机，由住户通过分机对来访者进行通信确认后，按下分机上的开锁键让来访者进入。对讲联网系统，将为小区大门口与住户家、住户家与单元门口机、住户家与管理中心、所有单元主机与管理处建立一条内部通信的通道，起到方便的通信及管理作用。

2. 家庭安防一体化

住户家中分机为多防区安防型室内分机，住户通过家中的室内机便可外接一系列的探测器，当住户在家或外出时可在分机上选择性地布设防区，结合管理处的管理，起到住宅监控的作用。带安防的室内分机内部采用了双 CPU 工作模式，系统可以做到报警和对讲数据分开布线，使得系统既有一体化的终端设备，又可有独立的网络，保证系统更稳定可靠。

3. 系统适应能力强

考虑到在整个小区的建设过程中或业主装修过程中，可能边装修边入住，房型结构也会进行适当的调整，因此，访客系统网络应能够独立运行，并能通过模块叠加的方式进行扩展，跃层房型可并接分机，使系统具有非常强的适应能力。

4. 系统的可升级性

业主入住后，可根据需要自行扩展接入家电控制模块。考虑到社区规模越来越大，传统的现场总线对数据的传输将会不堪重负，系统联网总线考虑采用 TCP/IP 方式传输数据，从而更好地解决传统现场总线的信道阻塞问题，保证小区的正常、高效使用。

5. 系统的可靠性

系统的可扩充性和可维护性是其能否真正实用的关键所在。系统的可靠性包括系统设备的可靠性、信号传输的可靠性、抗人为故障的能力。系统的可扩充性包括系统扩充用户数量、系统主机容量、传输距离、系统的编码能力及内部通信的通道数量。系统可维护性是指当系统出现故障时，在最短的时间内找出故障部位，并在不影响整个系统正常使用的情况下更换设备，尽可能不影响其他用户的使用，并确保在发生设备故障、线路故障时不会影响整个系统的运行。

4.4 系统结构

该系统主要由管理主机、触摸大门口主机、落地式彩色触摸单元门口机，户内 7 in 彩色触摸液晶分机等组成。由小区内部通过宽带网（TCP/IP 协议）将住户的家庭户内分机与管理中心的后台管理平台连接在一起，构成了一个强大的数据共享信息平台，具有较强的系统功能，如住户可在室内机上报警或外接报警按钮、住户呼叫管理中心、通话限时、开门权限控制等，即室内分机能向管理中心报警，并与管理中心、楼栋主机实现双向呼叫。

系统功能结构如附图 4 所示。

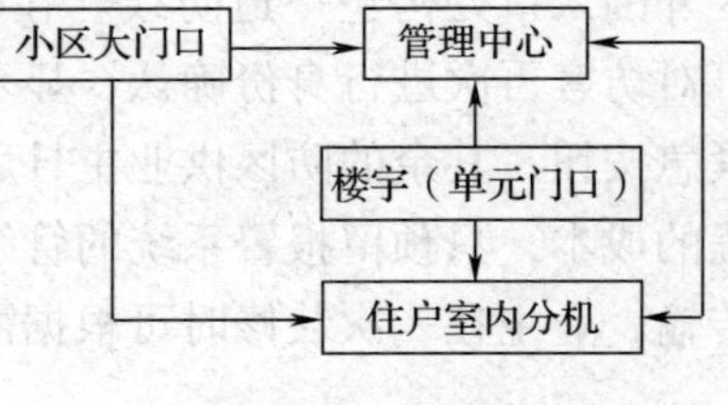

附图 4　系统功能结构

4.5 系统功能与特点

1. 通话功能

（1）邻居通话。社区内业主户与户之间可实现户户免费通话。住在凯旋城的左邻右舍可经常联络，足不出户便可交流。

（2）访客通话。业主及访客在小区大门口、单元梯口机可与凯旋城的户内业主实现可视对讲。来访客人需要在小区大门口主机上呼叫住户或管理中心，取得进入小区的权限后方可进入；进入小区后，需在住户单元门口机上选择住户，业主可直接控制开启相应区域的电锁，层层把关。

（3）管理中心通话。社区内业主与管理中心可实现双向通话，在第一时间与物业取得

联系；同时，物业也将第一时间反馈业主的需求。

2. 家庭安防系统

配置先进户内分机，集家庭安防与可视对讲于一体，取代传统的安全防范模式，标配煤气泄漏探测器与紧急按钮，具有多种布防方式。

在主卧室安装紧急求助按钮，在出现紧急状况时，触摸此按钮可呼叫物业中心，管理中心的电子显示屏将显示紧急情况发生的具体位置及警情，安保人员将在第一时间到达。紧急按钮平常不动作，开关量为常开，住户按下时闭合，报警主机通过检测此开关量的变化判定是否有报警发生。

在厨房内安装煤气泄漏探测器。煤气泄漏探测器平时正常输出的开关量为常开，当检测到煤气泄漏超出一定的指标自启动时，输出开关量为闭合，报警主机通过检测此开关量的变化判定是否有报警发生。

因户内分机集成了多防区报警接口，业主可根据需要对家庭各个要害部位布置多种探测报警服务功能（如门、窗磁、红外幕帘等）；它集防盗、防劫、防灾等功能于一体，一旦遇到不测即可自动报警，防患于未然，让业主高枕无忧。

3. 信息发布与图像存储功能

（1）短信息功能。终端可接收并查看小区公告及用户互联网留言，留言及公告滚动显示，对新的公告及留言进行闪动提示。

（2）图像存储功能。当来访者选通业主的户内分机而无人接听时，大门口及单元门口的对讲机会自动保存来访者的图像，业主可通过室内分机查询来访者访问时间及图像信息。

4. 语音提示功能

当有人员进入凯旋城并触摸到大门口机时，便会有语音提示“欢迎光临凯旋城”之类的话语。同样，当触摸到单元门口机时，也会出现类似的语音提示。

5. 语音留言功能

出门时，可进行语音信息留言给家人。还可通过标配的摄像头，实现声像留言，并根据需要进行语音留言、存储、播放、删除等操作。

经用户的自行扩展，户内分机可变成一部具有多功能的智能终端机，并具有遥控功能。

6. 家电自动化控制功能

（1）灯光控制。凯旋城各户业主均可实现客厅和主卧的多种灯光情景控制和开关控制，还可通过网络及远程电话实现以上功能。情景模式包括：会客模式、影视模式、餐饮模式、夜起模式、离家模式等。

1）会客模式。当业主接待客人时，可以调节灯光模式到业主设定的会客模式，如：主灯打亮，副灯中等亮度照明辅助等。

2）影视模式。在业主要观看家庭电影时，将灯光模式调整到事先设定的影视灯光模式：各路灯光缓缓变暗，为主人进入休闲时间、欣赏家庭影院营造舒适的灯光氛围。

3）餐饮模式。业主可以自己设定餐饮灯光模式（如：浪漫烛光模式、合家团圆模式等）。

4）夜起模式。业主同样可以设定夜间起床的灯光模式，夜起时只需直接轻按移动控制电话上的夜起模式键，卧室内的灯光即自动微亮，方便行动。

5）离家模式。业主离家时，无须到各个房间查看灯光是否关闭，只要轻轻一触全关场景，业主房内的所有灯光自动关闭，方便快捷。

（2）空调控制。通过智能终端、手机、网络等可控制空调开关，方便快捷。

（3）家电控制。智能家居系统可对指定的窗帘、厨房家电的开关及定时进行随时控制。

做早餐不必早起，躺在床上都可通过移动控制电话打开家中的电饭煲或微波炉等厨房设备。起床后，一顿营养早餐已经在厨房恭候了。

朋友到访，想让朋友欣赏周边美景，不用起身即可通过移动控制器拉开窗帘。

下班前可通过普通手机和计算机开/关室内的家电。回家时，电饭煲已经提前做好了晚餐。

7. 扩展及安装功能

系统中所采用的户内分机集多种技术于一身，其中家电控制及家居安防系统采用了无线接入技术，住户家中不用布线就可实现家用电器的远程控制和家居安防系统的远程布防，给系统的安装及功能的扩展都带来了极大的便利。

8. 便利功能

（1）CCTV 监视功能。可通过家中的智能终端看到小区内公共区域开放的监控场景。

在家中即可观察在儿童乐园玩耍的孩子；还可随时查看社区会所活动的状况，为业主提供最快捷、准确的娱乐安排。

（2）车辆到达及通知功能。业主开车回家，进入小区停车场后，小区停车场管理系统可根据业主登记的车牌信息，及时向所在住户的智能终端发送车辆到达信息。让在家等候的家人，提前知道业主平安到家。

9. 多媒体功能

可通过智能终端查看信息留言，编辑铃声、图片图像、查询日历等。

10. 信息查询管理功能

（1）查询留言板。业主可在家中直接查询物业发送的信息（如天气预报、时事新闻、股票信息、物业通知等），及时了解社区及外界状态。

（2）增值服务。智能终端可以存储家人及朋友的生日、年龄、血型等信息。当有特殊日子（例如家人生日）到来时，将自动发送温馨贺语或提示。另外，根据业主输入的个人信息及设置不同，智能终端会自动预告各类趣味信息，例如健康曲线图或是预测今日运势等各类小功能，娱乐性十足。

（3）社区服务。智能终端可为业主提供完善的家政、社区管理、物业、消费信息查询等服务，业主可在最短的时间内得到相应的服务，方便快捷。

（4）预约管理。一步到位的星级服务，使住户在家中便可实现会所预约、文体中心预约、社区配送、出租车预订等贴心服务。

11. 系统分散供电，断电自动启动后备电源

整个系统的每一栋楼、管理中心单独供电，万一出现电源故障，不会影响整个系统的

运行。遇到市电断电，系统可自动启动后备电源。

12. 系统线路短路不影响整个系统

在设计系统的时候，有目的地把社区按现场分为若干个小片区，通过使用层间信号类产品，使得系统有线路短路保护功能，一旦线路短路，不至于影响整个系统。

13. 互联组网能力

系统可采用 TCP/IP 网络来传输数据，实现数字、语音、图像三线合一，从而不需要再布数据总线、音频线和视频线。只要将 IP 可视室内机接入室内信息点即可实现多路同时互通，而不会存在占线的现象。

14. 密码设置功能

系统中互通的分机可以通过键盘随意修改用户密码，做到一户一个密码。用户可用密码实施密码开锁，同时给自己家各报警防区实施布撤防，大大方便了用户的出入。

15. 管理模式

系统具有方便灵活的白天或夜间管理模式，管理员能够通过管理机对任何一栋楼的门口进行管理，即对各门口来访者的呼叫进行干预，使这栋楼的来访者对楼内用户的呼叫自动转到管理机。经管理员许可后，由管理员转接才能使来访者与用户通话。这种管理模式确保了小区的严格管理，满足了不同层次物业管理者的要求。

第二部分　智能物业信息管理系统

第一章　停车场管理系统

1.1　系统概述

随着社会的发展、科学技术的进步、人们生活水平的不断提高，以车代步不再是一个梦想。汽车数量的不断上升给停车场管理带来了前所未有的冲击，为了提高停车场的管理水平，避免人为的失误和落后的管理方式引起的种种不便，采用高科技、智能化的停车场管理方式是有必要的。

凯旋城住宅小区如果单纯依靠人工管理，存在着劳动效率低、安全性差等问题。建立停车场管理系统，应用高度自动化的机电设备对停车场进行安全、有效的管理，满足小区住户和管理者对停车效率、安全、性能以及管理上的高要求。

1.2　系统设计思想

根据凯旋城住宅小区地下室停车场出入口的规划及现场的情况，在小区出入口及地下室各设置一套停车场管理设备。为了方便车辆出入，将其划分为一个出口和一个入口，同时在出口设置收费管理系统。

1.2.1 系统结构图（见附图5）

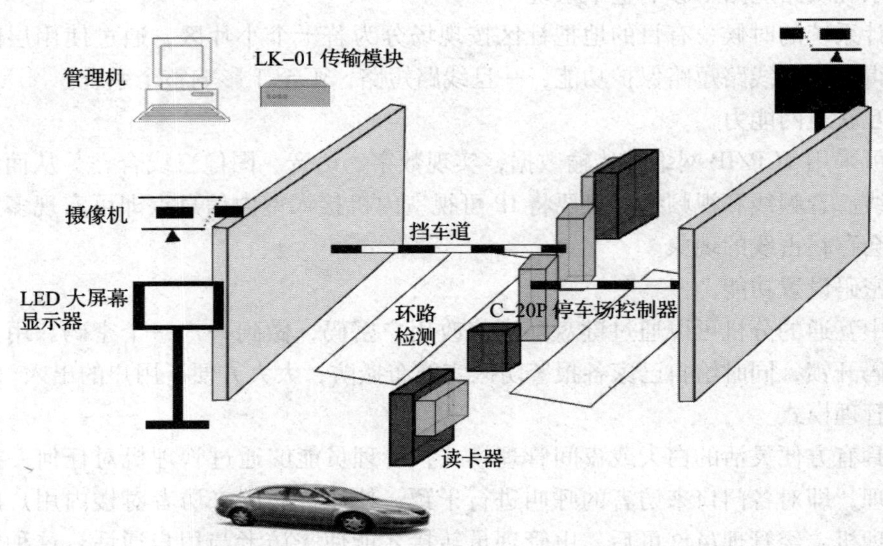

附图5　停车场管理系统结构图

凯旋城的停车场管理系统设计有出口、入口设备、收费中心三部分。小区出入口的收费设备放置于出口保安处，地下室停车场的收费设备放置于地下车库出口处。

（1）入口处设备包括：

1）入口控制器

2）入口自动道栅

3）入口车辆监测器

4）入口摄像系统

5）满位电子显示屏

（2）出口处设备包括：

1）出口控制器

2）出口自动道栅

3）出口车辆监测器

4）出口摄像系统

5）满位电子显示屏

（3）收费设备包括：

1）计算机管理控制系统

2）打印机

凯旋城的停车场系统设计为中心管理系统进行各自系统的管理，管理系统根据实际设在车辆出口处。软件包含设备管理、计费管理功能，车辆进出车库的信息都通过总线传输至收费亭内的系统管理计算机中。

1.2.2 系统使用的IC卡种类

1. 高级授权卡

高级授权卡是由生产厂商在停车场管理系统出场时随系统发行的。此卡在停车场管理系统中具有最高权限，不能由自身的系统发行或被清空。在使用授权卡登记进入系统后，可以发行操作人员的操作卡，执行IC卡管理、查询、报表管理、备份数据等系统所有的操作。

2. 操作卡（管理卡）

操作卡是停车场管理系统的收费操作管理人员上岗的凭证。收费操作员在上岗时持该卡在停车场管理系统中登记或才能使用本系统，而且只能在操作人员的权限内工作。

3. 月租卡

月租卡是停车场管理系统授权发行的TI卡，由长期使用指定停车场的车主申请并经管理部门审核批准，通过TI卡发行系统发行。该卡按月或一定时期缴纳停车场费用，并在有效的时间段内享受该停车场的便利服务。

1.2.3 系统拓扑结构

停车场管理系统可以采用各种网络拓扑结构，服务器与管理工作站为局域网（LAN）形式连接，计算机对下位机以RS－485总线型连接，布局简捷、投入使用快、系统稳定性好。其拓扑结构方框图如附图6所示。

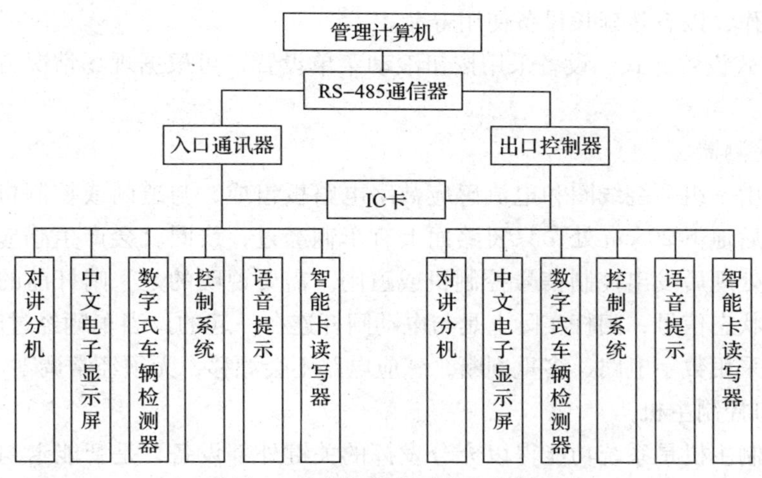

附图6 停车场管理系统拓扑结构

1.3 系统基本设备配置及功能特点

1. 数字道闸（见附图7）

数字道闸具有感应自控和按钮控制等多种方式，具有感应探测防砸功能，车辆过后自动复位。如道闸下落过程中遇到车辆经过，会立刻停止下落返回，以防砸车。

快速自动道闸安装在停车场的出入口处，离控制机3 m左右距离；由箱体、电动机、离合器、机械传动部分、闸杆、电动控制等部分组成。

（1）机箱。机箱结构坚实牢固，具有防雨水和喷溅水保护功能，外壳可以用特制的钥匙方便地打开和拆下。其特别设计了一套卸荷装置，以防止外力损坏。箱体由铝合金制作，颜色有多种，可根据用户要求灵活配置。

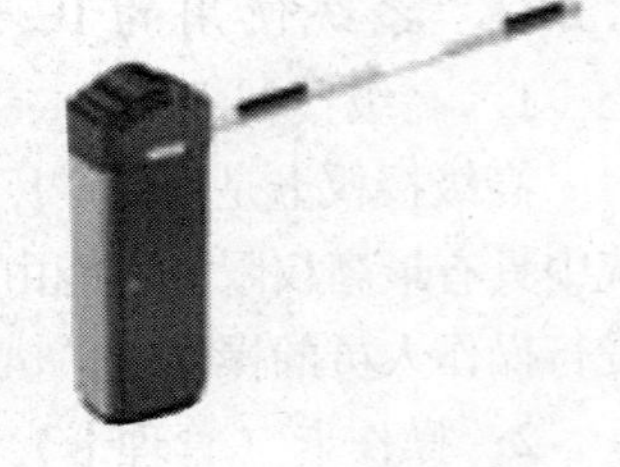
附图 7　数字道闸

（2）电动机。快速道闸专用直流变频电动机为特别定制，具备开、关、停控制功能，另外还具备电动机转速输出功能。

（3）离合器。离合器由电动和手动两种工作方式，用于将电动机的驱动减速，从而驱动传动机构。在停电时，采用摇杆轻轻摇动使闸杆偏离水平方向约30°，闸杆则会自动升起。

（4）机械传动部分。该部分采用 PWM 调速实现无级变速，道闸运行速度为 1～3 s 可调，确保闸杆运行轻快、平稳、输入功率小，可防止人为抬杆和压杆，将外部作用力通过传动机构巧妙地卸载到机箱上。

数字道闸具有以下功能。

（1）手动开闸记忆功能。可有效防止人为作弊。

（2）开闸次数记忆功能。在系统自动运行过程中，道闸将会记忆上位机发出的开闸指令次数，闸杆会保持开状态直到地感感应车次与开闸指令次数相等时才进行关闸动作。

（3）温度控制功能。闸机可根据设定的工作温度范围来进行温度调整，保证设备在低温下可正常工作，以有效延长设备使用寿命。

（4）数字式设置方式。设备采用按钮滚动菜单设置，可根据现场情况方便快捷地设置闸机运行参数。

2．车辆检测器

此监测器由一组环绕线圈和电流感应数字电路板组成，与道闸或控制机配合使用。线圈埋于闸杆前后地下 20 cm 处，只要路面上有车辆经过，线圈就会产生感应电流信号，经过车辆检测器处理后发出控制信号控制机或道闸。需要说明的是，闸杆前的检测器用于输给主机的工作状态信号，闸杆实际上是与电动闸杆连在一起的，当车辆经过时起防砸作用。车辆检测器多采用数字电路、多重判断，感应电路不会漂移，无须经常调零。

3．出入口控制主机

出入口控制主机是系统功能得以充分发挥的关键外部设备，是智能卡与系统沟通的桥梁。其基本结构包括：骨架机箱、智能卡读写器；选配设备包括：中文电子显示屏、语音提示、入口控制机配自动出卡机。

（1）控制机箱。该机箱采用密封设计，防雨、防尘，外观采用交通标准色，制作精良。

（2）智能卡读写器。它是智能卡与系统沟通的桥梁，用于对 IC 卡进行读写操作。

（3）中文电子显示屏。显示屏采用中文 LED 显示，安装在出入口控制机正面、智能卡读写器的上方，以中文形式显示停车时间、收费金额、卡上余额、卡有效期等信息。若系统不予入场或出场，则显示相关原因，明了直观。在空闲时显示时间日期、欢迎用语，或其他系统相关提示信息。

出入口控制主机具有以下特点。

（1）采用露天超高亮 LED 发光管，白天显示更明了。

（2）采用超大规模集成电路和高性能单片机，系统稳定。

（3）全中文滚动显示，内容丰富。

（4）防雨式设计，确保全天候可靠运行。

（5）外观设计新颖。系统采用主从模式，可分级运行且不影响整体性能。

（6）语音提示功能，安装在出入口控制机的正面，与中文电子显示屏功能配套，以语音的形式进行提示，直到用户能够正确使用停车场；并可向司机报告停车时间和缴费金额，提高系统收缴费的透明度，公平可信，避免操作员多收或少收费。

（7）对讲系统。出入口控制机安装对讲系统后，工作人员可以进行语音提示，直到用户能够正确使用停车场；用户也可以询问有关情况，方便两者之间的及时联系。

1.4 车辆的进出及操作流程

1.4.1 车辆进场示意图（见附图 8）

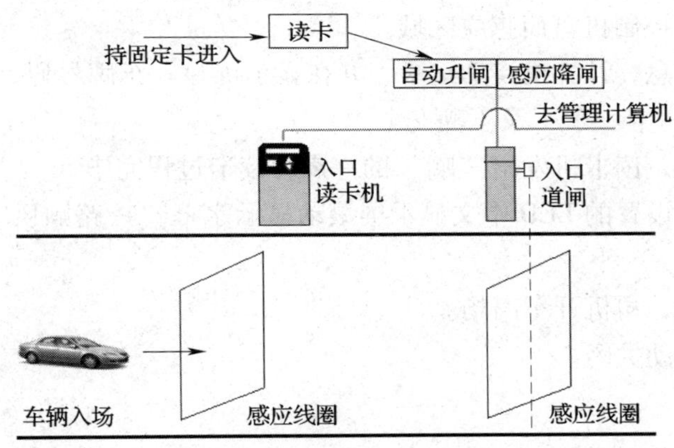

附图 8 车辆进场示意图

说明：

月卡持有者、免费卡持有者进场流程为：

1. 将车辆驶至入口控制机前，取出卡片放在读卡机感应区域；值班室计算机自动核对、记录，并显示车牌号码。

2. 感应过程完毕，读卡器发出“嘀”的一声，读卡过程结束。

3. 道闸自动升起，中文电子显示屏显示“欢迎入场”。如读卡有误，中文电子显示屏会显示原因，如“此卡已作废”等。

4. 司机开车入场，进场后道闸自动关闭。

1.4.2 车辆出场示意图（见附图 9）

说明：

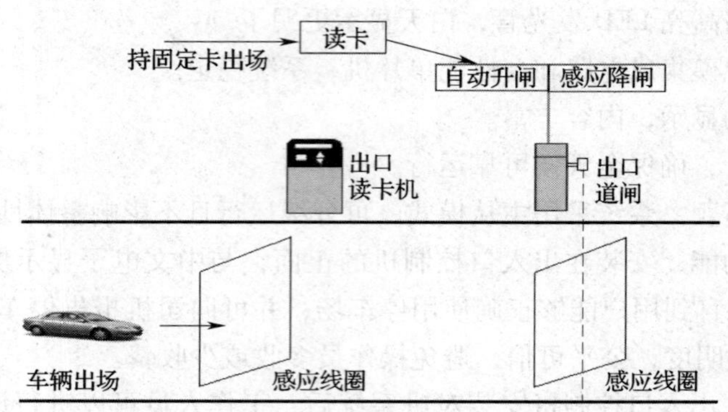

附图9　车辆出场示意图

月卡持有者、免费卡持有者进场流程为：

1. 司机将车辆驶至停车场出口控制机旁。

2. 取出卡片放在控制机盘面感应区域。

3. 读卡机接收信息，计算机自动记录，并在显示屏显示车牌号码，供值班人员与入场车牌对照，以确保“一卡一车”及车辆安全。

4. 感应过程完毕，读卡机发出“嘀”的一声，读卡过程完毕。

5. 读卡机盘面上设置的LED中文显示屏滚动显示字幕“一路顺风”。如不能出场，则会显示原因。

6. 道闸自动升起，司机开车离场。

7. 出场后道闸自动关闭。

1.5　设备管理

由于管理软件要与停车场控制器进行通信，所以对这些设备的管理也是必不可少的。可通过主菜单上的设备管理菜单简单地对这些设备进行设置。设备管理包含对控制器、出入场设备的管理。

1.6　计费管理

计费管理主要针对临时车辆的计费进行管理，可以进行费率的设置以及费率的统计；计费管理包含费率模式设定、最大费率设置、费率统计及储值管理。

第三章　一卡通系统

3.1　系统概述

随着社区现代化管理意识的不断增强，基于各类卡片应用的计算机管理系统已日益普

及。由于传统卡功能的局限，物业常需要给业主签发多张卡片才能满足管理上的需要，如业主身份识别卡、消费卡等，这不仅增加了管理成本，也给每个业主管理自己的卡片增加了难度，有时甚至是“卡多为患”。在智能建筑工程中应用的一卡通系统，目前已经覆盖了人员身份识别、电子门禁、出入口控制、电梯控制、车辆进出管理、社区内部消费管理、人事档案、图书资料卡和保健卡管理、电话收费管理、会议电子签到与表决和保安巡更管理等。由此可见，一张小小的卡片，已经渗透到企业管理和物业管理的各个环节，使得各项管理更加高效、科学，为人们日常的工作和生活带来便捷和安全。其典型结构如附图10所示。

3.2 一卡通管理平台概念

真正的“一卡通”应该是“一卡一库一线”，即一条网络线连接一个数据库，通过一个综合性的软件，实现IC卡管理、查询等功能，从而实现整个系统的“一卡通”。这是用户对系统的基本要求，也是“一卡通”的最终体现所在。

“一卡一库一线”的意义在于：

1. 数据共享

加快了数据交换的速度。

2. 全面检查

因只有一个总数据库，只要给出查询字段名，就可以在此库一次检查到相关的所有记录，可提高效率，减少出错。

3. 全面统计

因只有一个数据库，报表可即时生成，无须逐一查询各个计算机。

4. 实时监控

所有系统多个终端的运行记录均可实现实时监控。

5. 操作简单

只需一次、最多两次操作即可实现功能，无须多次转换。

6. 经济实惠

减少了设备的投资，间接创造了经济效益。

3.3 系统结构

结合其他智能系统，在所在小区内采用非接触感应卡可实现以下功能：

1. 可持卡自由出入地下车库。
2. 可实现对小区的出入口、楼栋单元梯口、地下室及一层消防通道、管理中心的通行。
3. 可刷卡乘坐电梯，开启电梯门无须按钮。
4. 可持卡在社区物业、会所等活动场所进行各项消费，无须携带现金。
5. 在物业处设置考勤机，通过物业人员每人持一张非接触式IC卡，可实现对物业人员进行考勤管理。

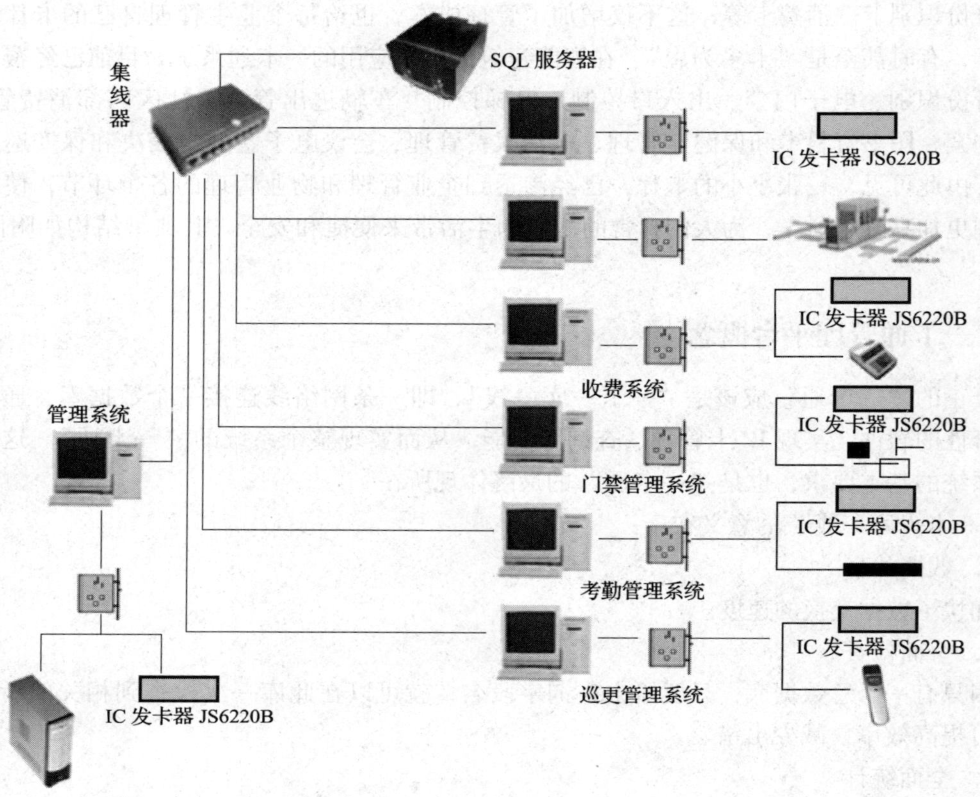

附图 10 一卡通系统结构图

第四章 电梯三方通话系统

4.1 系统概述

在小区内，电梯的作用是举足轻重的。特别是像凯旋城这样的大型社区，均为高层住宅，电梯的使用是住户日常生活中不可缺少的一部分，而电梯故障的发生是难以避免的，在电梯故障时保证住户的人身安全尤为重要。为此设计了电梯三方通话系统。

4.2 系统组成及功能

在每部电梯轿厢内装一部电梯对讲分机，管理中心装电梯对讲管理机，采用星形布线方式。当电梯出现故障时，乘客可向管理中心及顶层机房进行呼叫、求助，以方便保卫人员及时、准确地施救。

通过以上系统的设置，避免了乘客困梯的恐惧，同时也提高了物业的工作效率。

第二篇 功 能 表

附表1　　凯旋城智能化系统功能一览表1

序号	系统名称	功能说明
一、安全防范系统		
1	周界报警系统	主要由前端主动红外对射探测器与中心报警主机组成。在周界墙及一层店面顶板上安装的主动红外对射探测器由发射端与接收端组成，利用总线报警信号触发报警主机报警。控制中心立即弹出报警地图，显示前端的报警区域，提示安保人员及时处理警情。同时，该防区的单防区模块将与闪灯、周界闭路监控系统联动，闪灯将对非法攀越者起到威慑作用，闭路监控系统将拍下现场情况，并进行存储记录
2	闭路电视监控系统	系统分为前端、中间传输、控制中心三部分组成 前端：楼栋出入口采用彩色红外一体机，小区主出入口、周界、地下室采用彩色红外感光摄像机，电梯轿厢安装电梯专用飞碟型彩色红外摄像机，室外景观公共区域采用彩色低照度定焦摄像机 传输：采用同轴电缆 中心：由硬盘录像机、控制矩阵、显示设备和多媒体管理计算机组成 通过以上系统的设置，在监控中心可监视到电梯轿厢的内部情况。当电梯出现故障时，可及时解救乘客；监控中心可随时查看小区内部的情况，一旦发生警情可及时处理；在监控中心通过楼栋出入口的摄像机监视到出入各楼栋的人流情况，还可以对地下停车场进行全面监视，将出入车辆的车牌号录制下来，防止盗车事件发生；业主可通过管理中心给予授权的账户及密码远程IE浏览实时画面，在家中就可观看小区景观 总监控中心的视频矩阵及数字硬盘录像机可实现监视墙视频控制及图像的存储与回放，并可与周界报警系统联动，对报警区域立即弹出报警地图，并进行录像
3	电子巡更系统	电子巡更系统主要用于对技防有盲区的地方进行人防补充，同时对小区安保人员的工作质量予以监督与管理。采用离线式巡更，无须布线；采用粘贴或钻控固定安装，便于系统的扩充、修改

续表

序号	系统名称	功能说明
4	网络型楼宇对讲系统	采用网络TCP/IP通信组网模式，以可视对讲带家庭安防报警系统并可扩展家电控制模块的方式进行设计，在小区的人行出入口设置带有触摸屏的单元门口机（壁挂保安室内），实现来访客人与住户的对讲，进行身份识别，在小区的外围入口处构建一道防线。在楼栋单元梯口设置落地式的可视大门口主机，美观大方，可再次对来访客人进行身份确认。同时，在住户家中安装带防区报警的室内7 in彩色液晶屏分机，美观大方，显示画面清晰，集对讲、安防、多媒体功能于一身，具有可扩充家电的功能 具有免费的户户通话功能，可与大门口、单元梯口、管理中心进行可视对讲；具有强大的信息发布功能：可接收小区公告及用户互联网留言；具有图像存储功能：当来访者选通业主的户内分机而无人接听时，大门口机与单元门口机会自动拍摄来访者的图像，业主可通过户内分机查询来访者访问时间及图像信息；语音提示功能：当触摸到大门口机与单元门口机时，便会有语音提示"欢迎光临凯旋城"之类的话语；语音留言：出门时，可通过户内分机留下语音信息给家人 家庭安防系统具有多路防区，标配厨房煤气泄漏探测器、主卧紧急按钮。当检测到煤气泄漏超出一定指标的时候，探测器便会向户内分机与管理中心发出报警信号。当家中出现紧急状况时，可触摸紧急按钮呼叫物业中心进行求助 超强的扩展功能及便利的安装功能：系统留有家电接口供用户日后自由选配，可升级成智能终端机。通过远程可对家中的电动窗帘、空调、灯光、厨房电器等进行控制；可查看信息留言，编辑铃声、图片、图像；可进行一些预约管理、社区配送、出租车预订等贴心服务；还可通过智能终端实现CCTV监视功能，查看小区内公共区域开放的监控场景 网络型智能楼宇系统与传统总线制系统对比：以往的视频信号与报警信号均采用传统的总线制传输，当大量的信号在总线上传输时会引起严重的网络塞车现象，用户发送的请求和报警信号有可能漏报甚至误报。同时，DS-485总线还存在布线上的不便，为以后物业管理增多了维护内容。为了避免以上现象，采用全数字化语音、视频编码信号，采用网络TCP/IP通信组网模式，避免了传统总线制信号堵塞现象，并具有可扩充性、兼容性好、信号畅通，且布线简单
5	门禁系统	在社区大门口、楼栋出入口、地下室及一层消防通道以及社区主要管理用房设置门禁系统，杜绝了外来人员的随意进出，只有通过授权的人群才可进出，提高了安全防范能力。为了使系统更人性化，方便儿童及一些残疾人士的使用，把所有读卡头安装高度设定为1.1 m。业主凭授权的IC卡可自由出入小区。为了对社区进行更有效的管理，访客不设临时卡，临时访客需在大门口呼叫业主，由业主确认身份后，再由安保人员开门让其进入社区，到达单元梯口后，需在单元梯口机上再次呼叫业主确认，由业主通过户内分机开门，同时联动电梯按键，给予信号，开启电梯
6	电梯门禁	在一层电梯厅以及地下室电梯厅设置门禁系统，合法授权者可呼梯。业主可实现呼梯功能，无须按键操作，电梯便会自动开门。未经授权的人员无法呼梯。访客不设临时卡，可通过在单元梯口进行二次身份确认，用对讲系统呼叫业主，由业主开门，同时实现呼电梯功能。在设定的时间内，访客可开启电梯按键，乘坐电梯。若超出设定时间，电梯按钮将回复到原来的锁定状态。因一层的消防通道也设置了门禁，故访客无法从消防通道上楼，只能在一层再次呼叫业主，由业主开门

附表2 凯旋城智能化系统功能一览表2

序号	系统名称	功能说明
二、智能物业信息管理系统		
1	停车场管理系统	在小区的主次入口及地下车库出入口设进出管理设备，内部业主将授权后的远距离IC卡在出入口控制机感应识别后均可实现全自动识别进出。临时访客通过在入口自动出卡机取卡（IC卡）进场，出场时交卡，收费人员根据计费器自动计取的金额收费后，在计算机上确认放行，收费记录软件自动存档以备查询。系统在车辆进场与出场时还可对车辆进行图像抓拍，并具有图像对比功能
2	消费门禁	在会所、物业设置消费门禁，采用非接触式IC卡作为消费凭证，将收费管理与计算机技术有机地结合在一起，业主在社区内的所有消费都可以通过专用IC卡来完成，实现了货币电子化，减少了不必要的现金流动，解决了传统的票据清点、现金找零和账目清算等繁杂和易出错的问题，大大提高了效率。同时，也防止了一些非法分子的不良行为，更为业主节约了宝贵的时间
3	一卡通管理平台	通过网络连接一个数据库，通过一个综合性的软件，采用严格的分级管理技术、操作口令和智能卡验证网络权限设计，进行双重认证，有效地避免了非法越级操作，各级的管理通过客户的要求来定义，可灵活管理门禁卡挂失、添加新卡、解挂等，方便快捷，实现了IC卡统一管理，在一张卡上实现了多种功能，如查询、收费、开门等功能，从而实现了整个社区真正的“一卡通”
4	背景音乐及公共广播系统	略
5	电梯三方通话系统	略
6	LED电子公告屏系统	略
7	物业管理软件	略

附表3 凯旋城智能化系统功能一览表3

序号	系统名称	功能说明
三、通信系统		
1	中心机房建设	智能管理中心配置周界报警主机、监控系统屏幕墙、硬盘录像、矩阵主机、网络数字社区服务器、管理机、一卡通服务器、背景音乐功放、放大镜、CD等相关设备。电梯三方通话对讲主机等统一置于管理中心机房，集中管理
2	综合布线系统	略
3	家庭多媒体系统	略

第三篇　预　算　表

一、汇总表

序号	系统名称	系统简述	系统造价（元）
1	周界报警系统	总线式声光报警、电子地图显示	31 316.86
2	闭路电视监控系统	嵌入式硬盘录像系统 H.264、远程监控网络功能	310 234.19
3	楼宇对讲系统	联网、信息发布、8 防区报警、中文液晶显示	969 704.55
4	家庭安防系统	门磁、紧急报警、可燃气体泄漏报警	56 224.29
5	门禁管理系统	一层、地下室主要出入口门禁	39 666.67
6	背景音乐及公共广播系统	分区管理、播放音乐	22 175.87
7	电子巡更系统	感应式无线巡更	4 791.27
8	停车场管理系统	远距离不停车读卡、兼容普通卡读卡	209 744.09
9	电梯三方通话系统	监控管理机房至电梯机房管线敷设	20 644.81
10	LED 电子公告屏系统	公共信息显示	31 674.27
11	监控中心机房装修系统	UPS 电源、防雷、配电、静电地板	69 905.95
12	室外总平管网敷设系统	室外及地下车库内配管	83 080.44
	合计	1 +2 +3 +4 +5 +6 +7 +8 +9 +10 +11 +12	1 849 163.26

二、周界报警系统预算表

序号	设备名称	品牌	规格型号	单位	数量	单价（元）	金额（元）	备注
一、中心设备								
1	管理计算机	* * * *	I5/2 G/500 G/19 in	套	1	3 800.00	3 800.00	
3	报警软件	* * * *	GSM – 7000	套	1	5 400.00	5 400.00	
4	报警主机	* * * *	DS7400XI	台	1	2 106.00	2 106.00	
5	控制键盘	* * * *	DS7447E – LN	台	1	742.00	742.00	
6	后备电池	* * * *	12 V/7 A	个	1	121.00	121.00	
7	双路总线驱动器	* * * *	DS7436	块	1	535.00	535.00	
8	32 路继电板	* * * *	DSR – 32C	台	1	1 418.00	1 418.00	
9	开关电源	* * * *	12 V/15 A	个	1	122.00	122.00	
10	声光报警器	* * * *	HC – 103	个	1	35.00	35.00	
二、前端设备								
1	两光束红外对射探测器 20 m	* * * *	ABT – 20	对	4	129.00	516.00	

续表

序号	设备名称	品牌	规格型号	单位	数量	单价（元）	金额（元）	备注
2	两光束红外对射探测器 60 m	* * * *	ABT-60	对	6	145.00	870.00	
3	对射立杆	* * * *	定制	根	12	80.00	960.00	
4	场灯	* * * *	定制	盏	6	130.00	780.00	
5	场灯立杆	* * * *	定制	根	6	110.00	660.00	
6	单防区模块	* * * *	DS7465I	个	7	410.00	2 870.00	
7	继电器	* * * *	12 V 转 220 V	个	6	38.00	228.00	
8	防区控制箱	* * * *	350×300×120	个	7	65.00	455.00	
9	开关电源	* * * *	12 V/15 A	个	7	125.00	875.00	
三、线材、辅材								
1	总线	* * * *	RVVP2×1.0	m	400	2.60	1 040.00	
2	信号线	* * * *	RVV4×0.5	m	200	1.80	360.00	
3	电源线	* * * *	RVV3×1.5	m	500	3.70	1 850.00	
4	辅料			批	1	500.00	500.00	
A	设备、材料合计		一+二+三				26 243.00	
B	安装、调试费		A×12%				3 149.16	
C	综合、管理费		（A+B）×3%				881.76	
D	代征税金		（A+B+C）×3.445%				1 042.94	
E	工程总造价		A+B+C+D				31 316.86	

三、闭路电视监控系统预算表

序号	设备名称	品牌	规格型号	单位	数量	单价（元）	金额（元）	备注
一、中心设备								
1	电视墙	* * * *	定制	联	3	2 300.00	6 900.00	
2	操作台	* * * *	定制	联	5	1 900.00	9 500.00	
3	液晶监视器 19 in 标屏	* * * *	19 in	台	10	3 875.00	38 750.00	
4	16 路网络硬盘录像机	* * * *	DS-8116HL-S	台	4	5 650.00	22 600.00	
5	500 G 硬盘	* * * *	500 G	个	8	450.00	3 600.00	
6	矩阵主机（64 进 6 出含键盘）	* * * *	NVS7064V06M	台	1	12 300.00	12 300.00	
二、前端设备								
1	彩转黑日夜型枪式摄像机	* * * *	SDC-435P	台	4	1 512.00	6 048.00	

续表

序号	设备名称	品牌	规格型号	单位	数量	单价（元）	金额（元）	备注
2	红外一体化彩色枪式摄像机	* * * *	SIR－4160P	台	17	2 750.00	46 750.00	
3	彩色25倍智能快速球摄像机	* * * *	SCP－2250HP	台	5	8 775.00	43 875.00	
4	红外一体化彩色半球摄像机	* * * *	SCD－2080RP	台	10	2 092.00	20 920.00	
5	彩色电梯专用摄像机	* * * *	SCD－2010P	台	18	1 256.00	22 608.00	
6	摄像机开关电源	* * * *	12 V/15 A	个	2	180.00	360.00	
7	摄像机电源	* * * *	12 V/2 A	个	39	25.00	975.00	
8	摄像机电源	* * * *	24 V	个	5	48.00	240.00	
9	安装支架	* * * *	L型	个	15	23.00	345.00	
10	室外立杆	* * * *	3.5 m/特制	根	5	780.00	3 900.00	
			三、线材、辅材					
1	视频线	* * * *	SYV－75－5	m	8 000	1.50	12 000.00	
2	电源线	* * * *	RVV3×1.5	m	2 000	3.70	7 400.00	
3	控制线	* * * *	RVV2P×1.0	m	500	1.80	900.00	
4	辅料			批	1		0.00	
A	设备、材料合计		一＋二＋三				259 971.00	
B	安装、调试费		A×12%				31 196.52	
C	综合、管理费		（A＋B）×3%				8 735.03	
D	代征税金		（A＋B＋C）×3.445%				10 331.64	
E	工程总造价		A＋B＋C＋D				310 234.19	

四、楼宇对讲系统预算表

序号	设备名称	品牌	规格型号	单位	数量	单价（元）	金额（元）	备注
			一、中心设备					
1	管理计算机	* * * *			用户自备，或与报警系统中计算机共用			
2	管理软件	* * * *						赠送
3	管理中心机	* * * *	QHS－7300	台	1	3 510.00	3 510.00	
4	管理机防停电电源	* * * *	QHS－UPS	台	1	520.00	520.00	
5	中心发卡器	* * * *	AVC－780CL	台	1	932.00	932.00	
6	门禁界面器	* * * *	AVC－2812	台	2	648.00	1 296.00	
7	视频监视器	* * * *		台	1	1 300.00	1 300.00	
8	视频切换器	* * * *	QHS－VSA－101	台	5	360.00	1 800.00	

续表

序号	设备名称	品牌	规格型号	单位	数量	单价（元）	金额（元）	备注
9	视频分配器	* * * *	QHS – DV8	台	2	380.00	760.00	
				二、梯间设备				
1	彩色可视大门口机	* * * *	QHS – 6200C	台	2	3 132.00	6 264.00	
2	彩色可视门口主机	* * * *	QHS – 6400C	台	8	2 619.00	20 952.00	
3	彩色小门口机	* * * *	QHS – 801C	台	22	648.00	14 256.00	
4	主机防停电源	* * * *	QHS – UPS	台	32	513.00	16 416.00	
5	单元控制器	* * * *	QHS – 5600F	台	2	1 485.00	2 970.00	
6	插销锁	* * * *	YGS – SAO2	把	30	236.00	7 080.00	
7	插销锁电源	* * * *	12 V	台	30	35.00	1 050.00	
8	出门按钮	* * * *	C – 11	个	30	17.00	510.00	
9	闭门器	* * * *	512	台	30	95.00	2 850.00	
10	层间解码器（4 分支）	* * * *	QHS – V4K	台	54	216.00	11 664.00	
11	层间解码器（8 分支）	* * * *	QHS – V8K	台	36	270.00	9 720.00	
12	分机防停电源	* * * *	QHS – UPS	台	74	430.00	31 820.00	
				三、户内设备				
室内 7 in 彩色可视分机		* * * *	QHS – 287B	台	466	1 296.00	603 936.00	
				四、线材、辅材				
1	入户信号线	* * * *	RVV8 ×0.5	m	9 500	3.40	32 300.00	
2	入户视频线	* * * *	SYV – 75 – 3	m	9 500	0.90	8 550.00	
3	入户电源线	* * * *	RVV2 ×1.0	m	9 500	1.80	17 100.00	
4	主干信号线	* * * *	RVV8 ×0.75	m	800	4.80	3 840.00	
5	主干视频线	* * * *	SYV – 75 – 5	m	800	1.50	1 200.00	
6	主干电源线	* * * *	RVV3 ×1.5	m	800	3.70	2 960.00	
7	联网信号线	* * * *	RVV8 ×0.75	m	600	4.80	2 880.00	
8	联网视频线	* * * *	SYV – 75 – 5	m	1 200	1.50	1 800.00	
9	电源线	* * * *	RVV2 ×1.0	m	200	1.80	360.00	
10	辅材			批	1	2 000.00	2 000.00	
A	设备、材料合计		一 + 二 + 三 + 四				812 596.00	
B	安装、调试费		A ×12%				97 511.52	
C	综合、管理费		（A + B） ×3%				27 303.23	
D	代征税金		（A + B + C） ×3.445%				32 293.80	
E	工程总造价		A + B + C + D				969 704.55	

五、家庭安防系统预算表

序号	设备名称	品牌	规格型号	单位	数量	单价（元）	金额（元）	备注
			一、室内设备					
1	圆形铁门磁	****	HO－03L	个	466	9.00	4 194.00	
2	车库门磁	****	HO－03A	个	33	41.00	1 353.00	
3	红外探测器	****	LH－918C	个	17	190.00	3 230.00	
4	紧急报警按钮	****	HO－01D	个	501	8.00	4 008.00	
5	可燃气体探测器	****	LH－88	个	214	75.00	16 050.00	
			二、线材、辅材					
1	信号线	****	RVV2×0.5	m	9 000	1.00	9 000.00	
2	信号线	****	RVV4×0.5	m	4 600	1.80	8 280.00	
3	辅材			批	1	1 000.00	1 000.00	
A	设备、材料合计		一+二				47 115.00	
B	安装、调试费		A×12%				5 653.80	
C	综合、管理费		（A+B）×3%				1 583.06	
D	代征税金		（A+B+C）×3.445%				1 872.42	
E	工程总造价		A+B+C+D				56 224.28	

六、门禁管理系统预算表

序号	设备名称	品牌	规格型号	单位	数量	单价（元）	金额（元）	备注
			一、中心设备					
1	管理计算机			用户自备，或与报警系统中计算机共用				
2	管理软件	****	JSOCT2001	套	1	675.00	675.00	
3	卡片发行器	****	JSR6221C	台	1	2 598.00	2 598.00	
4	RS－485	****	JS670	个	1	243.00	243.00	
			二、梯间设备					
1	一体化门禁主机	****	JSAY6442C－IC	台	8	708.00	5 664.00	
2	嵌入式门禁	****	JSR6415	台	19	708.00	13 452.00	
2	主机电源	****	JS6430	个	8	223.00	1 784.00	
5	插销锁	****	YB100	把	8	236.00	1 888.00	
7	出门按钮	****	C－11	个	8	17.00	136.00	
8	闭门器	****	512	把	8	95.00	760.00	
			三、线材、辅材					
1	信号线	****	RVVP2×1.0	m	2 000	2.60	5 200.00	

续表

序号	设备名称	品牌	规格型号	单位	数量	单价（元）	金额（元）	备注
2	信号线	* * * *	RVV4×0.5	m	300	1.80	540.00	
3	辅材			批	1	300.00	300.00	
A	设备、材料合计		一+二+三				33 240.00	
B	安装、调试费		A×12%				3 988.80	
C	综合、管理费		（A+B）×3%				1 116.86	
D	代征税金		（A+B+C）×3.445%				1 321.01	
E	工程总造价		A+B+C+D				39 666.67	

八、电子巡更系统预算表

序号	设备名称	品牌	规格型号	单位	数量	单价（元）	金额（元）	备注
				一、中心设备				
1	中心管理计算机	* * * *	I5/512/160 G/17 in	套	1	与物业管理计算机共用		
2	巡更管理软件	* * * *	单机 V6.10.25	套	1			赠送
3	非接触式 电子巡更棒	* * * *	BP-2002 S	根	1	1 080.00	1 080.00	
4	专用数据通信线	* * * *	BS-1 000，USB 接口	条	2	675.00	1 350.00	
				二、前端设备				
1	地点信息钮	* * * *	BLC-6-28，管状卡	只	30	28.00	840.00	
2	地点钮夜光标签	* * * *	BMK-22， 贴在标志牌上	只	30	19.00	570.00	
3	人名卡	* * * *	BLC-35，EMID， 异形卡	只	5	15.00	75.00	
				三、辅材部分				
1	辅材			批	1	100.00	100.00	
A	设备、材料合计		一+二+三				4 015.00	
B	安装、调试费		A×12%				481.80	
C	综合、管理费		（A+B）×3%				134.90	
D	代征税金		（A+B+C）×3.445%				159.56	
E	工程总造价		A+B+C+D				4 791.26	

九、停车场管理系统预算表

序号	设备名称	品牌	规格型号	单位	数量	单价（元）	金额（元）	备注
一、入口设备								
1	自动道闸	* * * *	JSDZ0102	台	2	7 236.00	14 472.00	
2	车辆检测器	* * * *	JSPJ1152	只	4	1 010.00	4 040.00	
3	入口控制机（含以下组件）	* * * *	JSKT6019 - K - IC	套	2	22 545.00	45 090.00	
3.1	入口控制箱			个	2	10 500	21 000.00	
3.2	入口控制器			台	2	6 500	13 000.00	
3.3	语音提示机			台	3	750	1 500.00	
3.4	对讲分机			台	2	250	500.00	
3.5	读写控制器			台	2	2 100	4 200.00	
3.6	中文显示屏			块	2	2 000	4 000.00	
3.7	系统电源			台	2	445	890.00	
4	远距离读卡器	* * * *	JSPJ1121	台	2	9 450.00	18 900.00	
二、出口设备								
1	自动道闸	* * * *	JSDZ0102	台	2	7 236.00	14 472.00	
2	车辆检测器	* * * *	JSPJ1152	只	4	1 010.00	4 040.00	
3	出口控制机（含以下组件）	* * * *	JSKT6019 - K - IC	套	2	20 250	40 500.00	
3.1	出口控制箱				2	7 500	15 000.00	
3.2	出口控制器				2	7 205	14 410.00	
3.3	语音提示				2	750	1 500.00	
3.4	对讲分机				2	250	500.00	
3.5	读写控制器				2	2 100	4 200.00	
3.6	中文显示屏				2	2 000	4 000.00	
3.7	系统电源				2	445	890.00	
4	远距离读卡器	* * * *	JSPJ1121	台	2	9 450.00	18 900.00	
三、图像对比设备								
1	彩色摄像机	* * * *	SN - IRC4640B	台	4	745.00	2 980.00	
2	聚光灯	* * * *	定制	盏	4	150.00	600.00	
3	摄像机立柱	* * * *	定制	根	4	180.00	720.00	
4	视频图像捕捉卡	* * * *	TE8004	块	1	1 010.00	1 010.00	
四、收费工作站设备								
1	收费读卡器	* * * *	JSTC1302	台	1	3 172.00	3 172.00	
2	通信转换卡	* * * *	JSPJ1609	块	1	243.00	243.00	

续表

序号	设备名称	品牌	规格型号	单位	数量	单价（元）	金额（元）	备注
3	对讲主机	* * * *	LEF－3	个	1	878.00	878.00	
4	收费软件	* * * *	JSOCT2008	套	1	675.00	675.00	
5	收费计算机	* * * *	I3/1GM/320 G/19 in	台	1			用户自备
				五、线材、辅材				
1	地感线圈	* * * *	200℃高温镀锡线	m	500	2.30	1 150.00	
2	系统通信线	* * * *	五类线	箱	2	480.00	960.00	
3	系统控制线	* * * *	RVVP2×1.0	m	200	2.60	520.00	
4	系统控制线	* * * *	RVVP6×0.75	m	200	5.20	1 040.00	
5	系统电源线	* * * *	RVV3×1.5	m	200	4.50	900.00	
6	辅材			批	1	500.00	500.00	
A	设备、材料合计		一＋二＋三＋四＋五				175 762.00	
B	安装、调试费		A×12%				21 091.44	
C	综合、管理费		（A＋B）×3%				5 905.60	
D	代征税金		（A＋B＋C）×3.445%				6 985.05	
E	工程总造价		A＋B＋C＋D				209 744.09	

十二、监控中心机房装修系统预算表

序号	设备名称	品牌	规格型号	单位	数量	单价（元）	金额（元）	备注
				一、主材部分				
1	全钢抗静电地板	* * * *	600×600×30	m^2	30	230.00	6 900.00	
2	UPS主机	* * * *	10 kV/2 h	台	1	15 000.00	15 000.00	
3	电池	* * * *	65 A·h	节	32	685.00	21 920.00	
4	电池箱	* * * *	A20	套	1	680.00	680.00	
5	一级电源防雷器	* * * *	OBO－V25/B/FS	套	1	4 500.00	4 500.00	
6	二级电源防雷器	* * * *	OBO－V20	套	1	1 680.00	1 680.00	
7	三级电源防雷器	* * * *	OBO V10－C/4	套	1	1 500.00	1 500.00	
8	接地母线	* * * *	ZRBV－50 mm	m	30	45.00	1 350.00	
9	地极反击器	* * * *	OBO－480	套	1	1 000.00	1 000.00	
10	铜带地网制作	* * * *	3×20	m	30	25.00	750.00	
11	配电设备及电气	* * * *	定制	套	1	2 800.00	2 800.00	
12	柜式空调	* * * *	3P	台	1			甲方自购

续表

序号	设备名称	品牌	规格型号	单位	数量	单价（元）	金额（元）	备注
二、辅材部分								
	辅材			批	1	500.00	500.00	
A	设备、材料合计	一＋二					58 580.00	
B	安装、调试费	A×12%					7 029.60	
C	综合、管理费	（A＋B）×3%					1 968.29	
D	代征税金	（A＋B＋C）×3.445%					2 328.06	
E	工程总造价	A＋B＋C＋D					69 905.95	

十三、室外总平管网敷设系统预算表

序号	设备名称	品牌	规格型号	单位	数量	单价（元）	金额（元）	备注
一、主材部分								
1	焊接钢管	****	SC20	m	900	12.00	10 800.00	
2	焊接钢管	****	SC25	m	900	15.00	13 500.00	
3	焊接钢管	****	SC32	m	180	23.00	4 140.00	
4	焊接钢管	****	SC50	m	190	35.00	6 650.00	
5	焊接钢管	****	SC100	m	200	70.00	14 000.00	
6	手孔井	定制	600×600×600	个	10	450.00	4 500.00	
7	室外草地音箱安装底座	定制	40×40×40	个	16	80.00	1 280.00	
8	室外摄像机立杆安装底座	定制	50×50×50	个	5	150.00	750.00	
9	挖填土方	定制	60×50	m^3	800	15.00	12 000.00	
二、辅材部分								
	辅材			批	1	2 000.00	2 000.00	
A	设备、材料合计	一＋二					69 620.00	
B	安装、调试费	A×12%					8 354.40	
C	综合、管理费	（A＋B）×3%					2 339.23	
D	代征税金	（A＋B＋C）×3.445%					2 766.80	
E	工程总造价	A＋B＋C＋D					83 080.43	